산휘야, 소풍 가자

워킹맘 가족의 좌충우돌 영국 살아보기

하미영 · 박현준

머리말

일 욕심이 커 출산 2개월 만에 회사로 돌아간 워킹맘 엄마, 미래의 꿈을 위해 평범한 직장 생활 대신 조금은 힘든 길을 택해 해외 근무 중이던 아빠, 늘 바쁜 엄마와 아빠 대신 할머니 품에서 자란 산휘, 어쩌면 그렇게 각자 서로 다른 곳을 바라보며 살 수 밖에 없었던 이 시대의 평범한 가족의 모습이었을지도 모릅니다.

그러던 산휘 가족에게 큰 변화가 일어났습니다. 엄마의 영국 연수를 계기로, 각기 다른 세상에 흩어져 살던 산휘 가족이 영국의 한 작은 마을에서 서로를 바라보기 시작했습니다. 이 책은 영국에서의 1년간의 경험을, 준비 과정의 고민에서부터 가족이 온전하게 하나가 되기까지 각종 에피소드를 공유하면서, 약간은 느린 삶, 생애 가장 빈곤한 순간이었지만 소박한 행복에 감사할 수 있었던 시간들에 대한 가치를 나누고 싶은 마음에서 시작되었습니다.

2016년 8월 31일, 영국을 떠나는 날 생각했습니다.

이날 마음 속에 일렁이던 아쉽고, 아련하고, 뭔가 알 수 없는 뭉클함을 오래도록 간직하겠노라고, 그리고 짧았지만 강렬했던 우리 가족의 소중한 추억들을 꼭 기록으로 남기겠다고 저 자신과 아들 산휘에게 약속했습니다.

그 약속이 지켜지기까지 많은 시간이 흘렀습니다. 회사의 큰 프로젝트 중에는 6개월 넘게 작업이 전면 중단되는 위기의 순간도 있었고, 희미해진 기억들을 소환해 내기 힘들어 여러 흔적 찾기에 애를 태운 적이 한두 번이 아니었습니다. 산휘 아빠가 글을 함께 써 주면서, 마음속 짐으로 자리 잡았던 '기록 남기기'에 속도가 붙었고, 결국 책이 모양새를 갖추게 되었습니다. 2년에 걸쳐 진행된 고단한 작업이었지만 혼자가 아닌 둘이었기에, 그리고 "엄마, 책 언제 나와?"라며 엄마를 채근하던 산휘가 있었기에 가능하지 않았나 하는 생각이 듭니다.

어떤 기억들은 시간의 흐름으로 인해 퇴색된 채로 표현되었을 수도 있고, 또 어떤 기억들은 그리움의 깊이로 채색되어 넘치게 표현되었을지도 모르겠습니다. 산휘 가족의 소풍 이야기가, 하루 대부분의 시간을 뿔뿔이 흩어져 살아가고 있는 엄마, 아빠, 그리고 아이들에게 작은 휴식으로 다가갈 수 있기를 희망해 봅니다. 보잘것없어 보이는 일상 속의 이야기이지만, 그 속에 숨겨진 작은 아름다움에 눈뜨는 선물 같은 순간들을 함께 찾아보면 어떨까요?

지금 이 순간에도 사랑으로 산휘를 돌봐 주고 계신 우리 엄마, 영국까지 기꺼이 날아와 살림을 맡아 준 내 동생 봉, 육아 고민을 함께 나누는 마음 좋은 막내 옥, 세상에 둘도 없는 조카 주원, 주하, 가난한 유학생 가족의 든든한 벗이 되어 주었던 영국의 많은 이웃들 모두 사랑합니다!

소중한 해외연수 프로그램을 제공해 준 벡스코BEXCO에 감사하며, 아내의 여러 엉뚱한 결단에 묵묵히 따라 주었던 남편, 현준 씨, 고마워요!

내 또 하나의 심장, 산휘야, 사랑한다!

3년여간 가족을 떠나 있었습니다. 그것이 저 개인의 꿈을 위해서였건, 아니면 우리 가족의 보다 행복한 미래를 위한 인고의 과정이었던 간에 이 시간 동안 우리는 서로의 빈 자리를 느끼며 답답해하고 그리워했습니다. 돌이켜 보면 저의 괜한 욕심으로 인한 현명치 못한 결정이었고, 가족들에게 참 미안한 시간이었습니다.

2015년 8월, 아내의 연수를 계기로 우리 가족은 영국에서 다시 함께하게 되었습니다. 저는 아내의 갑작스러운 강요와 간곡한 부탁으로 어쩔 수 없이 하던 일까지 그만두고 쉽지 않은 결정을 하였습니다. 사실 마흔이 된 저에게 영국에서의 새로운 생활은 설렘보다는 현실적인 불안감으로 더 크게 다가왔습니다.

그런데 적지 않은 망설임 끝에 따라나선 가족들과 함께한 영국행은 그동안 잊고 지냈던 생활 속의 소소한 즐거움을 되찾아 주었고, 삶의 소중한 가치가 어디에 있는지도 저에게 물어 왔습니다. 경력 단절에 대한 걱정과 미래에 대한 불안함으로 시작된 생활이었지만, 나름의 노력 끝에 얻게 된 대학원 진학으로 한참이나 어린 친구들과 함께 부족한 스스로를 재정비할 수 있게 되었습니다. 이처럼 2016년 8월 31일까지 영국에서의 1년은 우리 가족에게 정말 알찬 선물과 같은 시간이었습니다.

2017년 7월, 귀국한 지 한참이나 지나서 아내에게서 "영국에서 보냈던 여러 가지 추억들에 관해 글을 써 보자!"며 은근한 압박이 담긴 제안을 받았습니다. 싫다는 저를 억지로 영국으로 데리고 갈 때처럼 갑작스럽고 일방적이었습니다만 아내 덕분에 축복의 시간을 보낸 저로서는 아내의 그 제안은 꼭 들어주고 싶은 부탁이었고, 부부 사이이지만 꼭 갚아야 하는 마음의 빚이었습니다.

일기장, SNS, 엄청난 분량의 사진을 뒤져 가며 1년간 있었던 우리의 추억

찾기에 나섰습니다.

새벽같이 사무실에 나가 글을 쓰기 시작했습니다. 퇴근하는 시간도 점점 늦어졌습니다. 아주 억울하게도 어느 시점부터 저의 행태가 수상하다며 의심하기 시작하는 아내 때문에 어쩔 수 없이 집에 책상을 들이고 데스크탑을 놓았습니다. 밥벌이 일에 바빠지면 한참을 쉬어야 했습니다. 그러다가 아내의 다그침에 다시 새벽부터 책상에 앉았습니다. 글을 쓰기 시작한 지 2년 가까이가 되어 드디어 아내에게 진 커다란 빚을 조금이나마 갚게 되었습니다. 참 재미있게도 우리가 영국에 있었던 시간은 고작 1년인데 글을 쓴 시간은 그 곱절이나 되는 긴 시간입니다. 글쓰기가 서툴러 여기까지 온 것도 쉽지 않았지만, 우리 가족의 영국 소풍을 다시 한 번 곱씹으며 산휘와 아내와 함께 회상에 잠겼던 이 긴 시간 또한 정말 행복했고 그리워질 것 같습니다.

영국에서 생활하는 동안, 또 이 글을 오랜 기간 쓰는 동안 문득문득 어린 시절 저의 모습과 가족들의 모습이 떠올랐습니다. 사랑하는 할아버지, 할머니, 아빠, 엄마 그리고 동생 현아, 우곤, … 저의 마음 속에 애틋한 추억과 가족의 사랑을 되새기게 된 시간에 새삼 보고 싶어지고 감사하게 됩니다. 저와 저희 가족의 행복한 소식을 하늘에 계시는 할아버지, 할머니, 아버지께 전합니다. 언제나 제 마음속에 계시지만 항상 그립습니다.

마지막으로 산휘 가족의 영국 소풍과 우리들의 작은 작품을 만들어 낸 저의 아내 하미영 씨, 다시 한 번 말로 표현하지 못하는 감사의 마음을 전합니다. 사랑합니다.

차례

ACCESS
TO
RESIDENTS

1

산휘야, 영국 가자

(영국 유학 준비)

입사 14년차, 결혼 8년차, 워킹맘 6년차, 변화를 모색하다

2015년, 어느덧 입사 14년차에 접어들었다. 전시 컨벤션 산업에 대한 열정과 자긍심으로 버틴 14년이었다. 지금은 '벡스코BEXCO'라고 하면 웬만한 사람은 다 알 정도로 부산의 랜드마크가 되어 있지만, 2002년 입사할 당시만 해도 전시 컨벤션 산업, 그리고 그 산업의 중심인 컨벤션센터에 대한 인지도는 현저히 낮은 편이었다.

나는 내 고향 부산에 대한 애정과, 다양한 사람들을 매개로 벌어지는 다채로운 이벤트에 대한 매력에 빠져 몸은 고되어도 신나게 일을 할 수 있었다. 전시장 하나만 덩그렇게 자리했던 초창기와는 달리, 지금 회사 주변은 말 그대로 천지개벽이라 할 정도로 엄청난 변신을 했다. 새로운 건물이 하나둘씩 생겨나 지금의 모습을 갖추기까지 나의 직장 생활 14년이 오롯이 그 변화의 흐름 속에 함께 자리하고 있는 듯하다.

중간에 결혼도 하고 아이도 낳았다. 하지만 일에 대한 욕심으로 인해 태어난 지 60일도 안된 아이를 떼어놓고 또 일에 매달렸다. 벡스코 확충 시설 중 4,000석 규모의 극장식 회의장인 '오디토리움'의 개관 준비에 최선을 다했다. 당시 회사 내에 공연장을 겸하는 오디토리움이라는 시설을 관리·운영해 본 경험이 있는 사람이 없었기 때문에, 하나부터 열까지 새로이 배워가며 일을 해야 했으며, 매번 전례에도 없던 어려움에 맞닥뜨려야 했다. 많은 인원이 운집하는 대형 행사들이 열리고, 특히 주말 행사가 많은 오디토리움의 특성 때문에 주말도 없이 일을 해야만 했다. 아이가 어린이집에 잘 적응하지 못해 길바닥에 드러누워 울며 어린이집에 가지 않겠다고 할 때에도 나는 아이가 왜 그런 반응을 보이는지 아이의 마음을 들여다볼 여유가 없었다. 아이가 40℃가 넘는 고열로 인해 병원에 입원했던 날에도 나는 사랑하는 어린 아들을 엄마에게 맡기고 출근을 해야 했다. 아이가 미끄럼틀을 타다 넘어져 코가 퍼렇게 멍이 들었는데, 좀 지나면 괜찮아지겠지 하며 출근을 했다가 회사 일을 핑계로 퇴근 후까지 기다렸다가 결국 응급실로 달려가야 했던 일들, …. 돌이켜보면 아이는 가슴에 무수히 많은 멍이 들어가며 그렇게 커갔던 것 같다.

가끔 나는 지나간 시간을 되돌아볼 때가 있다. 나는 무엇을 위해 그렇게 치열하게 살아왔을까? 어쩌면 무엇이든 완벽하게 해야 직성이 풀리는 나의 성격 탓일 수도 있다. 그에 더해 한국 사회에서 일하는 여성으로 살아남기 위해서, 아니 뒤쳐지지 않기 위해서 그렇게 노력해 왔는지도 모르겠다. 일과 가정의 양립이란 개념을 논하는 것 자체가 일하는 여성의 경쟁력을 떨어뜨리는 단초가 된다고 생각했다. 엄마, 아내이기 이전에 한 직장의 떳떳한 구성원이고 싶었을지도 ….

그러던 중 입사 14년차 되는 해에 나에게 중요한 결정의 순간이 찾아왔다. 회사의 해외연수 기회에 응모할 것인가, 말 것인가? 입사 이후 경력 및 영어 성적을 기준으로 매년 1명을 선발하여, 1년 간 해외에서 석사과정을 이수하는 조건으로 대학원에 보내 주는 프로그램이다. 입사 10년차가 되면서부터 매년 선발 시기가 되면 고민을 했던 것 같다. 그때마다 팀 상황에 부딪혀 번번히 스스로 포기했다. 내가 없으면 팀이 힘들어질 것이라는 미련한 생각으로…. 통상적으로 나보다 입사가 빠른 선배들이 순서대로 선발되다가, 급기야 후배가 선발되어 유학을 떠났다. 결혼한 지 1달도 안된 후배가 훌훌 털고 유학을 떠나는 모습이 꽤나 인상적이었다. 아마 그때였을까? 나도 더 이상 미루지 말아야겠다고 다짐했던 것이…. 그렇게 또 시간은 흘렀고, 나는 새로운 팀에서 1년 반 동안 '나답게' 원더우먼이라도 된 것처럼 정말 열심히 일했다. 몸 안의 에너지가 고갈되어 움직일 힘도 없게 느껴지는 날들이 이어졌다. 회사에서 이미 방전된 상태로 귀가를 하기 때문에 집에서도 엄마의 역할을 제대로 할 수 없었다. 그저 아이의 웃음에서 힘을 얻었을 뿐, 아이가 웃을 수 있도록 함께 놀아 주지 못했다. 책을 읽어 준다며 누워서는 언제나 아이보다 먼저 잠이 들었다. 위안이 필요했던 어느 날, 나는 아이에게 물었다.

"산휘는 세상에서 누가 제일 좋아?"

아이는 단 1초의 망설임도 없이 '할머니'라고 외쳤다. 할머니가 맛있는 밥도 해 주고, 목욕도 시켜 주고, 늘 유치원에도 데려다 주고 데리러 와 주고, 자기가 해달라는 것은 모두 해 주어서 좋단다. 엄마는 낳아 주기만 했다는 것이 아이의 생각인 듯했다. 더 이상 이 상태를 방치해서는 안되겠다는 생각이 들었다. 올해는 반드시 연수 기회에 응모하리라!

여러 고민과 걱정을 뒤로 하고 연수에 응모했고, 연수자로 선발되었다.

연수자 선발 결과가 발표된 2014년 11월의 어느 날, 기쁨은 아주 잠시였고, 앞으로 남아 있는 과제들로 인해 머리가 복잡해졌다. '선발 후 입학 허가를 받을 수 없는 경우 당해 연도 해외연수 자격은 상실되며, 익년부터 3년 간 지원 제한'이라는 문구가 머릿속을 맴돌았다. 직전 연도에 연수를 떠난 후배가 바쁜 업무로 인해 제때 어학 점수를 준비하지 못해 마지막까지 입학 허가를 받지 못하다가, 떠나기 직전에야 점수를 얻어 아슬아슬하게 출발한 것을 잘 알고 있어서, 더욱 겁이 났다. 하지만 그렇다고 겁만 내고 있을 수는 없었다. 어렵게 선택한 일이고, 나 스스로를 재충전할 수 있는 기회이며, 무엇보다도 산휘와 온전히 함께할 수 있는 시간을 얻게 되는 보물 같은 기회이니, 먼저 학교 입학 허가부터 받아야 했다.

학교 선정

1년 안에 학위를 취득할 수 있는 교육과정을 가진 나라가 많지는 않다. 보통 영국이 대표적이고, 그 외에 호주, 캐나다 등이 있다. 이전 연수자들이 대부분 영국을 다녀왔기에, 다른 곳을 알아보기 위해 호주, 캐나다 등의 대학원 프로그램도 많이 알아보았지만, 전시 컨벤션이나 이벤트 등을 다루는 학위 과정이 있는 지역, 그리고 동시에 6살 아이의 교육 문제도 해결될 수 있는 나라는 극히 드물었다.

영국은 유학생 자녀의 경우, 만 6세부터 공립 초등 과정을 무상으로 교육받을 수 있다. 산휘가 7월생이니, 학기가 시작되는 9월부터는 1학년에 입학하여 학교를 다닐 수 있어서 아이의 학비 부담은 덜 수 있다.

결국 영국으로 가야겠다고 결심을 했고, 영국으로 간다면 이벤트 경영hospitality management 분야에서 영국 내 1위이고, 세계적으로도 권위가 있는 서리 대학교University of Surrey 학위 과정에 응시해 보기로 마음먹었다.

입학을 위한 준비 서류 및 자격 요건을 살펴보니, 우선 서류는 추천서reference letter, 졸업증명서certificate of degree, 성적증명서academic transcript, 자기소개서personal statement, 이력서C.V, 후원증명서letter of sponsorship 등을 준비해야 했다. 챙겨야 할 서류가 여러 가지였지만 추천서는 사장님과 대학원 은사님께 부탁드리고, 졸업증명서와 성적증명서는 인터넷으로 발급받고, 자기소개서 및 CV는 유학 경험이 있는 선배에게 조언을 받아, 작성 완료! 잘 찾아보면 현지 학교에서 지정하여 국내 학생들의 유학을 도와 주는 대행사가 있다. 대부분 유료로 서비스를 지원하지만, 운 좋게도 영국 일부 대학과 대행사 간의 협약에 의해서 국내 학생에게는 무료로 서비스를 지원하는 업체를 찾아 입학 서류 접수 및 학교와의 커뮤니케이션에 큰 도움을 얻었다.

입학 서류 접수 결과 조건부 입학 허가를 받았다. 이제 남은 것은 영어 점수!

IELTS 영어 점수 받기

영국의 대학이나 대학원은 기본적으로 입학 허가를 위한 조건으로 IELTS 영어 점수를 요구한다. 영문학과를 졸업하긴 했지만, 남들처럼 영어 시험 점수를 따기 위해 오랜 시간을 투자해 본 적이 없었고, 벡스코 입사를 위해, 그리고 10여 년만에 연수자 선발을 위해 TOEIC 시험을 친 것 말고는 제대로 된 영어 시험을 준비한 적이 없어서 더욱 난감한 상황이었다.

IELTS는 영어권 국가로의 이민이나 유학, 취업을 목적으로 하는 사람들의 영어 능력 증빙 자료로 사용되고 있으며, 듣기, 읽기, 쓰기, 말하기의 네 영역을 고루 익혀야 하는 특징을 가지고 있다. 보통 대학에서는 전체 평균뿐만 아니라, 각 영역별 최저 점수 기준을 두고 있어서, 모든 영역을 고루 잘하지 않고서는 입학 허가를 받기가 힘든 구조이다.

IELTS 시험은 유학에 필요한 Academic 유형과, 호주, 캐나다, 영국 등으로의 이민이나 업무를 위한 생활형 영어 능력을 검증하는 General Training 유형의 2가지로 나누어진다. 두 종류 모두 듣기, 읽기, 쓰기, 말하기로 구성되어 있으며, 듣기, 읽기, 쓰기 세 영역은 별도의 휴식 시간 없이 시험이 이어서 진행이 되고, 말하기는 당일 오후나 별도의 날을 정하여 시험을 보게 된다. 우선 본인이 필요로 하는 시험 유형을 결정한 후, 시험 결과를 제출해야 하는 시점을 잘 고려하여 시험 일정을 정하고, 그에 맞는 시험 장소도 함께 정해야 한다.

매달 시험이 있기는 하지만, 응시 비용도 만만치 않아서 매달 시험을 보기에는 부담이 있었다. 우선 시험 유형을 파악해야 하니, 준비가 완전하지 않더라도 일단 1월 시험에 응시해 보기로 했다. 남들은 학원도 다니고, 함께 스터디도 하면서 공부한다는데, 회사 업무 성격상, 그리고 퇴근하면 아이를 조금이라도 보아야 하는 상황 때문에 도저히 제대로 된 준비를 할 여력이 없었다. 남편이 해외에서 근무하고 있으니 시험 준비를 위해 남편과 육아를 나눌 수도 없어서, 주말이면 친정엄마나 남동생에게 산휘를 부탁해 가며 주말 시간을 쪼개어 시험 준비를 할 수밖에 없었다.

나는 유독 추위를 많이 타는데, 하필 첫 시험 날 무척 추웠다. 지역의 한 대학이 시험장이었는데, 갑자기 첫째 시간 듣기에서 우리 교실만 방송 상태가 좋지 않아, 시험 장소를 급히 변경하는 해프닝이 벌어지고, 급히 이동한 교실은 미리 난방을 해 두지 않아, 혹독한 추위 속에서 시험을 치러야 했다. 그런 소동 때문이었을까? 시험 유형 확인차 친 시험이라고 위안을 삼긴 했지만, 총점 평균은 조건을 충족시키나, 한 과목에서 기준 점수 이상을 넘지 못하는 점수를 받게 되었다. 2월 시험에 대한 압박감은 이루 말할 수 없이 커졌고, 그 압박감 때문에 온몸에 두드러기가 날 정도였다. 설상가상으로, 시험 3일 전에 외할머니께서 돌아가시는 바람에 시험을 치느라 외할머니의 마지막 고향 가는 길도 함께하지 못했다. 외할머니께 죄스러운 마음만큼 더욱 최선을 다했고, 결국 다행히 두 번째 시험에서 입학 요건에 부합하는 점수를 얻어, 3월에 학교 입학 허가를 받게 되었다.

> **TIPS**
>
> **IELTS 시험에 대한 정보 제공 페이지**
>
> IELTS 공식 홈페이지, https://www.ielts.org
>
> 주한영국문화원(공식 시험 주관사), https://www.britishcouncil.kr
>
> IDP Education PTY(공식 시험주관사), http://www.ieltskorea.org

집 구하기

희망하는 학교를 정하고 난 뒤, 영국 현지 생활을 하기 위해 여러 가지 준비를 해야 했다. 그중 가장 큰 문제는 살 집을 구하는 것이었다. 내가 다닐 대학에서도 멀지 않고, 아이 학교도 근처에 있어야 하며, 무엇보다도 월세가 그리 높지 않은 집을 찾아야 하는 난제 앞에서, 어디서부터 어떻게 문제를 풀어야 할지 막막했다.

그렇게 막막해할 때, 대구 지역 컨벤션센터 직원인 지인 부부(찬빈이네)가 서리 대학교로, 나보다 앞서서 연수를 가 있다는 반가운 소식을 듣게 되었다. 마침 업무상 알고 지내던 마음 좋은 지인 덕분에, 막막했던 많은 순간들을 하나씩 헤쳐나갈 수 있었다. 자녀를 데리고 영국 생활을 하기 위해 필요한 여러 내용들을 현지의 실질적인 정보와 함께 전해들을 수 있어서, 심적으로 무척 위안이 되었다.

대학원 학기가 9월 중순부터 시작이니 8월 말에 입국해서 이듬해 8월 말까지 1년 간 살 집을 구하면 되는 것이다. 2월부터 찬빈이네, 같은 지역은 아니지만 본머스 대학에 연수를 가 있던 회사 후배, 그리고 한때 회사 선배였지만 현재는 영국 회사에 취직하여 영국에 정착한 선배 등, 동원할 수 있는 정보망을 총동원하여 집을 구하기 위한 노력을 했지만, 영국은 통상 2개월 전에 집을 내놓게 되어 있어서, 8월 말에 입주할 수 있는 집들이 잘 나와 있지 않았다.

또 다른 옵션으로 대학의 가족형 기숙사를 신청해 두었는데, 다행히 일찍 입학 허가를 받아 입주할 수 있는 기숙사를 배정받을 수 있는 상황이 되었는데, 기존 학생이 빠지는 시기를 감안하면, 9월 말부터 거주가 가능하다고 했다. 일부 일찍 도착하는 학생들은 1달 동안 인근 호텔에서 생활하다 9월 말에 맞추어 기숙사에 들어간다고는 하지만, 산휘를 데리고 1달 동안 뜨내기 생활을 할 수는 없었다. 2달이 넘는 기간 동안 고심 끝에 결국 기숙사에 들어가는 것은 포기하고, 원점으로 돌아가 다시 대학 근처의 집을 알아보기 시작했다. 거주지가 결정되어야 산휘가 다닐 학교를 배정받을 수 있기도 하고, 시간이 지나가면서 준비해야 할 것들이 하나둘 느는 상황에서 집이 구해지지 않으니 더욱 불안해졌다. 현지 부동산 사이트 및 부동산 에이전시를 통해 기본 가구가 갖추어져 있는 방 3개짜리 집을 알아보다 보니, 가격도 만만치 않고, 지불 조건도 6개월 선불 조건에 2달치 월세를 보증금으로 내야 한다는 과한 조건들의 집들만 나와 있었다. 보증금을 많이 내면 월세 기간이 끝나고 난 뒤 보증금을 돌려받을 때 서로 시비가 많다는 이야기를 듣고 나니, 더욱 고민이 많아졌다.

학교 근처는 타운과 가까워 상대적으로 집값이 비싸, 결국 도보로 30분 이상 떨어져 있는 집들 중에서 방 2칸짜리 집까지 선택 범위를 넓혀가며, 내가 다닐 대학교에서의 거리보다는 인근에 산휘가 다닐만한 학교가 있는지를 최우선 순위로 두고 집을 찾아 헤맸다. 구글 지도에서 우편번호postcode만 입력하면, 집의 위치가 상세히 나오기 때문에, 한국에서 영국의 집과 주요 동선을 체크하는 데 전혀 어려움이 없었다. 영국은 우편번호만 잘 알고 있으면 못 찾아갈 곳이 없을 정도로 우편번호 중심으로 잘 정비되어 있다.

그나마 조건에 맞는 집을 하나 찾아서, 고맙게도 찬빈이네가 대신 그 집을 방문하여 사진을 찍어 보내 주었다. 집이 큰 무리가 없어 보였고, 당장 보증금을 내야 계약이 가능하다고 하여 그 집으로 결정하려던 차에, 갑자기 남편이 런던에 있는 대학원에 갈지도 모르겠다고 하는 바람에 결정을 유보하게 되었고, 또다시 집을 계약하지 못한 상태로 6월을 맞이하게 되었다.

그럴 가능성은 낮아 보였지만 혹시나 남편이 대학원 입학 허가를 받을 경우를 대비해서 런던으로 가는 기차역 근처로 집을 구해야겠다고 한참을 찾아 헤매다 경제적 이유와 집이 구해지지 않음으로 인한 불안감이 내 인내의 한계에 다다랐을 때, 사진으로만 집을 확인하고, 7월이 되어서야 겨우 조건에 맞는 (아니 억지로 우리에겐 최선이라고 위안을 삼는) 방 2개인 집을 계약하게 되었다.

비자 발급 받기

학교에서 최종 입학 허가를 받고 난 뒤의 비자 발급 준비 과정을 정리하면, 결핵 검사 → 학교에 CAS(Confirmation of Acceptance for Students, 입학 허가 확인서) 신청 → CAS 발급 후 온라인 비자신청서 작성 → 작성한 서류를 가지고 비자센터 방문의 순서로 준비가 이루어진다.

비자를 발급 받기 위해서 서울을 최소 2번 방문해야 했다.

먼저, 2014년부터 의무화된 결핵 검사를 받아야 했는데, 결핵 검사를 받을 수 있는 병원이 강남세브란스병원과 신촌세브란스병원 2군데로 지정이 되어 있어서 지방에 거주하고 있는 사람들은 결핵 검사를 받기 위해 서울까지 방문해야 하는 번거로움이 있었다. 아이가 만 11세 미만인 경우에는 부모 동반 하에 문진으로 대체 가능하지만, 동반 가족 모두가 일정을 맞추어 결핵 검사를 받아야 했다. 당시 남편은 해외 근무 중이었기 때문에, 해외에서 검사하는 결핵 검사도 인정되는지 여부를 어렵게 확인하여, 겨우 결핵 검사까지는 우여곡절 끝에 마무리하였다. 결핵 검사가 몰리게 되는 시즌에는 1달이 넘도록 일정을 맞추기 어려울 수 있어서 최대한 빨리 검사를 예약하고 검사를 받아두어 출국 일정에 차질이 없도록 준비해야 한다. 영국 유학 준비를 하면서 우리나라가 결핵 발병률 1위 국가라는 사실을 태어나 처음으로 체감하게 되었다.

유학원을 통해서 학교에 CAS 서류를 신청해 두고, 온라인으로 비자 신청 서류를 제출한 후, 비자 인터뷰가 가능한 날을 예약해야 했다. 5세 미만의 유아를 제외하고는 모든 동반인들이 함께 신청해야 해서 해외에 있는 남편이 일정에 맞추어 급히 귀국해야 했는데, 당일 비행기에서 내려 서울역 근처의 비자센터를 찾지 못하는 바람에 인터뷰 시간을 맞추지 못할 뻔하였고, 신청 비용은 철저히 현금 결제만 가능한 것을 알고 해당 비용을 준비해 갔는데, 급행으로 일을 진행해야 하는 상황이 발생하여 돈이 모자라는 바람에 난생 처음 현금 서비스를 받는 등, 정말 악몽과도 같은 하루가 그렇게 흘러갔다.

온라인 비자신청서 작성은 http://www.visa4uk.fco.gov.uk/에 접속한 후, Register를 누른 후 간략한 개인 정보를 입력하면 등록이 완료되고, 그 후 이메일로 확인 메일이 오는데, 그 메일에 있는 링크로 최초 로그인해야 비자신청서 작성 포털 사용이 가능하다. 중요한 점은 로그인한 후 Apply for mySelf를 클릭한 후 비자 선택 질문에서 비자 카테고리를 자신의 목적에 맞게 잘 신청해야 하며, 이 부분은 한번 작성 완료되면 수정이 안되므로 꼼꼼하게 작성해야 한다. 유학생의 동반 가족들은 배우자일 경우 [Study → PBS → Tier 4 Dependent Partner Visa], 자녀일 경우 [Study → PBS → Tier 4 Dependent Child Visa]로 만들어야 한다. 그리고 대표로 당사자의 개인 정보, 가족 정보, 여행 정보 등을 적고, 최근 10년 내 출입국 정보를 작성하면 된다. 다른 가족들 정보는 Apply for someone else를 눌러 작성해야 하며 각 가족들 주소는 모두 같도록 기재해야 한다. 2016년 당시, 모든 비자 서류 작성 후, 502달러의 비자 신청 비용을 카드로 납부했다.

2016년 4월부터 모든 영국 유학생들은 공공의료보험NHS 혜택을 받기 위해 IHSImmigration Health Surcharge 비용을 지불해야 비자 발급이 가능하도록 제도가 바뀌었다고 한다. 그 이전까지는 유학생들도 무료로 국가의료보험 혜택을 받아왔던 셈인데, 내가 가는 그 해부터 제도가 바뀌다니 참 운도 없다. 새로 변경된 IHS 납부를 위한 사이트에 개별 등록한 후 비용을 결제해야 한다.

1인당 150~225파운드가 부과되며, 반드시 납부해야 비자를 받을 수 있다. 가족 구성원 각각의 비용을 납부해야 하며, 비자처럼 하나의 아이디로 한번에 가족 모두 결제가 가능하다. 비용 납부가 완료되면 이메일로 IHS Reference라는 번호가 오는데 그 번호를 잘 가지고 있어야 하며, 온라인 비자 신청서에 수기로 작성해야 한다.

비자 신청 시 필요한 준비물을 정리하면, ① 온라인 비자신청서, ② 결핵 검사 결과서와 사본, ③ 여권과 사본, ④ 여권용 사진 1장, ⑤ IHS Reference, ⑥ CAS, ⑦ CAS에 언급된 서류, ⑧ 재정 증명 서류 등이다.

비자를 신청하면 입국 가능 날짜가 나오는데, 학기 시작 날짜 기준으로 짧으면 1주일 전, 길면 1달 전으로 정해진다고 한다. 당시 계획으로는 1달 전에 들어가 이런저런 준비도 하고 산휘 학교 시작 날짜에도 맞추려고 했는데, 만약에 1주일 전으로 비자가 나온다면 모든 계획이 어긋나게 될 상황이었다. 찬빈이네도 비자 발급 과정에서 입국 가능 날짜가 예상보다 늦게 나와 미리 예약해 둔 비행기의 일정을 바꾸느라 변경 수수료도 지불했다고 하니, 빈번히 일어나는 일인 듯하여 더욱 걱정이 앞섰다.

우여곡절 끝에, 우리가 입국하려고 계획했던 날짜에 출국 가능한 1장짜리 스티커(비네트, entry clearance)가 여권에 부착되어 도착했다. 영국에 입국하면, 임시 비자 서류를 14일 이내에 현지 우체국에 가서 신청하고 실제 거주증(BRP, Biometric Residence Permit)을 받아야 한다. 비자 신청 시 받은 A4 크기의 레터를 지참하여, 현지 우체국을 방문하여 BRP를 신청하면 된다.[1]

자동차 구하기

해외 생활을 하려고 할 때 집을 구하는 다음으로 고민이 되는 부분이 자동차를 소유할 것인지에 대한 것이 아닐까 싶다. 영국은 한국과 달리 운전석이 오른쪽에 있고, 낯선 길을 운전하며 다니는 것이 위험할 수도 있겠다는 생각으로 자동차 없이 살아도 되지 않을까도 고민해 보았지만, 아이도 있고 하여 현지 지인들의 조언을 받아들여 중고 자동차를 사기로 결정했다.

우리 집에서 운전은 남편의 영역이었던 터라 자동차만은 남편이 알아서 찾아 주길 기대했지만, 영국으로 출발하는 그 순간까지 너무나 다이내믹한 삶

---

1) http://www.postoffice.co.uk/foreign-nationals-enrolment-biometric-residence-permit

을 살고 있던 남편에게는 무리였던 것 같다. 결국 준비하는 데 여러 조언을 주었던 찬빈이네의 생활용품과 함께 자동차도 인수하기로 결정했고, 차량번호 YX○○TKD의 쉐보레 차량은 그렇게 한국인 유학생들에게로 해를 거듭하며 전달되게 되었다.

비록 장롱면허이긴 하지만, 현지에서 어떤 상황이 생길지 모르니, 나와 남편 둘 다 국제 면허를 발급받았다. 여권, 여권용 사진 1매, 운전면허증, 접수 비용을 챙겨 주변 경찰서에 가면, 유효 기간 1년짜리 국제 면허를 발급받을 수 있다. 우리는 1년만 거주할 예정이어서 국제 면허로 운전을 했지만, 영국 현지에서 한국 운전면허증을 영국 운전면허증으로 교환할 수 있으며, 교환 요령은 한국 대사관 사이트에 들어가면 자세히 나와 있다.

자동차 구매, 운전면허증 발급, 그 다음은 자동차보험 가입이다. 한국인 유학생들의 자동차보험을 주로 하고 있는 특정 보험사에는 한국인 담당자가 있어서 어렵지 않게 한국에서 미리 자동차보험에 가입했다. 영국에서 자동차를 소유하면 필수적으로 1년에 한 번씩 자동차 정기검사MOT를 받아야 하는데, 우리가 인수 받은 차의 자동차 정기검사 마감일인 9월 30일 전까지 검사를 받아야 했다. 오래된 차량일수록 MOT를 받을 때 수리해야 할 부분에 대한 지적을 많이 받아 견적이 상당히 높게 나올 수 있다고 해서 어떤 사람은 영국의 깐깐한 정비소보다는 한인들이 많이 살고 있는 뉴몰든New Malden의 한국인이 운영하는 정비소를 추천하기도 하고, 또 어떤 사람은 안전과 관련된 문제이니 깐깐하게 봐서 정비하는 것이 좋다고도 했다.

결국 뉴몰든 근처의 한인이 운영하는 정비소에 가서, 와이퍼, 타이어 등을 수리하는 것으로 MOT는 마무리하고, 세금 내기를 마지막으로 현지 생활 준비를 완료하였다. 영국은 로드 택스road tax라고 하여 고속도로에 별도 통행료가 없는 대신 차가 있으면 무조건 내야 하는 세금이 있는데, 차량 소유주가 바뀌면 바로 내야 한다. 인터넷 사이트에서 납부가 가능하며[2], 금액은 차량 및 거주 지역에 따라 차이가 난다고 들었는데, 우리는 520파운드 정도 낸 것 같다.

누구와 같이 가지? 남편 설득하기

연수 신청을 결정할 때부터 가장 큰 고민이었던 것이, 과연 '산휘와 나 단둘이 생활을 할 수 있을 것인가'였다. 3년 전부터 해외 근무를 하고 있던 남편에게 직장을 그만두고 같이 가자고 하기에는 금전적인 부담도 있었고, 남편이 이루고자 하는 꿈을 너무 쉽게 꺾어 버리는 것은 아닌지 염려가 되기도 하였다. 그럼 지금 함께 살고 있는 친정엄마에게 같이 가자고 하면 어떨까도 생각해 보았다. 영어를 한 마디도 못하시는 상황에서 과연 낯선 이국 땅에서 생활하실 수 있을까? 산휘 낳고 2개월만에 복직한 나 대신 지금껏 산휘를 봐 주시느라 우울증까지 잠시 앓았던 엄마에게 그런 부탁을 한다는 것은 너무 가혹하다는 생각이 들었다. 그 다음으로 서울에서 5살, 3살 조카들과 살고 있는 여동생이 떠올랐다. 아이를 키우는 데에는 나보다 전문가이며, 내가 공부하는 동안 살림도 맡아 줄테고, 조카들도 1년 동안 해외 생활을 경험하는 것이 나쁘지 않을테니 여러 모로 적임자라는 생각이 들었다. 바로 전화를 걸어 여러 유혹적인 제안과 함께 여동생을 설득했고, 여동생 또한 긍정적으로 생각해 보기로 했는데, 비자 문제가 우리 자매의 야심찬 계획에 큰 걸림돌이 될 줄이야.

영국은 기본적으로 6개월 이내 관광 목적으로 비자 없이 입국이 가능하며,

---

2) https://www.gov.uk/vehicle-tax

6개월 이상 체류하기 위해서는 비자가 필요하다. 그러면 6개월은 여동생이, 나머지 6개월은 엄마나 남동생이 지원 나오는 것은 어떨까? 관광 목적으로 들어오는 경우 최대 6개월이라고는 하지만, 입국 심사가 까다로워 체류 기간이 길면 여러 질문을 받게 되고, 최악의 경우에는 입국이 거절되기도 한다고 하니 여러 모로 걱정이 앞섰다.

보편적으로 우리나라에서 해외로 생활을 하러 떠나는 가족들을 보면, 남편이 해외 근무(또는 연수자)이고, 아내와 아이가 함께 가는 경우가 많다. 주변에 맞벌이였음에도 남편이 해외 파견 근무가 결정되면 아내가 직장을 그만두고 따라가는 경우를 자주 접하게 된다. 그런 사례를 볼 때마다 그런 결정을 내린 여성의 입장에 감정이입을 하여 가끔은 안타까웠고, 가끔은 부러웠던 적도 있었던 듯하다.

여러 고민들로 하루도 마음 편한 날이 없었다. 행복하기 위해 내린 결정이었는데 왜 나는 이렇게 고민하고 있는 것일까? 고민을 되풀이하던 어느 날, 내가 지금 시점에서 가장 간절하게 원하는 가족의 모습을 떠올려 보았다. 아빠, 엄마, 그리고 산휘, 가족 구성원의 온전한 합체! 그렇다. 결심했다. 남편을 데리고 영국으로 가기로! 2015년 5월 어느 날, 영국의 학기가 9월에 시작이니 출발할 날이 3개월 정도 밖에 남지 않은 시점이었다. 비자 발급도 받아야 하니 의사 결정을 해야 하는 일들을 더는 미룰 수 없었다. 그중 제일 급한 것이 남편을 데리고 가겠다는 결심을 실행에 옮기는 것!

몇 개월 동안 수없이 이야기하고 함께 고민해 왔지만 정작 남편에게 같이 가자고 직접 이야기한 적은 없었으니, 나의 '선전포고'를 듣게 될 남편의 얼굴이 떠올라 고민이 컸다. 하지만 도저히 참을 수 없어 일요일 아침부터 남편이 근무하고 있는 인도네시아로 전화를 걸어 쿨하게 이야기를 시작했다.

"당분간 내가 혼자 벌어 우리 식구가 살아야 되는 상황이 되더라도, 난 자기가 같이 영국에 갔으면 좋겠어."

나의 선전포고에 남편은 아무런 반응이 없었다.

"너무 걱정 말고, 그냥 같이 가자고!"

강도를 높여 다시 이야기하자 남편은 생각해 보자고 했다. 그때부터 남편은 어떻게 하면 회사를 그만두지 않으면서 이 상황을 평화롭게 해결할 수 있을지를 주변 사람들의 조언도 구하면서 여러 가지 방법을 알아보는 듯했다.

2015년, 어느덧 마흔이 되어 버렸다.

지나간 기억을 애써 더듬어 보면, 10대에는 마흔이 된 내 모습을 생각조차 해 본 적 없었던 것 같고, 20대에 떠올린 40살 나는 (지금 이 나이에도 명확히 정의할 수 없는) 소위 '성공'이라는 반열에 접어들었거나 목전에 두고 있을 것이라 생각했던 듯하다. 밥벌이를 시작한 서른에도 마흔의 나는 최소한 안정적인 궤도에 자리잡고 있을 것이라고 기대했었다. 경제적인 부분에서는 전혀 걱정을 하지 않는 그런 지나친(?) 안정은 아니어도, 적어도 나의 업業에 있어서는 3년 후, 5년 후, 10년 후, 그리고 은퇴 시점까지가 대충은 그려지고 그것과 함께 우리 가족의 성장과 우리 부부가 나이 들어가는 그림도 적당히 투명하게 보여지는 그런 안정 말이다.

하지만 내 나이가 드디어 마흔이 되고보니 5년, 10년 후 더욱 더 초조해질 나이를 제외하고는 어떠한 것도 투명하게 보이지 않았다. 물론 그러한 안정적인 삶 속에서 자신의 앞날이 너무 뻔히 보여 싫다는 사람들도 있지만, 나는 그 반대 부류에 속하는 사람이었다. 나름 열심히는 살았지만 어쨌든 별로 생산적이지도 효율적이지도 못했던 것 같고, 미래의 나 자신과 우리 가족의 안정과 행복을 찾아 여전히 열심히 헤매고 있다. 이게 마흔이 된 나의 모습이다.

내 나이 37살에 나름 큰 결정을 했다. 비교적 안정적인 대기업을 그만두고 인도네시아로 가기로 마음먹었다. 어떤 큰 뜻이 있었던 것도 아니고, 가족들과 좀 떨어져 지내도 기꺼이 감수할만한 파격적인 제안이 있었던 것도 아니었지만, 평소에 관심이 있었던 자원 무역 분야의 일이었고, 남들이 많이 하지 않는 일이기도 하였으며, 무엇보다도 조금만 고생하면 내가 일의 처음부터 끝까지를 스스로 할 수 있고 이익을 창출할 수도 있을 것이라는 기대에 쉽지 않은 결심을 굳혔다. 남편과 아빠와 떨어져 지내게 될 아내와 3살된 산휘의 서운함은 나만이 납득할 수 있는 이유로 적당히 달래었다. 지금 생각하니 참 이기적이었던 것 같다. 이렇게 나는 유통기한이 바로 코앞에 닥친 마시멜로를 몇 년은 가뿐히 참을 늠름한 어른다운 모습으로 인도네시아로 출국하였다.

내가 도대체 어떤 결정을 한 것일까? 3년 가까운 시간 동안 많은 고생을 했다. 일은 생각했던 것보다 순조롭지 않았고, 두어 달에 한 번 정도 가족을 만날 수 있는 현실도 많이 힘들었다. 그렇게 떨어져 생활한 초기 6개월 정도까지는 내가 귀국해서 현관문을 들어서면 신이 나서 폴짝폴짝 뛰어나오던 아이도 시간이 지날수록 아빠라는 존재를 한 번씩 와서 장난감을 사 주는 '먼 곳에 있는 친절한 아저씨'로 인식하는 것 같았다. 이제는 집에 가면 아이와의 서먹한 낯섦을 깨고 서로 마주보며 활짝 웃기까지 1~2일의 시간이 필요했다. '아, 나는 무엇을 위해 이렇게 살고 있는 것일까? 지금 정도면 일은 적당히 알지 않았나?'라는 생각과 '지금 포기하면 아무것도 안돼. 2년은 더 버텨야 돼!'라는 생각이 하루에도 몇 번씩 나를 흔들었다. 일기장에 두 달에 한 번 집으로 돌아가는 날을 카운트다운하며, 내 마음에 여기저기 상처를 내면서도, 대단하지만 현실적이지 못한 좋은 글귀들로 도배를 했다.

사내사불四耐四不.

냉대를 참고, 괴로움을 참고, 번뇌를 참고, 한가한 때를 참는다.

격해지지 말고, 초조해하지 말고, 다투지 말고, 따라가지 말고, 그리하여 큰 일을 이룬다. (왕양명)

이렇게 부산에서 인도네시아 지역 곳곳을 십수 차례 왔다 갔다 하는 동안 회사도 나도 서서히 자리가 잡히는 듯했다. 뒤돌아 보면 가족과 떨어져 홀로 이곳에 오기로 한 것이 아주 잘한 선택이 아닌 것을 알게 되었다. 그렇지만 그 선택 속에 최선은 못되지만 의미를 찾으려고 견뎌왔던 시간이었으며, 그 시간 속에서 마음 속의 여러 고개를 지났다. 이제는 이곳에서의 미래를 차분하고 진지하게 고민할 수 있게 되었다. 그리고 나도 마흔이 되었다.

자기, 무조건 영국으로 따라와!

마흔이 되어갈 무렵 나의 삶이 이렇게 지나고 있을 때 아내 또한 한국에서 워킹맘으로서 치열하게 살고 있었다.(사실은 잘 모른다. 하지만 분명 그랬을 것이다.) 멀리 떨어져 있는 남편의 도움 없이 애를 키우느라 힘들고 서럽기도 했을 것이고, 서로 떨어져서 사는 것에 대해 적절하게 보상도 없었으니 참 갑갑하기도 했을 것이다. 게다가 밥벌이까지!

돌이켜 보면 참 미안한 일이다. 물론 이런 고생 끝에 내가 소위 말하는 대박을 쳐서 "그땐 그랬지, 허허허" 하면서 용서에 칭찬까지 받을지 모르겠지만 적어도 아직까지는 칭찬 받을 기미가 잘 보이지 않는다. 그러다가 아내의 삶에 큰 변화가 생겼다. 아내가 운 좋게도 회사에서 1년 간 영국에서 공부할 수 있는 기회를 얻은 것이다. 언젠가는 본인도 그런 기회가 있었으면 좋겠다고 오랫동안 생각해 왔기에 아주 축하할 일이었고, 그렇게 운도 좋고 능력도 갖춘 아내가 자랑스러웠다.

이제 어떻게 아내가 6살된 산휘를 데리고 1년 간 영국에서 공부와 생활을 잘할 수 있을지 머리를 맞대고 계획해야 했다. 아내 혼자 가서는 타이트한 석사 과정과 육아를 도저히 병행할 수 없기에 우리는 주변 조력자들을 물색하기 시작했다. 장모님이 같이 가는 것은 어떤지, 본인 사업을 접고 잠시 쉬고 있는 처남이 같이 가면 어떤지, 처제가 조카들을 함께 데리고 가서 살림을 맡아 하는 것은 또 어떨까? 산휘는 두고 미영 씨 혼자서 가는 건 아무래도 좀 그런가?

여러 가지 계획들 중에 내가 따라가는 안은 없었다. 대신 회사도 어느 정도 안정되었으니 한 달에 한 번씩 자카르타에서 런던으로 가서 일주일 정도 있다 오기로 미영 씨와 얘기를 했다. 이것 또한 멋지지 않은가! 한 달에 한 번씩 영국에서 인도네시아로, 보르네오 섬에서 런던으로…. 이렇게 매일 이런 안과 저런 안을 올렸다 내려가며 여러 가지를 고민했고, 후보군에 뽑힌 선수(?)들과도 그들의 조건과 우리의 요구를 교환하며 조율해 나갔다. 나도 아내가 어린 산휘를 데리고 그 먼 곳까지 가는 것이 걱정이 되지 않는 것은 아니지만, 아내 가족 중 누군가 한 명은 결국 따라갈 것이라는 내 나름의 믿음이 있었기에 시간이 지나면 곧 해결될 것이라고 생각했다.

2015년 5월, 한적하고 평화로운 칼리만탄의 일요일 아침이었다. 이른 아침 070 인터넷 전화기로 전화가 왔다. 아내였다.

"응, 그래."

무슨 일인지 모르겠지만 아주 격앙된 목소리였다.

"자기, 이번에 무조건 나와 같이 영국에 가자. 같이 가지 않으면 나도 어떻게 될지 몰라."

"무슨 일이고? 와 그라노 갑자기? 그럼 회사는? 무슨 소리야, 갑자기?"

"우리 왜 이렇게 살아야 돼? 무슨 부귀영화를 누리려고 이렇게 살아?"

아무 말도 할 수 없었지만 머리 속은 아주 바쁘고 복잡했다.

'도대체 왜 그러지? 처남이나 처제와 무슨 마찰이 있었나?'

갑자기 왜 그럴까 하는 이유에 대한 걱정과 궁금증에 이어 '내가 어떻게 따라가? 그럼 일은? 지금 와서 관둔다고? 어떻게 지난 3년을 참았는데….'라는 생각이 떠올랐다. 아내를 따라 영국에 간다고 생각하니 '실직, 백수, 육아, 주부, …' 같은 단어 밖에 떠오르지 않았다. 갑자기 갑갑해지고 울렁거리기 시작했다. 그러면서도 아까 아내의 가슴 깊은 곳에서 한숨 섞여 나왔던 '우리 왜 이렇게 살아야 돼?'라는 말이 꿈꾸고 있는 나를 현실로 내동댕이치는 것 같았다.

"일단 알았어. 생각해 볼게."

그래, 나도 따라가 보자. 영국!

아내와 폭풍 같은 대화를 마치고 한참을 소파에 누워 있었다. 어디서부터 어떻게 시작해야 할지 모르겠고, 어떤 선택이 맞는지도 모르겠다. 아내와의 그 짧은 대화는 내가 가지고 있는 모든 계획과 생각, 꿈 등을 갈아엎어 놓은 것이었다.

'회사에는 어떻게 얘기하지? 따라가는 게 맞는 걸까? 말은 저래도 월급이 안 나오면 힘들텐데…. 나는 가서 뭐하지? 산휘 보는 거야? 산휘와 시간 보내는 것도 중요하지. 그런데 남편으로서 아빠로서 가장 중요한 일은 아닌 것 같

아. 돈 벌어야지. 게다가 1년 쉬고 나면 뭐하지? 한국 가서 일 알아보는 거야? 아, 그동안 인도네시아에서 고생한 게 너무 억울한데….'

가야 하는 모든 이유에는 그것에 절대 뒤지지 않는 가지 말아야 할 강력한 이유가 있었다. 나는 이 복잡한 문제를 40대의 지성인답게 이성적으로, 초이성적으로, 감성적으로 풀기로 했다. 먼저 이성적으로 나보다 한참이나 선배님인 두 분께 물어보기로 했다. 나보다 10살 많은 내가 좋아하던 형님은 "현준아, 인도네시아에서 10억 정도 벌 수 있으면 거기 있어라. 그런데 그렇지 않으면 따라가는 것이 맞는 것 같다."고 했다. 나는 10억을 벌지 못하므로 따라가는 것이 맞다는 말이다. 나보다 17살이 더 많은 내가 존경하는 상무님은 평소에 아주 부드러운 분임에도 불구하고 "니 혼자 무슨 부귀영화를 누린다고 거기 있겠다는 거고? 일은 쉬면 되는거고, 가면 또 새로운 기회가 생길 수도 있고! 따라가라!" 직설적이고 명확했다. 이번에도 따라가야 한다는 것이 KO승을 거두었다. 나보다 훨씬 많이 산 선배님들의 현명한 조언은 그러했다. 이성적으로는 '따라가야 한다'이다.

이제 이 문제를 초이성적으로 판단해야 한다. 살다 보면 이성적으로는 도저히 알 수 없는 초이성적인 일들이 많이 일어난다. 이성이 '현자賢者'라면 초이성은 '신神'이다. 그래서 잘 알고 있는 철학관 형님께 전화를 해서 상담을 했다. 어떤 어려운 문제나 일이 너무 풀리지 않을 때, 신중히 결정해야 할 중요한 일이 생기면 철학관을 찾아간다. 인도네시아에 가고 나서부터 생긴 습관이자 나만의 해결 과정이다. 철학관 형님 왈, "현준 씨, 무조건 따라가세요, 안 따라가면 두 분은 헤어질 것 같습니다. 그 기운이 아주 강합니다. 따라가세요." 초이성적으로도 결과가 아주 명확했고 철학관 형님의 차분하고 냉정한 목소리는 아주 이성적이기까지 했다.

이 두 결과를 들을 때 아주 당황했던 내 모습을 떠올려보면 나는 '따라가지 않아야 할' 합리적·비합리적 이유를 찾고 있었던 것 같다. 이제 감성적 부분만 남았다. 회사를 그만두어야 되는 민감한 문제라 회사 내부 사람에게는 일체 얘기하지 않았는데, 10살이나 어린 찬일이와 저녁 마실을 나갔다가 넌지시 얘기를 건넸다.

"와이프가 영국에 공부를 하러 가게 되었는데 어쩔까 싶네."

20대인 찬일이는 역시 순수하고 철없는 20대 같이 상황을 파악하고 진단했다.

"형님, 영국요? 영국 어딘데요? 런던요? 형님 그럼 꿀 아니에요? 뉴욕하고 세계에서 제일 좋은 곳 아닙니까? 우와, 진짜 부럽네요! 당연히 가야 되는 것 아닙니까? 우와, 인도네시아 반자르마신에서 런던으로…, 우와!"

따라갈까 말까에 대한 평가를 넘어 이건 완전히 부러움과 감탄 일색이었다.

어쨌거나 이성, 초이성, 감성 모두 강하게 따라가라고 한다. 회사 문제를 비롯하여 여러 가지 정리하고 생각해야 할 일들이 많았지만 내 마음도 서서히 그렇게 하기로 결정을 했다.

'그래! 나도 따라가 보자, 영국!'

나도 대학원에서 공부를 하고 싶은데…

가족을 따라 영국에 가기로 마음의 결정을 하고 나서는 가서 무엇을 할지가 걱정되기 시작했다. 10년만 아니 5년만 더 어렸어도 영국으로 가는 것이 마냥 즐거웠을 테지만 현재의 나는 그렇지 못했다. 회사를 그만두어 경력이 단절된 채로 1년을 보낸다는 것이 참으로 갑갑했고, 시간 낭비 같이 느껴졌다. 아내는 '산휘 보면서 오랜만에 식구들과 편안한 시간 가지는 게 중요하지 않느냐?'고 얘기한다. 아빠로서 남편으로서 그런 시간이 아주 중요하고 나도 정말 원하는 것이지만, 특히 3년 가까이 각각 인도네시아와 한국에서 떨어져 지낸 우리 가족 입장에서는 정말 소중한 것이지만, 동시에 일 없이 집에 있게 될 마흔이 된 남자가 느끼게 될 갑갑함, 초조함, 미래에 대한 불안감 등 또한 어쩔 수가 없었다. 마음이 바빠지기 시작했다. '비행기는 일단 같이 타겠지만 내 성격상 이런 상황 속에서 얼마 버티지 못할 거야. 차라리 한두 달 휴직을 하는 게 낫지 않을까?'라는 생각도 들었다. 영국에서 내가 무엇을 해야 할지, 또 무엇을 할 수 있을지 정해지지 않은 내 마음은 우왕좌왕 갈팡질팡이었다.

일단 내가 아는 영국에 있는 지인들에게 메일을 썼다. 예전 직장 선배님에게도 파트타임으로라도 일하고 싶은데 방법이 있는지 물어 보았고, 오래 전부터 알고 지냈던(하지만 최근 몇 년 동안은 연락도 없었던) 영국에 있는 몇 명의 친구들에게도 '오랜만이야'로 시작해서 결국은 이러이러한 분야에서 일을 하고 싶은데 아는 사람 있느냐는, 메일 받는 사람 입장에서는 어디서부터 어떻게 해야 할지 모를 아주 막연한 메일을 보냈다. 현지에 있는 친구들로부터는 '안녕, 준'으로 시작해서 '미안하지만, 그런 쪽 분야에 아는 사람은 없고, 곧 다시 얼굴 보게 되어 기뻐'라고 하고, 'See you soon~'으로 마무리되는 교과서적인 영국 사람의 친절한 회신이 왔다. 가능성도 별로 없는 부탁을 장문의 메일로 너무 진지하게 한 것 같아 겸연쩍어져 후회도 했지만, 영국에서의 보람된 1년을 만들기 위해 나는 여기저기에 황당한 메일을 계속해서 보냈다. 그러나 역시 별 도움은 되지 않는 아주 친절한 회신이 계속해서 올 뿐이었다.

회사에는 아직 얘기를 못하고 있었지만 인도네시아의 주변 가까운 사람들에게는 곧 영국으로 가게 될 것 같다는 이야기를 하고 있었다. 자카르타에서 가깝게 지내던 형님과 저녁에 소주 한 잔을 하면서 영국 가게 되었을 때 내가 가지고 있던 고민을 이야기하니 갑자기 "대학에 가서 공부를 해 보는 게 어때?"라고 하시는 것이었다. 귀가 번쩍 뜨였다. 그런데 현실적으로 영국으로 출발하는 시점까지 채 3달도 남지 않았는데, 그 사이 준비를 해서 대학원에 지원한다는 것이 안타깝지만 현실적이지 않아 보였다.

이때 형님이 런던에 있는 카스 비즈니스 스쿨Cass Business School이면 싱가포르에 계시는 알고 지내는 사장님이 얘기를 잘해 주고 일정만 맞는다면 가능할 수도 있다고 했다. '아, 카스 비즈니스 스쿨!' 예전 직장에서 근무할 때부터 많은 관심을 가졌던 학교였고, 해운업과 관련해서 인지도가 아주 높은 학교였다. 나도 조금만 더 젊고 여유가 있으면 한번 공부해 보고 싶었던 곳이었기에, 카스 비즈니스 스쿨이라는 말을 듣는 순간 어떻게든 해 보고 싶은 욕심이 생겼다. 나는 그 자리에서 형님께 진지하게 부탁드렸고, 형님은 바로 싱가포르의 김사장님에게 메일로 나에 대해 소개를 했다. 카스 비즈니스 스쿨에서 공부를 하고 싶어하는데 도움을 부탁한다는 메일이었다.

어떻게 될지는 모르지만 나도 곧바로 서류 지원부터 시작했고, 싱가포르 김사장님의 추천을 받아 현재 인도네시아에서 하고 있는 자원 무역과 관계가 있는 '에너지 무역 금융(ETF, Energy Trading Finance)' 코스에 지원을 했다. 인터넷 사정은 말할 것도 없고 하루에도 몇 번씩 전기가 끊기고 귀여운(?) 도마뱀이 여기저기 기어다니는 남부 칼리만탄 반자르마신의 골방 구석에 쳐박혀 런던의 비즈니스 스쿨 입학을 준비하던 그 일주일은 정말 불편하고 성가시기 그지 없었다. 그러나 나도 잘만 하면 이 찌질한 곳에서 탈출하여 아주 멋진 곳으로 입성할 수 있다는 낯신 설렘과 묘한 기대감은 아직도 잊혀지지 않는다.

6월 19일, 남부 칼리만탄 타보네오항Taboneo, 7만 톤급 배 위에서 석탄 선적을 하고 있을 때 학교로부터 조건부 입학 허가를 받았다. 뭔가 정말 실감 있게 다가오는 것 같다.

안녕하세요, 박현준 씨!
당신의 지원서를 검토한 결과 2015~6년 카스 비즈니스 스쿨의 에너지 무역 금융 코스 합격을 알리게 되어 정말 기쁩니다.
그런데 이번 합격은 조건부 합격으로, IELTS 영어 시험 평균이 7.0 이상 되어야 하고 쓰기는 6.5 이상 되어야 합니다.
그리고 최종 학력 증명서 원본도 보내 주셔야 합니다.

그래, 이제 IELTS 시험만 보면 된다! 학교에서는 IELTS 시험 결과 데드라인이 7월 3일까지라는 메일이 왔고, 나는 이런저런 이유를 들이댔다. "나는 지금 인도네시아 칼리만탄 섬에서 석탄을 싣고 있고, 언제까지는 자카르타로 갈 수도 없으며, 그래서 도저히 지금은 시험을 치를 여건이 안되니 연장을 좀 해 달라"는 메일이었다. 역시 친절한 영국인들이다. 7월 말까지 연장 허가를 받았다. 그리고는 자카르타로 와서 IELTS 책 한 권을 사 들고 가서는 여건이 허락하는 범위 내에서 나름 열심히 공부를 했다. 그리고 7월에 나는 자카르타의 어느 호텔에서 첫 번째 시험을 치르게 되었다.

'내가 자카르타에서 영어 시험을 치르게 될 줄이야.'

시험은 어떻게 쳤는지 모르지만 마음 가는 대로 답을 잘 고르고 잘 쓴 것 같았다. 결과가 나왔다. 그러나 학교에서 요구하는 성적을 충족시키지 못했다. 나는 또 시간을 좀 더 달라는 메일 쓰기에 바빠졌다. "처음 쳐 보는 시험이라 아직 적응이 되지 않았고, 일이 바빠서 공부할 시간도 없었다"는 등의 말도 안 되는 궁색한 변명이었다. 학교에서는 곧 '안타깝지만(Unfortunately)'으로 시작하는 연락이 왔다. 입학금 선금 10% 낸 것을 찾아가든지 그렇지 않으면 내년에 다시 오든지 하라는 별로 친절하지 않은 메일이었다.

안녕하세요, 현준 씨!
정말 안타깝지만 이 점수는 카스 비즈니스 스쿨에서 수업을 듣기에는 충분하지 않은 점수입니다. 입학을 내년으로 미루셔도 되고, 입학 선금을 환불하셔도 됩니다.
혹시 환불을 원하시면 IELTS 성적표를 스캔해 보내 주시면 바로 환불해 드리겠습니다. 감사합니다.

이제는 방법이 없다. 다시 한 번 ETF 학과장에게 이메일을 썼다. 아, 사실 그건 이메일이라기 보다는 간절한 편지에 가까웠다.

"나는 지금 한국 나이로 마흔이고, 식구들과 1년 동안 영국에 가게 된 것이어서 공부를 하기 위해 다음을 기약할 수 없다. 비록 영어 성적이 기준에 못 미쳤지만 에너지와 해운energy & shipping 분야에서 경력이 있고, 지금도 그쪽 분야에서 일하고 있다. 사실 영어도 그 점수보다는 잘한다. TOEIC도 900점이 넘는다."는 등 장문의 읍소 및 별 설득력 없는 설득을 위한 말들을 할 수 있는 만큼 다 써 넣었다. 하지만 역시 교수님으로부터의 회신은 없었다.

슬라맛 띵갈 인도네시아!

7월이 되어 회사에도 나의 결정을 이야기하지 않을 수 없었다. 2~3명의 한국인과 다수의 인도네시아 현지인으로 돌아가는 회사인지라 나의 그러한 결정이 남아 있는 다른 사람들에게 당분간 적지 않은 혼란과 불편함을 줄 수 밖에 없다는 것을 잘 알고 있었지만 어쩔 수가 없었다. 내가 맡은 프로젝트만 끝나면 얘기를 하리라 마음먹었는데 안타깝게도 이 프로젝트를 하면서 나와 회사와의 사이에 여러 가지 견해차로 인해 너무 많은 충돌이 있었다. 물론 프로젝트를 보다 잘 수행하기 위해 필요한 과정이지만 예전에 비해 그 충돌이 유독 심했는데, 이 프로젝트를 마치고 회사를 떠나게 될 나로서는 그것이 참 고통스러웠다. 우여곡절 끝에 무사히 선적을 끝내고 동부 칼리만탄에서 자카르타로 복귀한 날, '이번 일로 혹시 마음의 상처는 주지 않았는지 여러 가지로 정말 미안했다'고 진심 어린 사과를 하고 또 깊은 고민 끝에 아내의 결정을 따라 회사를 그만두고 영국으로 떠나게 되었음을 알렸다. 나로서는 개인 사정 때문에 어쩔 수 없이 회사를 떠나는 것이지만, 그때 상황이 자연스럽게 이번 프로젝트로 인해 내가 그런 결정을 했을 것이라고 생각될 수도 있었다. 흘러가는 모든 것이 적당히 자연스러웠고, 나도 그 흐름 속에 적당히 상황을 맡겼다.

3년여의 인도네시아 생활! 길지 않은 시간이었지만 새로운 사업을 처음부터 만들어 가는 중에 너무 많은 일들을 겪게 되었고, 가족들과 떨어져 낯선 환경에서 서로 다른 사람들과 같이 살면서 일하는 것은 참으로 인고의 시간이었다. 한동안 내 얘기를 털어놓을 수 있는 곳이라고는 빨간색 일기장 밖에 없었다. 나는 매일 밤마다 집으로 돌아갈 날을 꼽으며 보내던 시간 동안 그 빨간 일기장을 통해 나에게 위로를 주기도 하였고, 조금만 더 참으라며 나에게 상처를 주기도 하였다. 작은 회사에 와서 할 수 있는 모든 다양한 경험을 했고, 정신적 육체적으로 밑바닥부터 인고의 시간을 거친 끝에 관심 있던 분야에 대해 많이 알게 되었으며, 스스로도 성숙해진 감사한 시간이었다.

햇살이 반 정도만 들어오던 남부 칼리만탄 섬 반자르마신 집 앞에서 매일 느꼈던 아침의 고즈넉함, 아침마다 집 대문에 툭 걸쳐져 있는 자카르타 포스

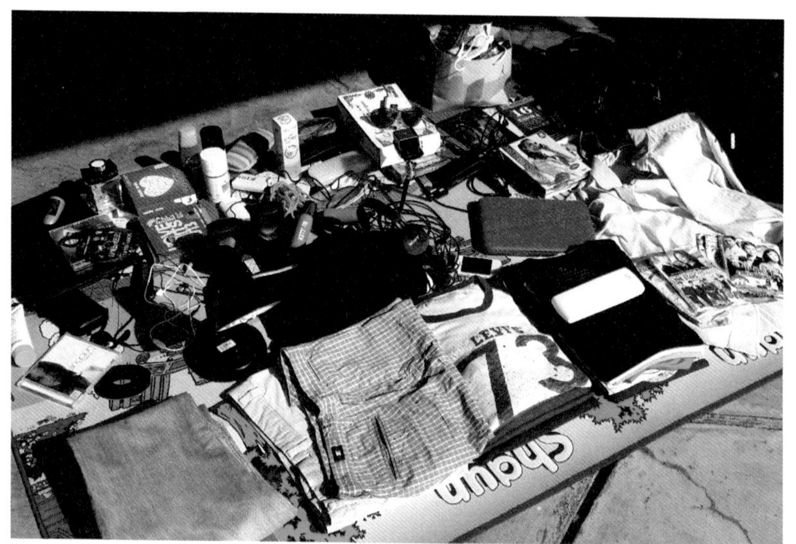

인도네시아를 떠나며 정든 물건들 나눔

트Jakarta Post[3], 스트레스를 날리고자 일부러 비가 쏟아지는 때를 기다려 웃통을 벗고 달리던, 도통 이해 가지 않는 내 모습, 로띠 바까르(Roti Bakar, 구운 빵), 아침마다 이자 아줌마가 해 주던 나시고렝(nasi goreng, 볶음밥), 1,000원이면 멋지게 콧수염을 정리해 주는 이발소, 그리고 한 번씩 자카르타로 넘어오면 이제 사람 같이 멋지게 살고자 슬리퍼 끌고 모닝커피를 마시러 갔던 빵집 'Paul' 등, 내가 좋아했던 이 모든 것을 이제는 추억 속에 담아 둔다. 그리고 그동안 고락을 함께 했던 콜리스, 라맛, 파드마, 구스트리, 아린, 루씨 등 현지 직원들에게 내가 가진 대부분을 남기며, 마흔이 되었어도 여전히 마음 짠한 작별을 고했다. 무엇보다 이 낯선 곳에서 서로에게 의지하고 때로는 서로 부딪혀 가며 콤비를 맞추던 두 동료들에게도 깊은 감사와 미안함을 표하고 나는

3) 인도네시아에서 발행되는 일간 영자 신문

인도네시아를 떠났다.

슬라맛 띵갈 인도네시아(Selamat Tinggal Indonesia, 바이바이 인도네시아)!

8월 31일, 드디어 출국!

인도네시아에서 귀국하여 영국으로 출국할 때까지 3~4일 정도의 시간 밖에 없었다. 나도 인도네시아 회사에서의 인수인계 때문에 도저히 그 전에는 나올 수 없었다. 당연히 비자 발급에서부터 우리가 살 집, 자동차, 산휘 학교 배정 등 영국에서 우리가 새로운 터를 잡는 데 필요한 모든 사항과, 우리 세 식구의 옷가지에서부터, 밑반찬, 산휘 책 등 한국에서 준비하고 정리해야 할 모든 일들이 한국에 있는 아내 몫이었다. 다행히 3년 전 내가 인도네시아로 가기 전에 우리가 살던 집을 정리하고 처가에 들어가 살고 있었기에 집을 정리할 필요는 없었지만, 1년 동안 떠나 있을 회사에서의 인수인계로 바쁜 데다가 번거롭고 잡다한 일들을 준비하느라 아내는 벌써 몸과 마음이 지쳐 있었다. 나는 돌아와서 내 옷가지와 물건들을 챙기고 이미 쌓인 8개의 캐리어와 5개의 기내 짐 위에 또 하나의 캐리어를 얄밉게 올릴 뿐이었다. 추가로 더 넣을 짐이 생길 때마다 미영 씨는 캐리어의 짐이 항공사 규정인 23kg을 넘지 않게 하기 위해 짐을 이 캐리어에서 저 캐리어로 옮겼다 뺐다 하는 일을 지시했고 나는 충실히 그 지시에 따랐다. 아내는 우리 가족의 '영국에서 1년 살기'의 감독이었다. 아내는 짐을 항공이나 배로 부치지 않았다. 다행히 우리 둘 다 항공사 우수 회원이라 추가로 한 개씩의 캐리어를 더 보낼 수 있었지만 이 많은 짐을 모두 핸드 캐리하겠다는 것은 억지 아닐까 싶었다. 하지만 불편하게 왜 그러는지 물어볼 정도로 염치 없고 개념을 상실한 나는 아니다. 이제 나도 전업

주부主夫가 될 것이기 때문에 적은 비용이라도 아끼려고 하는 미영 씨의 마음을 충분히 이해했다. 그런데 나중에 영국에서 보니 한국에서 짐을 보냈는데 그 짐이 생각보다 너무 늦어져서 급히 영국에서 물건을 사야 하는 경우도 여러 번 보았고, 관세 문제도 발생하는 경우를 보아서 그때 미영 씨의 선택이 여러 면에서 현명했음을 한참 후에 알 수 있었다. 역시 아내가 하는 모든 일은 옳다!

이 많은 짐을 공항까지 옮기는 것도 쉽지 않아서 방법을 찾다가 봉고차를 가지고 있는 친구 윤준이에게 부탁을 했다. 14~15개의 짐을 윤준이와 내가 봉고차에 차곡차곡 쌓는 동안 미영 씨와 산휘는 가족들과 작별 인사를 하였다. 6살 산휘는 처음으로 외할머니의 품을 떠난다. 역시 산휘는 아무것도 모르고, 외할머니는 눈물을 글썽인다. 아내는 또 그것을 보고 눈물을 흘리기 시작하고, 나는 이 광경이 친구와 보기에 조금 민망해서 윤준이에게 뜬금없이 한마디 툭 던진다. "어무이는 잘 계시나?"

공항으로 가며 윤준이와 이런저런 안부를 주고 받는 중에 갑자기 바지 왼쪽 주머니에서 '비잉!' 하는 진동음이 울렸다. 메일이었다. 카스 비즈니스 스쿨의 에너지 무역 금융 학과장인 마이클 탐바키스Michael Tamvakis 교수였다. 갑자기 심장 박동이 빨라지기 시작했다. 빠르게 전체 내용을 훑으니 현재 내 케이스에 대해 곰곰이 생각해 보았는데, 아무래도 나의 영어 실력이 ETF 과정을 성공적으로 마칠 수 있을지 걱정이 된다며 그래도 계속 공부하기를 원한다면 면접을 보고 싶은데 9월 5일 케임브리지Cambridge까지 올 수 있느냐는 것이었다. 심장 박동이 더 빨라지기 시작했다. 나는 케임브리지가 우리가 살게 되는 길퍼드Guilford에서 얼마나 떨어져 있는지도 모른 채 "Of course, I can visit Cambridge …"라고 답 메일을 보냈다.

아내에게 학과 교수님이 면접을 보고 싶어한다는 내용의 메일이 왔음을 알려 주고, 9월 5일에 다 같이 케임브리지로 가야겠다고 얘기를 했다. 그때까지 입학 자격도 되지 않으면서 억지로 떼를 쓰며 공부하게 해 달라는 나를 아주 못마땅하게 생각하고 있던 아내는 갑자기 교수가 면접을 보자니 조금 놀란 눈치였다. 이렇게 영국에서 우리의 첫 번째 방문지는 여행이 아닌 면접이 목적이 되어 대학의 도시 케임브리지로 정해졌다. 장거리 비행기를 처음 타는 산휘는 몇 번이고 영국까지 얼마나 걸리는지 물어보다가 잠이 들었고, 우리의 '영국에서 1년 살기' 총감독인 미영 씨는 그제서야 한숨을 돌렸다.

"2015년 8월 31일, 결국 나도 영국으로 간다. 최선의, 최상의, 그리고 이상적인 선택을 한 것 같다."

2

영국에서의 가을

우리 집과의 첫 만남

영국! 가깝게 느껴지면서도 막상 이 나라에 대해서 아는 것은 별로 없는 국가이다. 영국에 대해서 내가 아는 것이라고는 프리미어 리그, 윔블던 테니스, 엘리자베스 여왕, 윈스턴 처칠, 대처 수상, 고등학교 때 보았던 영화 '브레이브 하트', 내가 10여 년 동안 일했던 조선 해운 분야의 국제해사기구International Maritime Organization 정도가 전부 아닐까 싶다. 또 이제 6살인 산휘에게는 태어나서 가 본 유일한 나라인 아빠가 일하던 인도네시아보다 비행기로 7시간이나 더 가야 도착할 수 있는 '아주 먼 나라'라는 개념 밖에 없을 것이다. 어쨌든 우리 두 남자는 아내이자 엄마인 하미영 씨의 아이 교육, 본인의 학교 생활, 우리 가족의 재원과 그 나라의 물가, 치안 등을 고려한 복잡한 계산을 통하여 우리 세 식구가 가장 보람 있고 행복하게 1년을 보낼 수 있는 국가라 결론 내려진 영국에 드디어 도착하게 되었다.

히스로 공항에 발을 내딛는 순간 미영 씨는 분명 준비하는 동안 본인의 노고에 대한 결실이 느껴져서 "아, 드디어 …!" 했겠지만, 나는 "어쩌다 진짜 영국으로 왔네!" 하는 믿기지 않는 불안감과 설레임이 함께 와닿았다.

익숙하지 않은 영국의 거친 액센트와 함께 입으로는 친절한 웃음을 띠면서도 지나치리만큼 꼼꼼히 캐묻는 입국 사무소 직원을 향해 우리를 증명하기 위해 각종 서류도 꺼냈다 넣었고, 키 작은 산휘를 번쩍 들어 서류상의 아이가 이 아이임을 확인시키기도 했다. 배우자 비자였던 나는 "영국에서 무엇을 할 것이냐?"는 잊혀지지 않는 입국 사무소 직원의 질문을 들었고, "아이 돌보고 집안일을 할 것이다"라는 아주 낯선 대답을 당연한 것 아니냐는 듯 태연히 했다. 입국 사무소를 통과하고 다시 한 번 크고 작은 14개 가방의 엄청난 살림을 챙겨서 미리 예약해 둔 택시 기사 아저씨를 만났다. 한국에서 예약할 때 짐이 아주 많다고는 얘기를 해 두었지만 우리의 짐을 본 기사 아저씨는 아주 난감해 했다. 어떤 피치 못할 이유가 있었는지 원래 그럴 계획이었는지 알 수는 없지만, 원래 예정되었던 차가 다른 곳으로 급히 배차되어서 승합차가 아니라 작은 승용차가 온 것이었다. 지인의 지인을 통해 예약한 차량이라 마구 항의할 수도 없었다. 이제 또 시작이다! 다시 한 번 최선을 다해 차 안에 짐을 실었다. 발 밑에도 짐을 놓고 캐리어 사이사이에도 빈틈 없이 짐을 쑤셔 넣었다. 앞 좌석, 뒷 좌석 모두 짐을 가득 싣고, 겨우 차에 몸만 넣은 채 히스로 공항에서 남서쪽으로 약 35km 떨어진 길퍼드Guildford를 향해 출발했다. 구름이 자욱하고 흐릿한 하늘빛, 차창 사이로 스며드는 싸늘한 공기, 도로 양쪽으로 늘어서 있는 정돈되지 않은 듯한 나무들, 우리 가족이 바라본 영국의 모습 속에서 우리는 각자 어떤 생각을 하고 있었을까? 앞으로 1년 간 이곳에서 펼쳐질 희로애

락을 어렴풋이나마 생각하고 있지는 않았을까? 히스로 공항을 빠져나와 고속도로를 향하면서 나의 마음은 왜 그토록 착잡하고 쌀쌀했는지 모르겠다. 앞으로 좋은 일이 있을 것이고 행복할 것이라고 애써 스스로에게 말했던 것이 아직도 생각나는 것을 보면 그 느낌이 꽤 깊었던 것 같다. 날씨 탓도 있었겠지만 2015년 9월의 내 마음이 그랬던 것 같다. 불안하고 냉랭하고 낯설고 ….

쌀쌀한 M25, A3 고속도로를 지나 약 30분만에 드디어 우리가 살게 될 동네에 도착했다. 동네 입구의 눈에 띄는 노란색 간판의 셸Shell 주유소와 웨이트로즈Waitrose 편의점을 돌자 짙은 갈색의 비슷한 모양을 하고 있는 집들이 좌우에 굽이져서 나란하게 보이기 시작한다. 살짝 굽어진 길 끝의 갈림길이 시작되는 잔디밭 한가운데에 존 러셀 클로즈John Russell Close라는 작은 표지판이 우뚝 서 있었다. 우리는 오른쪽 길로 들어섰고, 꼭 닮은 붉은색 집들 앞에 차분하게 정리된 정원 사이를 30m 정도 더 들어가 오른쪽으로 미끄러지며 차를 세웠다. 그동안 사진으로만 여러 번 보아 왔던 우리 집(6 John Russell Close, Guildford)에 도착한 것이다. 그동안 이메일로만 연락해 왔던 인도계의 부동산 중개인이 집 앞에서 우리를 기다리고 있었다. 우리의 살림은 그대로 새 집으로 옮겨지기 시작했고, 미영 씨는 곧바로 부동산 중개인에게 집에 대한 여러 가지 설명을 듣기 시작했다. 공항에서 집으로 오는 내내 영국 생활의 이모저모에 대해 말해 주던 이란계의 기사 아저씨는 짐까지 같이 옮겨 주고 난 후, "행운을 빌어요, 안녕!"하며 떠났다. 그 기사 아저씨의 한국인 아내는 긴 여정 끝에 낯선 이국 땅에 처음 도착한 우리를 위해 김치찌개와 밥을 주고 갔고, 우리가 인수받은 차의 열쇠를 보관하고 있었던 또 다른 한국분은 아내가 미리 부탁한 쌀 한 포대를 주고 갔다. 뭐가 뭔지 모르겠지만 아내가 그동안 준비해 왔던 것들이 이 낯선 곳에서 하나하나 끼워 맞추어지며 작동하기 시작하는 것 같아 덩

달아 기분이 좋고 감사해지기 시작했다. 공항에 막 내렸을 때와는 달리 기분 좋은 출발이 되기 시작했다. 이렇게 우리는 영국과 영국에서의 우리 집, 그리고 감사한 이웃들에게 첫 인사를 했다.

첫 외출과 주차 위반 딱지

집도 대충 정리가 되었을 무렵 우체국에 볼일도 있고 해서 바람도 쐴 겸 차로 7~8분 정도 떨어져 있는 길퍼드 타운으로 첫 외출을 나갔다. 운전석 위치가 다른 것은 인도네시아에서 이미 적응이 된 편이어서 큰 문제는 없었지만, 도로 선도 제대로 그려져 있지 않고 내가 가는 길이 곧 길이 되는 칼리만탄 섬에서의 운전 경험이 전부였기에, 영국에서의 운전이 약간 긴장은 되었다. 우체국에서 비자를 받기 위해 근처에 잠깐 주차를 하고 들어갔다. 아내 비자만 도착했고 나와 아이 비자는 도착하지 않았으니 며칠 있다가 다시 오라고 했다. 우체국에서 일을 보고 주차장까지 다시 돌아오는 데 걸린 시간이 20분 정도 되었을까? 차 위에 처음 보는 노란색 휴대용 티슈 같은 것이 끼워져 있었다. 처음엔 무슨 광고 전단물인 줄 알았는데 가까이 가서 보니 벌금 딱지 penalty charge notice였다. '아, 이럴 수가! 분명히 들어가기 전에 저쪽에서 주차권을 발급 받았는데 왜 딱지를 끊었지?' 화가 남과 동시에 '내가 뭔가 잘못했나?' 하는 불안감이 빠르게 엄습했고, 동시에 내 손은 주차권을 찾고 있었다. 찾고 있던 주차권은 내 바지 속에서 나왔고, 즉각 머릿속은 '이걸 내가 가지고 있으면 내가 주차비를 낸 것을 어떻게 알겠니, 이 바보야!'라는 생각과 '자동적으로 알 수 있게 되어 있지 않나? 당연히 그래야 하는 것 아닌가!"라는 상충하는 생각들로 복잡하다. 지극한 보호 본능이다. 이 광경을 보고 있던 아내는 역시나 사태 파악이 빠르다.

"그걸, 자기가 들고 있으면 어떡해?"

"(나도 안다, 들고 있으면 안 되는지….) 아니, 주차권 끊으면 자동적으로 알게 되어 있겠지. 설마?"

"그걸 저 사람들이 어떻게 알아?"

"(그래, 내가 생각해도 알 수 없을 것 같다.) 아니야, 방법이 있을 거야."

아내는 광고 전단물 대신에 벌금 딱지가 든 노란 봉투를 찢으며 50파운드짜리 벌금 용지를 내민다. 할 말이 없어졌다. 그리고는 방법을 찾으라고 한다. 벌금 딱지의 빽빽한 글들을 훑어보지만 당황스러워 무슨 말인지도 모르겠다. 한참을 보다가 아래쪽에 전화번호가 하나 있는 것을 발견하고 마치 이 사태는 전혀 내 잘못이 아니고 너무나 억울하게 당한 것 같은 모습으로 전화를 했다.

그렇게 하지 않으면 멍청한 나 자신을 인정해야 하는 상황이었다.

큰 소리로 '나는 분명히 주차권을 끊었는데, 딱지가 끊겼다. 그런데 주차권을 호주머니 안에다 넣고 있었다. 그저께 영국에 와서 잘 몰라서 그랬다'고 항변하였다. 점점 내가 코너로 몰려가고 있을 때 이의 제기를 하고 싶으면 사무실로 찾아오라고 한다. 이때부터 나의 진땀 나는 '주차 사무소 찾기'가 시작되었다. 처음 와 본 길인데다가 전화 통화를 하며 길을 찾다 보니 무슨 말인지

GUILDFORD
BOROUGH

www.guildford.gov.uk

Park Hyum Joon
6 John Russel Close
Guildford
Surrey
GU2 9YF

Contact: John Lawrence
Phone: 01483 444534
Fax: 01483 301391
Email:

Our Ref: GU29073383
Your Ref:

17 September 2015

CHALLENGE ACCEPTED

Dear Sir Or Madam

Penalty Charge Notice Number: GU29073383
Vehicle Registration: YX57TKD
Date Issued: 03 September 2015
Location of Contravention: NORTH STREET CAR PARK

Thank you for your enquiry received on 04/09/15 regarding the issue of the above Penalty Charge Notice.

Whilst I have noted your comments, you should be aware that the tariff boards and signage in the car park clearly state "pay and display" and the ticket also states "use sticker on back to fix to windscreen".

Although correctly issued, as you have enclosed the pay and display ticket that was purchased to cover the time you were parked I have, on this occasion, cancelled the Notice.

Now that you are aware of the requirements, it is expected that you will comply with the regulations in future.

Yours sincerely

John C Lawrence
Administration Assistant

이의 제기에 대한 답장

전혀 들리지 않았다. '아, 저 영국 액센트!' 앞으로 영어 때문에 영국 생활이 순탄치 않을 것 같았다. 또 영국 도로도 생소해서 몇 번이고 똑같은 길을 달렸는지 모르겠다. 어떻게 찾았는지 전혀 기억나지 않지만 결국 우리는 주차 관리 사무소를 찾았고, 억울하지만 바보 같은 그 과정을 다시 한 번 설명도 하고 글로도 써서 공식적으로 이의 제기를 했다. 우체국에 비자 받으러 왔다가 비자도 못 받고 주차 딱지만 끊기고 식은땀만 흘린 후에야 첫 외출을 마쳤다. 나온 지 3시간 밖에 안되었는데 벌써 피곤하다. 아, 바보!

다행히 약 보름 뒤에 공식적으로 우리의 요청이 받아들여졌다는 우편물을 받았다. 벌금 딱지는 제대로 발급되었지만 이번 한 번만 봐 줄테니 앞으로는 차창에 제대로 붙여 놓으라는 말이다. 그래도 식은땀 흘린 보람이 있어서 다행이다.

GP 등록

현지 도착해서 해야 할 일 중 하나가 GP(General Practioner) 등록인데, GP는 우리나라 보건소나 동네 의원쯤으로 볼 수 있다. 영국은 응급 상황이 아닌 이상 일단 GP에 방문해서 1차로 의사 상담을 하고, 그 다음 의사 소견서를 근거로 해서 더 큰 병원에서 진료를 받을 수 있는 시스템으로 되어 있다.

원래 영국은 외국인을 포함해서, 국민을 대상으로 무상 의료 서비스를 제공해 왔으나, 우리가 영국에 가는 딱 그 해인 2015년부터 비자를 신청하는 외국인들에게 의무적으로 IHS 비용(연간 200파운드)을 부과하고 있었다. 1인당 비용이라, 우리는 600파운드라는 거금을 의료보험 비용으로 내야 했다. 아이를 데리고 가는 길이라 어떤 일이 있을지 모르니, 제대로 의료 서비스를 받을 수만 있다면야 아까운 금액은 아니라고 생각했다. 하지만 기본적으로 무상 의료 체제이다 보니, GP의 담당 의사와 약속을 잡으려면 기본 1주일 이상의 기간이 걸리고, 막상 그렇게 기다렸다 만나면 해 주는 이야기라고는 휴식을 취하라, 비타민 섭취를 많이 하라, 마음의 안정을 취하라는 등의 그저 그런 조언을 듣고 오는 경우가 많다고 한다. 주변의 지인이 우스갯소리로 하는 말이, '영국은 쉬운 병으로 사람을 죽게 만들고, 중병은 고치는 의료 시스템을 가진 나라'라고도 하는데, 한국처럼 쉽게 의료 서비스를 받던 나라의 사람들은 좀처럼 적응하기 힘든 구조이다.

한국에서는 가벼운 감기에도 처방 받을 수 있는 항생제가 영국 병원에서는 처방 받기 힘들다고 하여, 한국에서 감기로 자주 병원을 다녔던 어린 아이들이 있는 집은 영국 갈 때 꼭 항생제를 챙겨가야 한다는 조언을 들었다. 산휘의 경우, 한국에서는 조금만 기침을 하거나 열이 나도 약을 먹고 감기를 다스려 늘 감기를 달고 살았던 듯하다. 그런데 영국에 와서는 병원이 쉽게 갈 수 있는 곳이 아니라는 전제가 있어서 그런지, 웬만한 경우는 약 없이 하루 이틀 지켜보다 보면 괜찮아져서 다행히 감기로 병원을 찾은 적은 한 번도 없었다.

영국 도착 다음날, 근처 GP를 찾아 등록하고, NHS 번호를 부여 받았다.[1] 우리나라에도 건강보험 번호가 필요하듯이, 영국에서 의료 서비스를 받으려면 필히 NHS 번호가 필요하다. 이후 아이와 남편에게 응급 상황이 생겨 병원을 찾았을 때 가장 먼저 물어본 것이 NHS 번호였고, 그 번호를 잘못 알고 있거나 모르면 여러 가지 조회를 거쳐야 하기 때문에 진료 받기가 매우 불편해 질 수 있음을 주의해야 한다.

1) NHS 사이트에 들어가, 거주 지역의 우편번호를 입력하면 근처의 GP를 찾아 준다.(https://www.nhs.uk/Service-Search/GP/LocationSearch/4)

케임브리지에서의 면접

영국에 도착하고 2~3일 정도 정리를 하고 나니 집도 어느 정도 구색이 갖추어졌지만 마음은 계속 붕 떠 있었다. 산휘 학교도 생각했던 것만큼 빨리 정해지지 않았고 또 아빠인 나의 학교도 어떻게 될지 여전히 정해지지 않았기 때문이다. 그러던 중 아내의 학교 등록 때문에 서리 대학교University of Surrey에 갔다가 한국 친구들을 만나게 되었는데, 그중 한 여자분의 남편이 우연히도 내가 지원한 카스 비즈니스 스쿨에서 박사 과정을 공부하고 있는 것이었다. '이창훈'이라는 이름의 한참이나 어린 동생뻘 되는 친구였는데, 이 친구가 어떤 큰 도움을 줄 수 없음이 너무나 뻔함에도 불구하고 자격이 안되어 입학 허가가 나오지 않은 내 상황이 뭐가 자랑이라고 미주알고주알 알리며 의미 없을 도움을 청했는지 이제서야 부끄러워진다.

"쉽지 않을 건데요, 형님." 고개만 갸우뚱거리는 이창훈.

"아, 그래요? 방법이 없을까요, 창훈 씨?"

그 당시의 나는 이해할 수가 없다. 왜 그렇게 억지스러웠는지 알 수 없지만 만약 똑같은 상황이 또다시 닥친다면 또 똑같이 그런 억지 행동을 하지 않았을까 하는 생각이 든다.

9월 5일, 드디어 영국에서의 첫 번째 토요일이 되었고, 우리 가족은 첫 번째 여행지이자 나의 인터뷰 장소인 케임브리지로 떠났다. 나를 인터뷰하고 싶다던 에너지 무역 금융energy trading finance 코스의 학과장에게서 약속 장소인 세인트 메리 성당Great St. Mary's Church으로 가는 구글 지도와 차편까지 알려 주는 아주 상세하고 친절한 메일이 왔는데, 나는 이 친절한 메일이 좋은 조짐 아니겠냐며 아내에게 또 철없는 소리를 해댔다. 대학 홈페이지와 유튜브를 통해 내가 만날 마이클 탐바키스 학과장이 어떻게 생긴 분인지 확인하고, 어떤 액센트의 영어를 사용하는지 짧은 인터뷰를 여러 차례 듣고 마음의 준비를 했다. 낮 12시, 세인트 메리 성당 앞에서 어슬렁거리며 기다리다 보니 유튜브에서 여러 차례 봤던 덩치가 큰 교수님께서 자전거에서 내린다. 동양식으로 고개를 숙여 인사를 할지 아니면 자신감 있게 '헬로!' 하며 한쪽 손을 올릴지 순간 갈등을 하다가 곧바로 나의 처지와 분위기를 파악하고 확실히 고개를 숙이며 정중히 인사를 했다. 우리 가족 3인은 교수님의 안내에 따라 분위기 있는 찻집으로 들어갔고, 그때부터 3시간의 긴 인터뷰와 호구 조사가 시작되었다. 비록 영어 성적은 부족하지만 사실은 내가 자격이 되는 사람이고, 해운과 에너지 무역에 관한 경험도 있기 때문에 공부하는 데 문제가 없을 것이라며 주제와 벗어난 이런저런 얘기를 과장되게 포장하며 혼란스럽게 접근하였다. 하지만 그런 나에게 탐바키스 교수는 너무나 직설적으로 정곡을 찔렀다. "학교에서 공부하려면 쓰기하고 듣기가 가장 중요한데 이 두 부분의 점수가 가장 낮다"고 하며, 이 두 부분이 약하면 얼마나 고생하는지 코스 과정을 일일이 열거하며 역공하기 시작했다. "내가 지금 무슨 말을 하는지 알겠어?(Do you understand what I am talking to you?)"라고 하며 몇 차례의 폭탄을 날리면서 나를 쉽게 항복하게 만들었다. '내가 이런 말까지 듣다니….' 산휘는 지금 아빠가 코너에 몰린 것을 아는지 모르는지 마시던 주스를 흘리면서 주위를 산만하게 하였다. 그런데 그러한 행동이 코너에 몰려 있는 나를 도와 주려는 것 같았다. 나는 다시금 변명과 굴욕 모드로 바뀌어, 지금 교수님께서 하시는 말씀은 대부분 이해하고 있고, 성적이 나빴던 것은 시험을 치를 기회가 없었기 때문이며, 1학기 안에 쓰기와 듣기 성적을 반드시 올려서 제출하겠으니 공부를 하게 해 달라는 너무도 속 보이는 얘기까지 했다. 그리고 가족들과 같이 오게 되어서 공부할 수 있는 기회가 있지 내년에는 공부할 수 없으니 올해 꼭 공부하고 싶다고까지 했다. 이 정도 했으면 되지 않았을까 싶었는데 이때 교수님의 전혀 예상치 못한 공격이 시작되었다. 나에 대한 질문이 아니고 우리 가족에 대한 질문이었다.

아내는 영국에서 무엇을 할 예정이며, 아이는 몇 살이고, 학교는 어떻게 되는지에 대한 질문이었다. 아내는 서리 대학교에서 이벤트 매니지먼트event management 석사 과정을 공부할 예정이라고 답하자, 그러면 너도 공부하려고 하고 있고 아내도 학교에 다니면 아이는 누가 돌보느냐는 것이었다. 아이는 영어를 할 줄 아느냐고 또 물었고, 그렇지 않다고 하자 누가 반드시 옆에 있어야 하는데 어떻게 하겠느냐고 다시 물었다. 또 집은 학교에서 2시간이나 떨어져 있는데, 학교에 제대로 나오려면 네가 아이 보는 것은 불가능하고 아내가 아이를 봐야 하는데 학교 공부하면서 아이를 돌볼 수 있겠느냐며 아내를 보고 물어 보았다. 아내는 긍정도 부정도 하지 않고 알 수 없는 웃음을 지으며(실은 웃고 있는 것이 아니겠지만) 나만 쳐다보았다. 나는 어떠한 변명도 할 수 없었고 그냥 멍할 뿐이었다. 붙여만 주면 우리가 알아서 할 것인데, 왜 교수님이 이런 것까지 관여할까라는 생각이 전혀 들지 않을 정도로 따뜻한 시선으로 우리를 위한 걱정을 해 주는 것이어서 대꾸의 여지가 없었다. 그리고는 다시 말하였다. 입학 허가는 월요일에 나갈 것이라고 했다. 그런데 이 코스가 정말 녹록치 않고 내가 처해 있는 상황도 공부하기에는 최악의 조건인 것 같아 중간에 포기할까 염려된다며 할 수 있을지 없을지 다시 한 번 고민해 보고 연락을 달라고 하였다. 그리고 본인도 산휘만한 아이가 있고 아내가 박사 과정을 하고 있어 잘 알고 있다며, 아이가 학교 마치면 아내 수업 마칠 때까지 어디에다 맡기고, 방학 기간에는 어느 센터에 맡기면 될텐데 길퍼드에도 분명 그런 곳이 있을 것이라고 알아보라고 하였다. 그뿐 아니다. 산휘 영어 공부는시비비즈Cbeebies를 보이게 하고, 나는 아침 06:00~09:00에 방송되는 'Today'라는 방송이 음악도 적게 나오고 광고도 적으니 매일 들으면 듣기에 도움이 많이 될 것이라고 아주 미안할 정도로 상세히 말해 주었다.

'나를 선택하는 우월한 위치에 있는 사람이 저렇게까지 친절할 수 있을까?'

그 따뜻함으로 인해 인터뷰에 반드시 승리하고 가겠다던 전의가 스스로 무장해제되면서 사르르 녹는 기분이었다. 그렇게 교수님과 우리는 헤어졌다. 나는 기쁜 내색도 할 수 없었다. "어떻게 할 건데?"라는 아내의 말에 "잘 생각해 볼게."라고 밖에 말할 수 없었다. 묵직한 숙제를 받아서인지 주차장까지 걸어가는 내내 우리는 둘 다 별 말이 없었다. 주차장에 도착해서 주차비가 6만원이 나왔다는 사실에 경악하고 나서야 그 묵직함에서 깨어났다.

그날 저녁 교수님에게 오늘 정말 감사했다는 인사와 함께 잘 헤쳐나가 볼 테니 입학허가서를 주시면 감사하겠다는 메일을 보냈다. 맥아더 장군의 '당신은 규정을 깬 사람으로 기억되어야 한다.'라는 말이 생각났다. 규정을 지킬 능력이 안되어 스스로 안타깝지만, 그래도 나로 인해 누군가가 피해를 받지 않는 한, 질서가 크게 흐트러지지 않는 한 부끄럽지만 때로는 살짝 규정을 깨고 싶어진다.

인터뷰를 마치고_탐바키스 교수와 함께

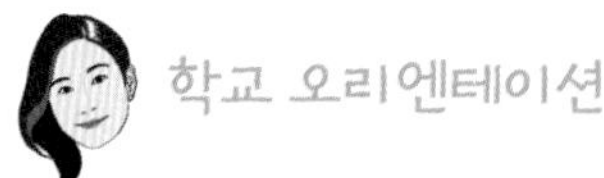

학교 오리엔테이션

서리 대학교의 경우 9월 25일부터 29일까지 일주일 정도 대학 및 학과 소개, 은행 업무, 수업 신청 등에 대한 내용을 다루는 입문식 주Induction week가 있다. 그리고 이때 유학생들을 위해 별도 오리엔테이션을 마련하고, 현지 적응을 위한 안내 및 인근 지역을 반 나절이나 하루 정도 돌아보는 투어 프로그램도 운영했다. 산휘 아빠가 이미 9월 중순부터 수업을 시작해 런던으로 통학하고 있었기 때문에 나는 산휘를 픽업해야 하는 관계로 투어 코스 등 신입 유학생들을 위한 다양한 프로그램에 참여하기 힘들었다.

오리엔테이션 첫날, 영국 언론사에서 집계한 연간 영국 내 대학 순위에서 서리 대학교가 4위를 차지했다며, 아주 자랑스럽게 발표하던 대학 관계자의 모습이 아직도 기억난다. 이어 우리 학과 담당 교수의 오리엔테이션에서는 글로벌, 그리고 영국 내 우리 과의 위상에 대해서 한 번 더 강조를 하며, 이러한 명성을 이어나가기 위해서 학교는 학생들에게 아주 높은 잣대로 교육시킬 것이라며 으름장을 놓는다. 또한 표절은 절대 용납하지 않는 학교 및 사회 분위기를 전하며, 본인도 모르게 표절을 하여 정치 인생을 마감한 인근 국가 정치인의 사례까지 들어가며 윤리적 부분에 대해 강조를 거듭하였다.

나는 대학원 과정이어서 1학기는 수업이 거의 정해져 있고, 2~3학기에는 일부 수업을 선택할 수 있게 되어 있었다. 영국은 석사를 1년 안에 끝내는 3학기제로, 따로 방학이 존재하지 않는다고 볼 수 있다. 그래도 휴일이 조금 긴 날들을 방학이라고 본다면, 겨울 방학은 크리스마스 시즌, 두 번째 방학은 부활절이 있는 2주일 정도, 마지막 방학은 7월 여름 방학인데, 보통 석사 과정 학생들은 이때 논문을 준비해야 하기 때문에 여름 방학이 별도로 없이 논문을

대학 상징 조형물_성공의 열쇠를 쥔 사슴

작성한다.

팍팍한 학교 커리큘럼, 방학 없이 3학기 내내 공부를 해야 하는 상황 등, 10여 년이 훨씬 지난 시점이긴 하지만 비슷한 분야에서 석사 학위가 있고, 또한 현업에서의 경력이 있으니, 그래도 편히 과정을 이수할 수 있을 것이라는 생각은 오리엔테이션 첫날부터 사라졌다.

학과의 첫 상견례 자리. 출신 국가도 다양하다. 미국, 가나, 아제르바이젠, 중국, 스페인, 프랑스, 홍콩, 남아공, 체코, 태국, 인도네시아 등. 10년 이상의 업계 경험과 회사의 스폰서를 받아 공부하러 왔다는 나의 이력에 학과의 교수들 뿐만 아니라 여러 학생들이 관심을 가져 주었고, 그러한 시선 때문인지 몰라도, 대한민국, 그리고 회사의 타이틀이 부끄럽지 않게 공부 역시 잘 해 내고 싶다는 욕심이 생긴다. 비록 철없는 두 남자를 데리고 영국에서의 낯선 삶을 살아야 하는 녹록치 않은 상황이지만, 잘할 수 있을 거야. 하미영!

 가난한 유학 생활의 시작, 포츠머스

케임브리지에서의 긴장된 면접을 끝으로 몇 달간 그렇게 원하던 공부를 드디어 할 수 있게 되었다. 어쩌면 내 인생에서 두 번 다시 없을지도 모르는 영국이라는 곳에서 유럽을 이곳저곳 룰루랄라 여행하면서 가뿐히 1년을 지낼 수도 있었을텐데 왜 나는 가만히 쉬면서 즐기는 것이 불안한지 모르겠다. 내 스스로도 이렇게 되어버린 내가 그다지 마음에 들지 않고 딱히 이해도 가지 않는다. 그렇다고 스스로에게 윽박지르고 싸워 봤자 쉽게 바뀌지도 않고 마음만 고될 뿐임을 그동안의 많은 경험으로 잘 알고 있다. 역시 가능하면 부드러운 눈으로 스스로를 지켜봐 주고 크게 엇나가지만 않으면 적당하게 스스로를 응원하고 때로는 위로하는 것이 상책이다. 생존경쟁이라는 무시무시한 말을 쓸 정도로 거친 세상에서 비록 좀 부족하지만 나 스스로라도 자신의 편이 되어야 하지 않을까? 어쨌든 지난 몇 달 간 스스로를 열심히 응원했던 덕분인지 앞으로 1년 간의 경력 단절과 그 이후의 파장에 대한 불안과 걱정은 '1년 간 영국 유학'이라는 그럴싸한 할거리가 생기고부터 기대와 설레임으로 바뀌기 시작했다. 언제 아내를 따라 영국으로 오는 것을 고민하고 망설였냐는 듯 갑자기 변한 환경에도 빠르게 적응했다.

케임브리지를 다녀온 며칠 후 우리 가족이 처음으로 나들이를 나간 곳은 항구 도시 포츠머스Portsmouth였다. 길퍼드 집에서 차로 1시간 정도면 갈 수 있는 가까운 곳이기도 했지만, '건와프 퀘이스Gunwharf Quays'라는 아울렛 매장이 있어서 곧 학교에 들어가는 아이의 옷이나 신발 등을 보러 가기 위해서였다. 그런데 사실 포츠머스로 향하는 차 안에는 혹시나 내가 마음에 드는 아이템을 찾을 수도 있다는 나의 엉큼한 마음도 떡하니 내 옆에 자리하고 있었고, 또 이 엉큼한 마음이 실망하지 않도록 그동안 꼭꼭 숨어 지냈던 비상금 또한 내 뒷주머니에서 준비 운동을 하고 있었다. 차에 타고 있는 누구에게도(누구라고 해봤자 산휘와 아내뿐이지만) 말하지 않았지만 말이다. 우리는 드디어 포츠머스에 도착했다. 아니 정확히 말하면 건와프 퀘이스 아울렛에 도착했다. 아울렛 주차장에 차를 대고 밖으로 빠져나오자 우리 가족의 새로운 삶을 축하라도 하는 듯 광활한 포츠머스 바다가 푸른 하늘과 함께 시원하게 펼쳐진다. 눈 앞에 즐비한 고급 요트들과 아울렛 한 켠에서 압도적으로 치솟아 있는 스피니커 타워Spinnaker Tower, 그리고 타워 표면의 에미레이트 항공사 광고는 아울렛 주변 분위기를 더욱 풍요롭고 여유 있게 한다. 그리고 스피니커 타워 근처에 전시되어 있는 빅토리아 시대에 활약했다는 전함 HMS 워리어Warrior는 항해 중에 잠깐 정박해 있는 것인가 생각될 정도로 태연하게 자리잡고 있었으며, 언제라도 대영제국의 절정기를 향해 다시 항해할 수 있을 것 같은 모양새였다.

이렇게 여유롭고 풍요로운 분위기 속에서 우리 셋은 건와프 퀘이스 아울렛 사이사이를 지나다니며 우리 가족 절정기로의 항해를 준비한다. 역시 유럽의 아울렛은 달랐다. 평소 명품인 줄로만 알았던 브랜드들이 아무리 아울렛이지만 이런 가격일 줄이야! 특히 평소에 내가 좋아하던 폴스미스Paul Smith 수트가 200파운드 정도라는 것을 보는 순간, '음, 이건 무조건 사야겠구나!'하며 뒷주머니에 있는 비상금이 다시금 몸을 푼다. 물론 폴스미스 수트를 점찍은 내 불

타는 눈도, 엉덩이 뒤에서 춤추고 있는 비상금도 아내는 아직 모른다. 아내도 꽤나 관심을 보이던 몇 가지를 봤지만 선택은 하지 않았다. 우리는 산휘의 옷과 신발을 찜해 두고 나중에 결정하자며 일단 점심을 먹으러 갔다. 우리는 산휘가 좋아하는 버거킹으로 갔다. 아내와 산휘가 주문을 하는 동안 나는 머릿속으로 아내가 찜한 코트 한 벌과 폴스미스 수트 한 벌의 금액을 계산했다. 아무리 생각해도 지금 이 상황에서 그 수트를 가지기 위해서는 아내의 코트까지 내가 같이 껴안을 수밖에 없다고 생각했다. '기꺼이 그렇게 할 수 있겠는가? 그렇다!' 다행히 뒷주머니에 있는 비상금은 충분했고 나는 마음의 결정을 내렸다.

저기서 아내와 산휘가 주문한 음식을 들고 나왔다. 기뻐할 아내를 생각하며 씨익 미소가 지어졌다. 그런데 아내가 들고 온 쟁반 위에는 산휘의 햄버거 세트 하나만 달랑 놓여 있다.

"어? 와 이거 밖에 없노? 산휘 것만 있는 거가? 내 꺼는? 자기 꺼는?"

"우리는 집에서 싸온 샌드위치 먹으면 돼."라며 딸기잼 발린 식빵을 꺼낸다.

"에이, 우리도 햄버거 먹자."

"그럼 집에서 싸온 건 어떡해, 아깝잖아! 햄버거가 뭐 몸에 좋다고…."

"……."

아무 말도 하지 않았지만 나의 표정은 많은 것을 이야기했나 보다. 갑자기 아내의 싸한 말들이 이어져 나온다.

"갑자기 들어가는 5,000만 원이나 되는 자기 학비는 어떻게 해? 매일 런던까지 왔다갔다 하는 차비만 해도 한 달에 50만 원 이상이나 들어. 그럼 이런 사소한 것에서부터 아껴야 할 거 아냐!"

"……."

역시 너무 바른 말에는 역설적이게도 쉽게 수긍이 되지 않는다. 급속히 얼어 버린 이 분위기를 어떻게 수습할까?

“산휘야 한 입만….”

“안돼, 안돼! 아빠 안돼!”

이제 6살밖에 안된 녀석이 너무 많이 먹는다. 아직 6살 밖에 되지 않아서 여전히 분위기 파악은 잘 못하고…. 갑자기 아내가 한마디 한다.

“그래도 햄버거 먹고 싶어?”

이렇게 말하는 아내의 속마음은 도대체 뭘까? 확 그냥 더블버거 세트로 시켜 버릴까 보다. 이런 상황을 듣고 있던 뒷주머니 속의 비상금은 그 주인이 불쌍했는지 울기 시작한다. 하지만 지금은 어설프게 너를 꺼내 줄 수가 없단다.

50년 동안 바다 밑에 잠겨 있던 메리 로즈 선박의 내부

HMS 워리어

건와프 퀘이스_스피니커 타워

포츠머스 버거킹에서 산휘가 즐거워하는 모습

지금 이 상황에서는 (내 학비 + 폴스미스 수트와 아내 코트 비용 + 햄버거 값) 정도의 비자금은 '짜잔' 하며 꺼내 놓아야 아내의 환한 웃음 혹은 눈물을 빼 놓을 수 있으리라.

아이 옷과 신발만 산 채 건와프 퀘이스 아울렛을 빠져나왔다. 부유한 항공사 이름을 걸치고 홀로 우뚝 솟아 있는 스피니커 타워는 역시 현실감이 떨어지고, 대영제국의 전성기 때 이름을 떨쳤던 전함 HMS 워리어는 아직도 운 좋게 남아 있는 과거의 유산일 뿐이다.

사우스시 로즈 가든Southsea rose garden, 로얄 네이비 국립박물관National Museum of Royal Navy, 50년 동안 바다 밑에 잠겨 있던 배를 끌어 올려 전시한 메리 로즈Mary Rose 등 여러 볼거리가 있는 포츠머스가 나에게는 버거킹 햄버거의 짠한 추억과 스피니커 타워 꼭대기에서 휘날리는 폴스미스 수트의 아련함으로 남았다. 우리 가족의 가난한 유학 생활이 시작되었다.

동네 교회

새 학기가 벌써 시작되었는데 산휘 학교 배정은 도무지 감감 무소식이었다. 시간이 조금만 더 지나면 영어 한 마디 할 줄 모르는 산휘가 벌써 친해져 있는 친구들 사이에서 새로운 친구를 사귀고 학교 생활에 적응하기가 힘들지 않을까 하는 걱정이 되기 시작했다. 어떻게든 다른 방법이라도 찾던 터에 교회에 가면 어른들이 예배를 보는 시간 동안 아이들만 모아놓고 진행하는 키즈 처치kids church 프로그램이 있다는 얘기를 듣게 되었다. 다른 어떤 이유보다도 학교 생활을 아직 못하고 있는 산휘의 영국 생활 적응에 조금이라도 도움이 될까 싶어 집에서 걸어서 5분 거리에 있는 엠마뉴엘 교회라는 동네 교회를 찾아

갔다. 고등학교 때부터 가장 친한 친구 집이 교회여서 그 친구 집에 놀러간 것을 빼면 내 발로 교회를 찾아간 것은 이번이 처음이다. 그건 아내도 마찬가지였다. 이렇게 우리 부부는 순전히 놀 곳 없는 산휘를 위해서 쭈뼛쭈뼛 낯선 곳에서 우리에게 더욱 낯설었던 교회의 문을 열었다. 역시 들었던 대로 예배가 시작되자 꼬마 아이들은 키즈 처치가 시작되는 장소로 이동하는데, 말도 글도 모르는 산휘를 낯선 무리 속에 밀어넣는 것은 예상대로 보통 일이 아니었다. 무리에 들어가기 싫어 울어 젖히는 산휘 덕분에 교회에 있는 많은 사람에게 오늘 우리가 새롭게 온 가족이란 것을 쉽게 알릴 수 있었다.

그런데 울음을 그치지 않는 아이와, 교회라는 곳이 어색한 우리 부부에 대한 사람들의 친절과 관심은 우리를 몸둘 바 모르게 할 정도였다. 어디 사느냐에서부터 시작해서 영국에는 왜 왔느냐, 의자가 필요하지는 않느냐, 차에 이

엠마뉴엘 교회 소풍

불 남는 것이 있는 데 필요하냐 등등 여러 가지를 물어보는데, 처음 보는 사람들에게서 쏟아지는 호의가 어색하기도 하고 부끄럽기도 했다. 그런데 수줍은 듯 몸을 배배 꼬다가 그런 호의를 넙죽 받아들이는 우리의 모습은 더욱 낯설다. 예배 시간이 끝나고 가까운 공원에서 하는 피크닉을 따라 나섰다. 공원 잔디밭에 앉아 각자 준비한 도시락을 나눠 먹으며 시시콜콜한 얘기를 하는 게 정말 별것 아니지만, 소소한 즐거움과 행복을 찾는 여기 사람들과의 첫 번째 나들이가 두고두고 머릿속에 남을 것 같다.

산휘는 어른들 무리에서 벗어나 떨어져 있는 놀이터에서 애들 주변을 서성이다가 결국은 끼지 못하고 혼자서 미끄럼틀 주변을 맴돌았다. 샌드위치 하나를 들고 산휘에게 천천히 다가가는데 갑자기 산휘가 기겁을 하며 울음을 터뜨린다. "으앙, 벌에 쏘였어, 벌이 여기(손등을 가리키며)를 탁 쏘았어, 아파! 아파! 퉁퉁 붓고 있어."라며 더 크게 울음을 터뜨린다. 벌에 쏘인 것도 걱정이 되었지만 그렇게 기겁을 하며 우는 산휘 모습을 보면서 '무서운 일이 생기면 이렇게 무서워하는 우리 아이, 내가 없었을 때 얼마나 외로웠을까?"하는 생각이 한동안 머릿속을 맴돌았다. 아마 내가 3년 가까이 산휘와 떨어져 있었기에 기겁하며 우는 아이 모습이 무척 생소해서 그런 생각이 들었는지 모르겠다. 사는 게 뭐 특별한 것이 있는 게 아닌데…. 이렇게 동네 공원에 나와서 아이의 웃는 모습, 우는 모습 보면서 가족들과 소소하게 보내는 것이 행복인데 그동안 나는 어디서 행복을 찾았던 것일까? 친절한 교회 분들 덕분에 산휘는 금방 괜찮아졌다. 2015년 9월의 평범한 일요일 아침, 길퍼드의 한 공원에서 나는 우리 산휘의 우는 모습을 오랜만에 보았고, 우리는 행복했다.

길퍼드 한인 모임

영국에 도착한 다음 날, 미영 씨 학교 등록 일로 서리 대학교에 갔다가 미영 씨 지인 소개로 길퍼드에 가면 꼭 한 번 만나 보라고 소개받았던 김한성 씨를 만나게 되었다. 서리 대학교에서 연구원을 하고 있는 분으로, 길퍼드의 터줏대감으로 불린다는 얘기를 아내에게 듣고 머릿속으로 나이 많은 권위적인 대감의 이미지를 그리고 있었는데 만나보니 나와 동갑인 친절한 분이었다. 나와 동갑이라는 말을 듣고 '어떻게 나와 동갑인데 벌써 한 지역의 유지(터줏대감)가 될 수 있지?' 하는 생각과, 여전히 낯선 '마흔'이라는 내 나이가 떠오르면서 그럴 수도 있겠다며 내 자신을 가볍게 설득시켰다. 길퍼드에 온지 벌써 7년 정도 되었다고 하는데, 매주 목요일에 서리 대학교나 인근 학교의 학부생이나 대학원생들을 초대하여 같이 밥을 먹으며 살아가는 얘기도 하고, 가끔 성경 공부도 하는 그런 모임을 주관하고 있다고 하며, 다음날 우리를 초대해 주었다. 사실 결혼을 하고 아기가 생기고 온 가족이 함께 처음 가는 모임에서 "이 사람이 우리 아내고 남편이고, 이 애가 우리 아이입니다"라고 소개하는 게 흔히 있는 일은 아니어서 모임에 참석하는 것이 은근히 낯설게 느껴졌다. 어쨌든 다음날 저녁, 산휘와 미영 씨와 나는 밥을 먹으러(?) 한성 씨 집으로 갔다. 서리 대학교에서 차로 5분 정도 떨어진 마드리드 로드의 어느 슈퍼마켓 2층에 있는 여러 세대 중 한 집이었다. 집안에 들어서는 작은 현관 앞에 놓여진 사람들의 신발 수가 살짝 부담되었고, 아직도 처음 보는 사람들과 잘 섞이지 못하고 곧잘 울음을 터뜨리는 산휘도 슬슬 조심스럽다. 현관으로 들어와 좁은 통로 끝에 이어진 거실은 아이들 장난감으로 적당히 너저분했고, 한눈에 봐도 미영 씨와 나보다는 한참 아래인 어린 친구들이 바닥과 소파에 앉아 있는 모습이 마치 예전 동아리 방 모습 같았다. 역시 대부분이 석사 과정인 20대 중후반의 어린 친구들이었고, 30대 초중반인 박사 과정의 친구들도 있었다. 이날은 마침 몇몇 친구들이 1년 간 공부를 마치고 한국으로 귀국하기 전에 마지막으로 모임에 참석한 자리이기도 하였다. 어색하고 쭈뼛쭈뼛한 우리 가족 소개를 마치고 두어 명의 착잡하고 아쉬운 이별 인사가 있었다. 수줍은 만남과 아쉬운 헤어짐이 있는 공간, 들어오고 나감이 있는 이 공간이 참 순수하고 착했다. 처음이라 낯설었던 사람들과 한 공간에서 김한성 씨의 아내 프리셀라가 준비한 닭도리탕은 영국에 도착한 후 처음으로 제대로 먹는 식사였던 듯하다.

길퍼드 한인 모임은 대부분의 시간 동안 살아가는 얘기를 하며 웃고 떠들다 약간의 성경 공부를 하는 형태이지만, 기독교 모임은 집안에 법당까지 모셨던 할머니 밑에서 자란 나에게는 여전히 몰래 가다가 할머니께 들키면 혼날 것 같은 약간의 불편함이 있어 주저되는 곳이다. 그럼에도 불구하고 영국에 있는 기간 동안 매주 목요일 오후 7시면 이 모임에 참석하기 위해 서둘러 기차를 탔던 것은 프리셀라 요리의 힘이었을까, 웃고 떠드는 젊음의 힘이었을까, 아니면 터줏대감 김한성 씨의 매력 때문이었을까?

세상의 아름다움을 다시 보게 해 준 코츠월드

언제부터인지 좋아하는 것이 별로 없어졌다. 그 옛날 그렇게 좋아하던 스포츠도 요즈음에는 도통 관심이 없다. 대학교 때 잠깐 영화 감독을 꿈꿨던 적도 있었지만 요즈음에는 1년에 영화관 가는 것도 손에 꼽을 정도이다. 중·고등학교 때 그토록 최진실 누나를 쫓아다녔는데 이제는 연예인 이름은 물론이고 잘 나가는 여자 연예인 얼굴도 외국인 얼굴같이 다 비슷비슷해 보여 구분하기도 어렵다.(이건 정말 슬픈 일이고 문제 같긴 하다.) 누가 나더러 좋아하는 취미가 있느냐고 물으면 뭐라고 대답할까? 달리기? 이것은 달리기 자체를 좋아한다기 보다는 지금까지 내가 찾은 유일한 스트레스 해소법이고, 나름대로 몸도 마음도 업이 되니 즐겨하는 것일 뿐이다. 동네 목욕탕 가는 것과 비슷한 것이다. 그럼 경제 공부하고 신문 보기? 이건 더더욱 말이 안된다. 어디 가서 아저씨들과 업황 관련 얘기라도 하고 내 용건을 말하기 전에 변죽이라도 좀 울릴려면 어쩔 수 없이 부지런히 해야 하는 일이다. 하면 즐거워지는 일은 결코 아니고 안하면 초조해지는 일인 것이다. 그래서 요즈음에는 내 나이 또래에 피규어나 드론 등 어떤 한 분야에 오타쿠적 기질을 보이는 사람이나 관심 분야가 다양하여 모르는 것이 없는 사람들을 보면 정말로 부러워진다. 이것저것 많이 아는 그 지식도 부럽지만 머릿속 한 켠에 밥벌이와 크게 상관 없는 일에 호기심과 여유가 있는 것이 더욱 부러운 것이다.

나는 왜 이렇게 사는 게 재미도 없고 세상살이에 관심이 없어졌을까? 신영복 선생님의 '감옥으로부터의 사색'에 나오는 글귀같이 "여전한 생활 속에 여전한 내용이 담겨서 담긴 채 굳어질까" 정말 걱정이다. 아, 40살의 나는 슬프게도 점점 굳어지고 있다! 영국에 올 때 이렇게 굳어지고 있는 나를 다시금 말랑말랑하게 살리고 싶었다. 음악 감상, 독서 같은 것 말고 나도 내가 좋아하는

5

취미 하나 가지고 싶었다. 그래서 집어 든 것이 10년도 더 된 아내의 DSLR 카메라이다. 영국에 입국하기 전, 꾸역꾸역 넣고 있는 짐에 카메라 가방까지 올리자 시간 많던 인도네시아에서도 사용하지 않던 카메라를 또 올린다고 아내는 핀잔을 주었지만 이번 기회를 놓치면 나는 완전히 딱딱하게 굳어져서 쉽게 녹지도 않을 것 같았다. 수많은 짐에 카메라 가방 하나 더 올리는 것이 나에게는 나름 간절했다.

오늘은 코츠월드Cotswold라는 곳으로 간다. 우리가 사는 길퍼드에서 1시간 반 정도 떨어진 곳인데 검색해 보니 아주 이국적이고 사랑스러운 마을 같아 보였다. 처음으로 카메라를 들고 간다. 인터넷에 올라와 있는 사진처럼 나도 저렇게 멋있게 찍을 수 있을까? 에이, 그만 하자. 쓸데 없는 생각이다. 서두를 필요도, 초조할 필요도 없다. 그냥 내가 원하는 장면을 천천히 소중하게 담으면 된다. 오래된 DSLR 카메라로 본 코츠월드는 역시 아름다웠다. 그동안 굳어가던 나 또한 코츠월드의 아름다움에 천천히 녹아들기 시작한다. 코츠월드에서 나는 세상의 아름다움을 다시 보기 시작했으며, 굳어 있던 나를 조금씩 찾기 시작했다.

산휘 학교 찾기

영국 유학을 결정하게 된 가장 큰 이유가 산휘와 함께 하는 우리 가족의 완전한 결합이었기 때문에, 모든 준비에서 가장 중요한 사항은 산휘와 관련된 것들이었다. 그중에서도 산휘의 학교 문제는 그 무엇보다도 마음이 쓰이는 부분이었다. 현지에 있는 지인들을 통해서 산휘 나이면 몇 학년인지, 학교는 언제 시작되는지, 어떤 학교에 보내야 하는지, 영어를 전혀 모르는 한국 아이가 영국 공립학교에 적응하기에 무리는 없는지 등을 물어 보고 조언을 구했지만 산휘가 몇 학년으로 입학이 가능한지부터 알아내는 데에도 상당한 시간이 걸렸다.

영국은 9월에 학기가 시작되고 생일을 기준으로 하는 만 나이로 계산되기 때문에, 3월에 학기가 시작되고 출생 연도 기준으로 학년을 계산하는 데 익숙한 한국인으로서는 언뜻 쉽게 계산되지 않는다. 어떤 사람은 산휘 나이에는 리셉션reception이라고 이야기하고, 어떤 사람은 year 1, 또 어떤 사람은 year 2라고도 했는데, 영국 현지 교육청을 방문해서야 산휘는 year 1에 해당된다는 사실을 공식적으로 확인했다. 영국에 있는 동안, 영국 초중고 학생들의 교육과정을 단계별로 분류해 놓은 분류표(Key Stages)가 있다는 것을 알게 되었다.[2]

유치원생들을 위한 프로그램도 간단히 보면, 만 3세부터는 하루 3시간, 주 15시간을 무료로 유치원에 보낼 수 있고, 15시간 이상 맡기려면 본인 부담으로 비용을 지불해야 한다. 만 3세 미만인 경우 개인이 비용을 부담하면 어린이집nursery에 보낼 수는 있지만, 인구가 많은 지역에는 자리가 없어 많이 대기한다고 하며, 영국에서도 이러한 어린이집 부족이 사회 문제로 인식되고 있다고 한다.

영국에 도착하기 전, 산휘 학교를 배정 받고 갔으면 하는 바람으로, 살 집이 확정되고 비자가 나오자마자 해당 자료들을 근거로 현지 카운슬에 미리 학교 배정을 요청하는 메일도 보냈지만, 8월이 휴가철이어서인지 아니면 그렇게 메일을 보내는 것 자체가 의미가 없는 일이었는지, 메일에 대한 회신이 없었다. 할 수 없이 현지에 도착해서 인근 학교를 방문해 보기로 했다. 우리가 영

---

2) 웹 사이트 https://www.gov.uk/national-curriculum/overview을 보면 9월 기준, 만 나이로 학년을 쉽게 알 수 있다.

국에 도착한 날이 8월 31일이어서 아직 방학 중이라 인근 학교는 문이 닫혀 있었다. 나는 언제가 개학인지 알 수가 없어, 매일 아침 학교 앞을 서성거렸다. 굳게 닫힌 교문 앞에서 벨 눌러보기를 몇 일, 그러던 어느 날 벨에 응답이 있었고, 우리가 이사를 왔는데 아이를 학교에 보내고 싶어 왔다고 했더니 문을 열어 주었고, 우리의 상황을 이야기했더니, 서리 카운슬에 가서 신청해야 한다는 원론적인 답을 얻을 수 있었다. 서리 카운슬 담당자 연락처를 받아와 전화를 시도했고, 담당자와 겨우 통화가 되었지만, 신청이 되어 있다면 기다리면 입학 통지가 집으로 갈 것이라는 또 원론적인 답변이었다. 주변 학교가 개학한 지 일주일이 되었는데도 산휘의 학교가 정해지지 않았고, 답답한 마음에 온 가족이 낯선 길을 따라 워킹Woking에 있는 서리 카운슬로 무작정 찾아가, 어렵게 담당자와 면담을 할 수 있었다. 한국에서부터 준비한 서류 한 뭉치를 담당자 앞에 펼쳐놓으며, 우리 부부는 모두 학생이며 당장 다음 주부터 학교에 나가서 공부를 해야 하고, 아이를 맡길 곳이 없어서 아주 난감한 상황이라며, 절박함을 가득 담아 담당자에게 설명을 했다. 담당자는 현재 T.O를 알아보는 중이며, T.O가 있어야 학교를 배정할 수 있다며, 최선을 다하겠다는 답변을 듣고 집으로 돌아왔다.

우여곡절 끝에 학교 입학 통지문이 왔는데… 이런, 구글 지도로 학교를 검색해 보니 집에서 걸어서 50분 거리에 있는 웨이필드 초등학교Weyfield Primary School였다. 그렇다면 산휘 걸음으로는 1시간이 넘게 걸린다는 이야기인데, 바로 집 옆 5분 거리에 있는 학교를 놓아 두고 그 멀리 떨어진 학교를 보내야 한다니 하늘이 무너지는 심정이었다. 카운슬에서 지정한 학교에 보내기를 거부하고, 다른 학교에 자리가 나길 기다릴 수도 있었지만, 언제까지 기다릴 수 있는 상황은 아니라서, 그리고 전년도에 있었던 찬빈이네도 처음 3일 정도 다른 학교 보냈다가 근처 학교에 자리가 나서 옮겼다는 이야기도 들었던 터라, 우선 웨이필드에 가 보기로 했다.

대한민국 엄마들이 학군이나 학교 평판을 따지는 것처럼, 영국에서도 학교에 대한 평가보고서ofsted school report가 있어서, 학교 운영, 학생들의 행동이나 안전, 학습 지도력, 학생들의 성취도 등을 총 4등급(outstanding, good, requires improvement, inadequate)으로 분류하여 정보를 제공하고 있다. 그런데 이 모든 항목에서 이 학교는 전부 '부적격'이라 기재되어 있고, 학교 평가 항목 중 어느 것 하나 긍정적인 멘트가 없었다. 학교도 멀고, 이런 평판의 학교에 산휘를 보내야 한다는 것에 무척이나 걱정이 앞섰지만, 지푸라기라도 잡는 심정으로 우선 학교에 찾아갔다. 2학년까지의 과정 밖에 없는 인펀트 스쿨infant school과 다른 프라이머리 스쿨primary school이라 그런지 꽤 큰 규모였고, 전학생 등을

안내하는 별도 담당자가 있어서, 친절하게 학교에 대해서 설명해 주었다. 학교 평판에 대한 우려를 솔직하게 이야기했더니, 학교도 그 부분에 대한 개선을 위해 꾸준히 노력하고 있다며, 이 학교가 외국인 학생 수가 많아서, 산휘에게 더 도움이 될지도 모르겠다는 이야기를 들려 주며, 학교 구석구석을 소개하고, 산휘반 담임 선생님도 짧게 만나고 돌아왔다. 영국에 도착한 후로 엄마 아빠를 졸졸 따라다니고 있긴 하지만, 친구도 없이 심심해하는 산휘 모습도 마음에 걸리고, 또 남편은 이미 학기가 시작되었고, 나도 당장 1주 뒤면 개강이라 어쩔 수 없이 우선 학교에 보내기로 결정했다.

영국 학교는 학교별로 학교 로고가 새겨진 교복이나 가방 등이 따로 있고, 양말이나 신발 등도 색깔 및 형태 등을 지정하여 교칙을 따르도록 하고 있다. 학교를 옮길 생각이긴 했지만, 언제 다른 학교에 자리가 날지도 모르고, 친구들과 다른 모습이면 산휘가 더 이방인처럼 느낄 것 같아 당장 교복, 구두, 가방 등 필요한 물건들을 사러 갔다. 종일 테스코, 세인즈베리[3] 등을 뒤졌으나, 학기가 시작되고 난 뒤여서 산휘 사이즈에 맞는 것들을 하나도 구할 수 없었다. 스웨터 안에 입는 블루셔츠는 치수보다 작아 배가 볼록 튀어나와 보이고, 구두는 한 치수 큰 데다 너무 무거워 엉거주춤, 꼭 회색 양말을 신겨야 한다고 해서 아빠 양말처럼 커서 벗겨질 정도인 양말을 신고, 그렇게 산휘는 생애 처음으로 학교라는 곳으로 갔다.

3) 영국의 슈퍼마켓

첫 등교 때 씩씩하게 현관 문을 열고

엄마 손을 잡고 등교를 하는데….

아, 이거 뭐지? 못 들어가겠는데….

휴, 드디어 하루를 마쳤다.

웨이필드 교실 풍경

웨이필드의 산휘 반 모습

우리들의 작은 박물관에는 무엇이 놓여질까?

산휘의 학교가 정해졌고 2주 정도 뒤면 우리 3명 모두 학교 생활이 본격적으로 시작된다. 많이 바빠지기 전에 짧게라도 여행을 다녀오면 좋겠다고 아내가 여러 번 제안했지만 나는 입으로만 적극 찬성을 하면서 넘어가다 결국 강력한 압박을 받고 말았다. 이럴 때면 언제나 '나는 왜 미리 준비하지 못할까?' 하는 스스로에 대한 반성과, '잘하는 사람이 좀 하면 안되나?' 하는 아내에 대한 소극적 불만이 머릿속에서 엎치락뒤치락한다. 적극성을 띠고 싶지만 한소리 듣고 나서 갑자기 후다닥 움직이게 되면 안그래도 수평적이지 않은 듯한 우리 부부의 관계를 스스로 인정하는 것 같아서 여행 책자 몇 권을 꺼내어 마지 못한 척 뒤적인다. 그렇지만 나의 이러한 모습이 너무 삐딱하게 보이지 않게 책자 안에 있는 몇몇 여행 정보를 넌지시 건네 보며 아내의 기분이 나의 삐딱한 태도로 인해 다시 한 번 정상 범위를 넘지 않도록 적절히 조율하는 것은 아주 중요하다. 나의 심기가 편하지 않음을 보여 주면서 동시에 상대를 자극하지 않는 이런 고난도 스킬은 오랜 경험으로 체득한 나의 큰 장점이라 할 수 있다. 이렇게 미묘한 감정의 밀당 중에 언제나 그렇듯 미리 준비라도 해 둔 것처럼 아내 측에서 먼저 안을 내어 놓는다. 아내는 본머스Bournemouth를 거쳐 룰워스Lulworth를 다녀오는 여행 일정을 이야기했고, 나는 '나도 아까 그 일정을 잠깐 생각해 봤는데, 좋은 아이디어 같다'며 들어 본 적도 없는 곳에 무조건적인 동의를 하며 잠깐 쌓였던 감정의 벽을 훌쩍 뛰어넘어 아내에게 붙어버린다. 이것이 내가 살아가는 방법이다.

이렇게 해서 영국에서의 우리의 첫 번째 여행지(우리의 기준에서 나들이와 여행의 차이는 역시 나가서 하룻밤을 자고 오느냐 마느냐의 여부이다.)는 길퍼드 → 본머스 → 룰워스 → 길퍼드의 1박 2일 코스가 되었다. 정해진 이상 망설일 필요가 없다. 당장 내일 아침 출발하기로 했다. 평일 아침, 온 가족이 시간도 정해 놓지 않고 일어나는 대로 마음먹은 장소로 떠날 수 있는 것은 밥벌이를 시작한 이후부터 자연스럽게 생긴 아주 오래된 로망이다. 산휘도 최근 며칠 동안 포츠머스, 코츠월드 등 교외로 짧은 나들이를 하면서 뭐가 그렇게 좋았는지 여행 가자는 말에 신이 나서 혼자서 고함을 지르고 난리다.

길퍼드에서 남서쪽 방향인 본머스를 향해 가는 중 아내는 원래 본머스 대학에서 공부할까도 생각했고, 그곳에서는 장학금 오퍼까지도 받았기 때문에 어쩌면 우리의 홈베이스가 되었을 수도 있는 곳이라며 본머스와의 스쳐간 인연에 대하여 이야기했다. 또 언제 조사했는지 본머스란 곳에 대하여 검색한 내용을 관심이 있는지 없는지도 모르는 산휘에게 조잘조잘 알려 준다. 이 짧은 여행에 아내가 더 들떠 있는 것 같기도 하다. 뒷좌석에서 아무 말 하지 않고 있던 산휘는 본머스에 하늘 높이 올라가는 열기구가 있다는 엄마의 설명을 듣자 카시트 깊은 곳에서 몸을 일으키며 "엄마, 나도 타게 해 줄거야?"라며 조심스럽게 기대하며 물어 본다. 6살 꼬마도 자기가 열기구를 타고 하늘을 한 번 날고 못 날고의 최종 결정권이 누구에게 있는지 잘 알고 있는 듯하다. 그런데 그때 "그래, 산휘야! 근데 혼자 타는 건 위험하니까 아빠랑 같이 타자!"라는 아내의 예상치 못한 흔쾌한 허락에 산휘는 쾌재를 불렀지만, 고소공포증이 극심한 나는 왜 갑자기 내가 열기구를 타야 하느냐는 눈빛으로 아내를 힐끗 쳐다보았다.

1시간 반 정도를 달려 도착한 본머스 바다는 솜사탕 같은 영국의 하늘과 하나가 되어 넓은 백사장과 해변 주위를 너그럽게 감싸고 있었다. 해변 앞에 있는 비슷비슷한 모양의 건물들은 어느 것 하나 튀지 않고 조화롭게 본머스 바다 앞에 자리하고 있었다. 해변 앞 상가에는 "우리 집에 세상에서 제일 맛있는 피시와 칩이 있어요!"라고 우기고 있는 "THE WORLDS MOST FAMOUS FISH & CHIPS"라고 쓰여진 커다란 간판이 자리잡고 있는데, 이것이 이 동네에서는 가장 개성 강한 놈인 것 같아 귀엽고 순박하다는 생각마저 든다. 그런데 만약 저 집이 정말로 세상에서 제일 유명할 정도로 맛있는 피시 앤 칩스 집이면 어쩌지 하는 짧은 호기심과 기우가 생겼지만, 이내 영국에 와서 벌써 몇 번 맛 본 피시 앤 칩스는 이제 그만하면 됐다는 생각이 뒤따랐다. 이런저런 생각에 잠깐 정신을 빼앗긴 동안 갑자기 쏟아지기 시작한 비는 이내 본머스 해변을 추적추적 적시기 시작하였다. 나무 아래에서 엄마와 함께 잠깐 비를 피하려 했던 산휘는 열기구(Bournemouth Baloon)를 타고 본머스 하늘로 올라가는 생각에 잔뜩 부풀어 있다가 비가 점점 더해지는 것을 보고 실망감에 엄마에게 얼굴을 묻는다. 그래도 실망 마라, 산휘야. 우리가 있는 곳은 영국 아닌가! 산휘가 엄마 품에 얼굴을 묻었다 뗐다 하는 사이에 어느덧 비가 멈추고 해가 나왔다. 역시 영국이다. 잠시 중단되었던 열기구도 다시 뜰 준비를 했으며, 타기 싫어 뒤로 빼고 있던 나를 앞에서 산휘가 끌고 뒤에서 아내가 떠밀어 결국 산휘와 내가 열기구에 오르게 되었다. 열기구 위에서는 솔직히 별다른 기억이 나지 않는다. 줄곧 기구 안에서 앉아 있던 나를 위에서 아래로 내려다 보며 낄낄대고 웃는 산휘의 장난기 많은 얼굴과, 산휘가 위험하게 움직이지 않도록 아이의 다리를 꽉 잡고 있던 내 손만 뚜렷이 기억난다. 제대로 일어나지도 못하는 주제에 그 위에서 무슨 사진을 찍는다고 무거운 DSLR 카메라는 메고 갔는지 현실과 생각의 괴리는 참 크다. 그런데 혹시 산휘가 고소 공포에 맥을 못추고 있는 아빠의 이런 모습까지 기억하는 것은 아니겠지? 하늘에서 내려온 우리는 아이스크림 하나씩을 먹으며 이렇게 본머스를 스쳐 지난다.

산휘와 아빠가 타고 떠 있는 열기구

기다리는 누군가도 없이, 뚜렷한 목적지도 없이, 정해진 시간도 없이 우리 셋은 천천히 길이 나오는 대로 차를 몰고 갔다. 길이 끊어진 샌드뱅크 터미널Sandbank Terminal에서는 유람선 페리가 우리를 실어다 주었다. 유람선을 타고 강의 저쪽 너머를 잠깐 보고 다시 돌아오자고 했는데, 인적이 뜸했던 그곳은 너무도 아름다웠고, 그 길은 또 다른 길로 계속 이어져서 돌아가는 페리는 구경할 수 없었다. 우리 사는 것과 비슷하다. 한 번 떠나면 돌아갈 수 있을지 알 수 없고, 어디로 가게 될지도 알 수 없다.

내비게이션을 룰워스에 맞추고 달리다가 지붕과 벽이 붉고 파란 나뭇잎으로 덮여 있는 한눈에 쏙 들어오는 예쁜 건물이 있어서 우리는 차를 세웠다. 옛날 가내 수공업 공장 같기도 하고 무슨 박물관 같기도 한 이 건물은 펍pub이었다. 우리는 여행객인 듯한 몇몇 사람들의 뒤를 따라 무엇이 나올지 참으로 궁금한 오솔길로 접어들었다. 오솔길 속 여러 갈래 길은 우리를 인적 뜸한 해변으로 데려가기도 하고, 해변가에서 이어지는 또 다른 오르막길은 바다가 인접한 땅 끝에 있는 '올드 해리 락Old Harry Rocks'이라는 근사한 언덕으로 안내해 주었다. 나중에 알고 보니 이곳 '올드 해리 락' 산책길은 내셔널 트러스트National

예쁜 펍 건물을 지나 오솔길로

올드 해리 락에서 산휘와 엄마

더들 도어에서 산휘와 아빠

Trust[4]에도 지정되어 있을 만큼 뛰어난 경관으로 유명한 곳이었다.

생각지도 않게 스와니지Swanage의 해변과 올드 해리 락에서 몸과 마음을 빼앗겨 버려 원래 계획했던 룰워스의 더들 도어Duddle Door 근처에 도착하자 어느덧 어둑어둑해졌다. 일단 숙소부터 잡기 위해 근처에 있는 B&B(Bed and Breakfast)를 하나하나 노크해 보았지만 대부분 빈 방이 없었고 몇몇은 아예 대답조차 없었다. 그런데 희한하게도 이 지역에서는 인터넷도 되지 않아서 에어비앤비도, 다른 숙박 앱도 이용할 수가 없었다. 더들 도어와 점점 멀어지면서 보이는 숙소마다 모두 들러 보았지만 역시나 마찬가지였다. 아침에 출발할 때 숙소는 미리 잡고 가자던 아내의 말을 가볍게 넘겼는데 상황이 이렇게 되

4) 영국에서 역사적인 의미가 있거나 자연 경관이 아름다운 곳을 관리하는 민간 단체

자 그 말이 점점 가시가 되어 나를 콕콕 찔렀다. 어느덧 날은 완전히 어두워졌는데 근처에는 레스토랑도 하나 없어 정말 낭패였다. 산휘가 배고프다고 계속 징징대자 결국 말 없던 아내도 집으로 돌아가자고 한다. '아! 오늘 하루 종일 아무 계획 없이 발길 가는 대로 잘도 왔는데, 마지막에 이렇게 되다니…, 분하도다!'

집으로 출발한지 10분 정도 지났을까? 길가에 보타니 베이 인Botany Bay Inne이라고 쓰여진 펍과 숙소를 같이 하는 곳이 있어 마지막으로 한 번만 물어보고자 들어갔다. 역시나 그곳에도 빈 방은 없었다. 그런데 맥주를 마시고 있는 손님 중 한 분이 잠깐 기다려 보라며 연락처를 하나 주었다. 이 근처 집인데 혹시 방이 있을지도 모른다고. 아내는 곧바로 전화를 돌렸다. 그곳에서는 방을 정리할 때까지 30분 정도 기다려야 한다고 하였지만 그것은 우리에게 전혀 문제가 되지 않았다. 가격도 적절히 네고가 되어 80파운드에 우리는 주인 할아버지의 안내로 드디어 애플트리 코티지Apple Tree Cottage라는 숙소로 입성할 수 있었다. 들어가자마자 와락 달려드는 강아지에 산휘는 너무도 즐거워했고, 고급스런 앤티크 가구로 장식된 거실까지 딸린 2층 방을 보고는 우리 부부도 안도할 수 있었다. 아내가 산휘를 씻기는 동안 주인 할아버지는 집 안의 이곳저곳을 소개해 주었다. 70대의 이탈리아 이민자인 앙겔로스 할아버지와 영국인 제인 할머니가 주인인 이곳은 오래 전에 레스토랑이었던 건물을 개조해서 지금의 애플 트리 코티지를 만들었다고 했고, 집 안 구석구석에는 할아버지 부부의 젊었을 때부터의 추억이 깃들어 있었다. 특히 우리가 묵은 2층의 거실에는 할머니가 젊었을 때 사용했던 재봉틀, 할아버지가 즐겨 읽었던 책인 아라비아 로렌스, 할아버지의 딸이 어린 시절 사용했던 승마 도구, 그리고 그 밖의 이런저런 사진들이 곳곳에 정성스럽게 자리해 있었다. 나는 마치 앙겔로

애플 트리 코티지_주인 할머니 할어버지와 함께

스와제인의 인생 박물관에 초대 받아 하루를 묵는 것 같은 감사한 기분이 들었다.

긴 하루에 벌써 곤히 잠든 아내와 산휘를 보며 20~30년 뒤 우리의 거실에 생길 나와 아내의 작은 박물관을 생각해 보았다. 지금 아내 옆에 누워 있는 산휘는 그때가 되면 더 이상 필요 없게 된 품 안의 저 장난감을 우리의 박물관에 올려놓고 세상 어딘가에서 자신만의 박물관을 만들고 있을 것이다. 당연하지만 아쉽기도 하고 짠하기도 하다. 나와 아내의 어떤 물건과 어떤 사진들이 우리들의 박물관에 올라가 있을까? 혹시 2015년 9월 본머스, 스와니지, 룰워스를 정처 없이 떠돌아다니던 그 자유로운 사진도 하나 정도는 올라가 있지 않을까? 긴 하루였다.

보이지 않는, 말할 수 없는 아이의 스트레스

어느 날 아내가 들려 준 산휘와의 대화가 참 미안하고 마음에 걸렸다.

산휘: 아빠는 왜 매일 혼자만 차 타고 나가?
엄마: 산휘야 아빠가 차를 타고 가지 않으면 1시간이나 걸어가야 역에 갈 수 가 있고, 기차 탄 다음 내려서 또 30분이나 걸어야 학교에 갈 수 있어.
산휘: 에이, 그럼 우리가 걷자!

"아니, 자기가 운전하기 싫어해서 내가 차 타고 가는 거지, 그렇게 말하면 나 편하자고 내가 차로 나가는 것 같잖아. 왜 산휘한테 그렇게 얘기를 해?"하고 대답은 했지만 아빠가 힘들면 기꺼이 양보하겠다는 6살 꼬마의 어눌하지만 착한 마음씨가 짠했다.

산휘의 학교 생활은 생각보다 순탄해 보였다. 혼자라서 그런지 낯을 많이 가리고 또래 아이들과 어울리는 것도 시간이 오래 걸려 걱정을 많이 했는데, 교문 앞에서 약간 주저하기는 했지만 한국에서처럼 가기 싫다고 울음을 터뜨리거나 드러눕지는 않았다. 천만다행이다. 이렇게 적응만 해 주면 친구도 사귈 것이고, 아직 어리니까 영어도 빨리 배울 것이라고 생각되어 왠지 그날이 기대도 되었다.

학교를 가고 나서 3~4일 정도 지난 어느 날 내가 산휘를 픽업하게 되었다. 어디서 픽업해야 할지 몰라 일단 학교 안으로 들어가 교실에서 하나 둘씩 나오는 애들 속에서 산휘를 찾고 있는데 저쪽에서 까만 머리의 어린 아이가 천천히 나오는 것이 보였다. 산휘였다. 환하게 웃어 주고 안아 주려 팔을 벌렸는데 산휘는 나에게 달려오는 대신 그 자리에 멈춰서서 아무런 표정도 없이 나를 바라만 보았다. 잠깐 정지 모드로 있던 아이에게서 나는 곧 변화를 감지할 수 있었다. 짙은 회색 바지가 검게 변해 갔고, 곧 바지 밑으로 물이 뚝뚝 떨어지는 것이 보였다. 선 채로 소변을 본 것이었다. 깜짝 놀랄 정도로 양도 상당했다. 그 광경을 바라보던 나도 멍해지면서 많은 생각이 들었다. 물론 아직 6살 된 아이가 한 번씩 바지에 실수하는 것은 흔히 있을 수 있다. 그것보다 학교에서 화장실 가고 싶다는 말도 못하고 종일 꾹 참아야 했을 그 고통, 누구에게도 자신의 다급함을 알리지 못했을 그 스트레스가 얼마나 컸을까 하는 생각이 비로소 들었다. 내 윗옷을 산휘 허리춤에 감싸고 머리를 한참이나 쓰다듬어 주며 "아빠는 어릴 때 교실에서 애들 다 있는 데서 쉬 쌌어!"라며 산휘를 애써 웃기며 손을 잡고 교문을 나섰다. 자신이 할 수 있는 온 힘을 다해 낯선 환경과 싸우고 견디고 있는 산휘에게 참 미안했고, 아직 아이니까 낯선 환경에 던져 두면 그냥 적응될 것이라는 나의 생각이 참 쉽고 가볍게 느껴졌다.

'산휘야 아빠가 그동안 산휘 마음이 어땠는지 몰라서 정말 미안해. 그래도 조금만 더 참으면 괜찮을 거야. 조금만 더 힘내자!'

엄마와 산휘의 학교 가는 길

산휘, 나, 현준 씨, 우리 가족 모두 학교에 간다. 산휘는 웨이필드로, 나는 산휘를 데려다 주고 서리 대학교로, 현준 씨는 런던 카스 비즈니스 스쿨로 ….

런던으로 통학을 해야 하는 현준 씨가 제일 먼저 집을 나선다. 집에서 런던에 있는 학교까지는 약 2시간이 걸린다. 10월이면 본격적으로 겨울 날씨를 보이는 추운 영국의 새벽 6시, 일어나기도 힘들었을 것이고, 낯선 곳에 아내와 아이만 놔두고 떠나기 또한 마음이 놓이지 않았을 것이다. 하지만 현준 씨는 그렇게 매일 아침 학교에 갔다. 현준 씨를 보내고 일어나 간단한 아침 식사를 준비하고, 산휘와 함께 학교에 갈 준비를 한다. 산휘는 8시 30분까지 등교를 해야 해서 학교까지 걸어가야 하는 시간을 고려하면 1시간 전인 7시 30분쯤에는 집에서 출발을 해야 했다. 발에 맞지 않는 큰 구두를 신고, 한 번도 입어 본 적이 없는 교복을 입고 그렇게 엄마 손을 잡고 학교로 향하는 산휘. 말도 통하지 않고 아는 사람도 하나 없는 학교로 가는 산휘의 마음은 어땠을까? 하루에 등하굣길 왕복 2시간을 걸어 다녀야 하는 산휘의 몸은 또 얼마나 고단했을까? 한두 번 비가 왔던 날에는 덜덜 떨며 직접 운전을 해서(초보 운전인 데다가 운전석까지 반대이니) 학교에 바래다 주긴 했지만, 엄마와 산휘가 차를 쓰면 아빠가 힘들게 학교에 가야 한다는 것을 안 산휘는 아주 쿨하게 아빠에게 차를 양보하고 걸어가겠다는 의지를 보였다. 비록 3주 후, 집 근처에 있는 학교로 전학을 하긴 했지만, 지금 돌아보면 그때 우리 산휘는 참 대견하고 미안하다.

산휘를 데려다 주고 나면 나는 또 40분 정도를 걸어서 서리 대학교로 향한다. 이곳은 대도시처럼 대중교통이 잘 되어 있지 않아서, 버스 타는 곳을 찾아 드문드문 오는 버스를 기다리는 시간이나 걷는 시간이나 비슷하다고 판단되어 나는 영국 생활 대부분을 걸어 다녔다. 수업을 마치면 급히 달려가 3시가 되기 전에 산휘 학교 교문 앞에 서 있어야 했다. 처음에는 낯선 길이라 길을 잃어 한참을 헤매다가 온몸이 땀 범벅이 되어 겨우 산휘 픽업 시간에 맞추어 도착했는데, 그때 너무나 반갑게 산휘가 나에게 안겼던 그 느낌은 아직도 잊을 수가 없다.

또 한 번은 산휘 학교 가는 길 중간쯤에 있는 공원 묘지를 지날 때, 산휘가 묘지에 들어가 보고 싶다고 했던 적이 있다. 평상시 지날 때, "엄마, 여기는 뭐

하고 곳이야?"라고 물어서, "사람은 태어나면 언제든 죽게 되는데 죽은 사람들은 땅에 묻히게 된다고, 그리고 가족들이 그 죽은 사람을 그리워하며 묘지를 찾는다"라고 간단히 이야기해 주었는데, 산휘는 이후로 여기를 지날 때면 내내 그 생각을 했던 것 같다. 그날은 산휘와 함께 공원 묘지를 둘러보며 비석에 써 있는 이름도 읽어 보고, 주변에 꽃을 들고 방문한 사람들을 보며, 한참 동안 어린 산휘와 죽음에 대해 이야기했던 기억이 난다.

남들에게는 너무나 일상적이며 평온한 학교 가는 길이, 우리 세 사람에게는 각자의 고충을 안고 하루를 시작해야 하는 힘겨운 길이었다. 하지만 우리는 어떻게든 그 환경에 적응해야 했고, 매일 아침 그렇게 각자의 학교로 향했다.

아빠의 학교 가는 길

우여곡절 끝에 남들보다 한참이나 늦게 최종 입학 허가서를 받게 되었다. 그래서 가능한 한 빨리 입학에 필요한 서류 원본을 학교로 가져다 달라는 메일을 받고 처음으로 학교가 있는 런던으로 나가게 되었다. 우리 집에서 길퍼드 역까지 걸어서 30분, 길퍼드 역에서 런던 워털루 역까지 급행열차로 약 40분, 또 워털루 역에서 지하철을 타고 뱅크 역을 거쳐 학교까지 걸어가는 데 약 40분, 차 기다리는 시간 포함하여 집에서 학교까지 약 2시간 정도 걸리는 거의 여행에 가까운 등굣길이다. 드는 건 시간뿐이 아니었다. 학교 갔다 오는 데 비용이 26파운드(학생용 레일 카드가 나오면 학생 할인이 되어 16파운드 정도가 되지만)로, 당시 환율로 계산하면 약 5만 원이나 되는 비용이니 금액으로만 보면 길퍼드~런던은 거의 KTX로 부산에서 서울로 가는 것과 마찬가지인 셈이다. 나의 첫 런던 여행은 이제 같은 학교 선배가 된, 박사 과정을 하고 있는 창훈 씨가 동행을 해 주었다. 길퍼드 역에서 만난 창훈 씨는 자주 사용하는 런던 교통편 앱은 물론이고, 길퍼드 역에서 런던 워털루 역으로 가는 기차는 거의 플랫폼 5번에서 타야 한다는 등의 꼭 필요한 정보를 친절히 알려 주었다. 타고난 길치인 나는 겉으로 티를 내지는 않았지만 소중한 정보를 하나라도 놓치지 않으려고 애썼다. 오전 11시를 넘어 출발해서인지 런던 워털루 역으로 가는 기차 안은 한산했으며 창훈 씨와는 약간의 서먹함을 사이에 두고 조금씩 길어지는 대화와 조금씩 짧아지는 침묵을 이어가며 우리는 런던으로 향했다. 영국으로 오기 전에 그 어떤 사전 준비나 배경 조사도 하지 않았던 터라 내가 런던에 대해 가지고 있던 유용하거나 기본적 지식은 상식 또는 그 이하 수준이었다. 나에게 런던에 대한 이미지는 오래 전부터 우습게도 붉은색으로 남아 있었다. 그것은 다름이 아니라 내가 영어를 읽기 시작할 즈음 아빠의 붉은색 두툼한 파카에 '런던 포그London Fog'라고 적혀 있었는데, 내가 처음 보고 더듬대며 읽었던 런던이라는 단어의 배경은 아빠의 붉은색 묵직한 파카여서 그 이후로 런던 하면 무게 있는 붉은색의 배경이 떠오른다. 드디어 워털루 역에 도착했고, 역 안에서 곧바로 연결된 튜브의 시티 라인city line을 타고 런던에서 가장 분주한 금융 중심지인 뱅크 역으로 향했다. 우리는 뱅크 역 8번 출구로 마치 지하에서 사다리를 타고 올라가듯이 가파른 계단을 통해 지상으로 빠져나왔다. 이 좁은 출구를 통해 나는 처음으로 런던과 만났다. 처음 내 얼굴에 닿은 런던의 공기는 아빠의 올드 스파이스 스킨을 처음 발랐을 때의 그 느낌처럼 너무도 차가웠고 강렬했다. 그 차가운 공기 속에서 발견한 런던의 첫 모습은 내가 품어 왔던 붉은색이 아니라 비현실적일 만큼 세련된 색빛이었다. 마치 칙칙한 지하 속에서 8번 출구를 찢고 클래식하고 세련된 회색빛 도시로 튀어나온 듯한 기분이었다. 바로 앞의 런던 증권거래소와 퀸 빅토리아 스트릿

Queen Victoria Street의 건물들 사이로 분주하게 움직이는 사람들 또한 이 도시와 하나였다. 창훈 씨와 나는 학교까지 10분 정도 걸으면 되는 거리를 약 30분 정도 걸으면서 런던에 대하여 이야기했다. 짧은 시간이었지만 런던은 정말 매력적인 도시로 느껴졌다. 앞으로 1년 간의 학교 생활이 설레이기 시작했다. 창훈 씨와 나는 카스 비즈니스 스쿨에 도착했다. 급한 약속이 있던 창훈 씨는 헤어지기 전에 갑자기 "형님은 학기 시작되면 너무 정신 없어서 집안일이고 산휘 픽업이고 아무것도 못하실 거에요. 파이팅입니다!"하면서 뜬금없는 으름장을 놓고 건물 안으로 사라졌다. 나도 갑자기 정신이 번쩍 들었다. 이렇게 아름다운 도시, 런던에서의 1년이 녹록치 않을 것 같다.

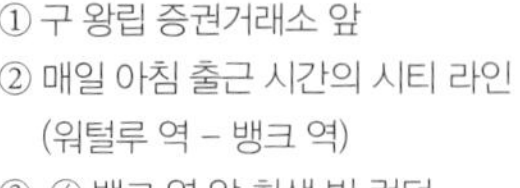

① 구 왕립 증권거래소 앞
② 매일 아침 출근 시간의 시티 라인 (워털루 역 – 뱅크 역)
③, ④ 뱅크 역 앞 회색 빛 런던

일상 1 07:47

평일 아침, 워털루 역에 사람들 무리와 함께 쏟아지듯 내리면 앞에 가는 인파들 머리 위로 유달리 밝게 표시되는 디지털 시계로 눈이 간다. 1년이란 시간이 주어졌다. 그 어떤 것도 신경쓰지 말자. 나만의 목적지에, 내가 정한 방향으로, 내가 정한 페이스로!

7시 47분이다. 뛰자!

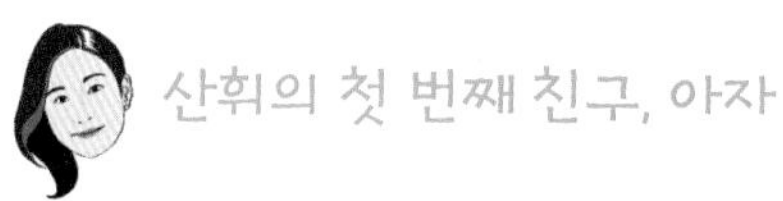

산휘의 첫 번째 친구, 아자

서리 대학교의 오리엔테이션 기간이 지나고 본격적으로 대학원 수업이 시작되면서 점점 산휘를 학교에 데려다 주고 데리러 가는 시간을 맞추기가 어려워지기 시작했다. 런던까지 매일 수업 받으러 가는 남편 스케줄은 더욱 빽빽하여 남편과 번갈아 가며 일정을 조정해 보겠다는 생각은 할 수도 없었다. 다행히 산휘 학교에는 일정 비용을 내면 1교시 전에 일찍 출근하는 부모들의 자녀를 위해 간단한 아침 식사와 수업 시간 전까지 30~40분 정도 봐 주는 프로그램이 있었는데, 9시에 수업이 있는 날에는 이 프로그램에 산휘를 보냈다. 하지만 오후 3시면 산휘를 픽업해야 하기 때문에 대학원에서 오후 수업이 있는 날에는 어김없이 수업을 빠질 수밖에 없었다. 담당 교수에게 나의 사정을 설명하고, 최대한 빨리 방법을 찾아보겠다고 양해를 구하기는 했으나, 방법이 쉽게 찾아지지 않았다. 영국에는 차일드마인더childminder라고 해서, 지역 카운슬에 등록되어 아이들을 본인의 집에 데려가 부모들이 회사에서 돌아올 때까지 봐 주는 사람들이 있는데, 시간당 10파운드 내외로 비용 부담도 컸고, 비용을 감수하더라도 학기 시작 전에 거의 인원이 차 있어서 적당한 사람을 찾을 수도 없었다. 1주일쯤 지났을 때, 산휘를 픽업하기 위해 교실 밖 운동장에서 기다리는 동안 어린 여자 아이를 안고 있는 한 아시아계 남자와 눈이 마주쳤다. 나는 무엇인지 모를 기운에 이끌리듯 그 사람에게 다가가 내 소개를 하고, 아이를 봐 줄 사람을 구하지 못해 힘든 내 상황을 이야기했다. 그런데 그 사람이 하는 말이, 오후 수업이 있는 이틀은 자기가 픽업해서 봐 줄 수 있을 것 같다고 하면서, 아내와 의논해서 알려 주겠다며 연락처를 달라는 것이다. 나의 간절함이 하늘에 닿은 듯하여 눈물이 날 것 같았다. 영국에서 살면서 이

① 산휘의 첫 친구 아자와 함께
② 아자네 식구들과 함께
③ 비빔밥과 미고랭(인도네시아 라면)으로 차린 저녁 식사

웃의 고마움을 알게 된, 그리고 누군가가(그 존재가 하나님이든, 부처님이든, 하늘에 계신 우리 아빠이든) 나를 돌봐 주고 있다는 것을 느낀 첫 순간이었다.

그렇게 되어 우리는 아자Azah네 가족과 친구가 되었다. 말레이시아인 가족인 아자네 가족은, 엄마는 정부 지원을 받아 박사 과정을 하고 있고, 아빠는 엄마를 지원하기 위해 병원에서 야간 청소 업무를 하는 유학생 가족이었다. 가진 것이 많지는 않았지만, 주변을 돌아볼 줄 아는 큰 마음을 가진 사람들이었고, 그로 인해 산휘는 웨이필드에 아자라는 단짝 친구가 생겼다. 산휘 아빠가 인도네시아에서 3년 정도 살았던 경험이 있어서 말레이시아 사람들과 통하는 부분이 있었고, 그 덕분에 우리는 아자네 가족들과 정을 나누기 시작했다. 그렇게 3주 정도 지났을 무렵, 집 근처에 있는 스토튼 인펀트 스쿨에 자리가 나서 전학해야 하는 순간이 왔고, 산휘는 단짝 친구 아자와 헤어져야 한다는 것에 크게 슬퍼했다. 비록 짧았던 만남이었지만 우리는 절실한 순간에 우리에게 손을 내밀어 준 아자네 가족을 집으로 초대하여 정성껏 한국 음식을 만들어 대접했다. 산휘와 아자는 캄캄한 가든에서 플래시로 장난을 치며 마지막 놀이를 했고, 우린 그렇게 소중한 인연을 지금껏 마음 속에 간직하고 있다.

선생님 특별상, 금주의 스타

정확히 말하면 '쉬~ 사건' 이후로 산휘가 학교 생활에 적응하는 것이 얼마나 힘들고 스트레스를 받고 있는지 알게 되었다. 아내와 나는 번갈아 담임 선생님과 상담을 했고, 잘 좀 살펴봐 달라고 부탁을 했다. 그런데 그런 부탁이 민망할 정도로 학교에 들어가서 3주도 되지 않아서 집 근처 학교에서 자리가 났다고 연락이 왔다. 집 근처 학교로 옮기게 되면 아내는 1시간 정도를 걷지 않아도 되고, 또 산휘 픽업 때문에 어쩔 수 없이 학교 수업에 지각하고 빠지는 날도 적어질 것이다. 아내와 나에게는 고민할 여지가 없는 것이다. 3주 동안 매일 힘겹게 다니면서 산휘가 겨우 1~2명의 친구 얘기를 시작할 무렵이었고, 간혹 담임 선생님 흉내도 낼 정도로 조금씩 적응하기 시작할 무렵이었지만 어쩔 수 없었다.

산휘에게 다음 주부터 집에서 가까운 스토튼 인펀트Stoughton Infant School로 옮겨야 된다고 했을 때 "에이…." 하며 반응하는 산휘의 한 마디가 짠하게 느껴졌다. 내가 초등학교 다닐 때 새롭게 전학을 와서 한동안 적응하지 못하고 낯설어하던 친구들, 그리고 그 친구들과 서먹서먹해 하던 내 모습이 번갈아가며 계속해서 떠오른다. 영어라고는 이제 집에서만 "땡큐 베리 마치"를 하기 시작한 6살 된 산휘에게는 또 얼마 동안 또 다른 적응으로 인해 힘든 시간이 될 것이다. 아마 10번 이상 봤지만 말 한마디 한 적 없던 담임 선생님도 생각이 날 것이고 선생님이 시켜서 그랬는지 모르지만 산휘를 자기 무릎에 앉히고 책을 읽어 주던 여자 아이도 그리울 것이다.

웨이필드에서에서 마지막 수업을 하고 돌아온 날, 산휘가 싱글벙글하며 상장을 쑤욱 내민다. '선생님 특별상'이었다. 3주 동안 가만히 앉아 있다가 온 것밖에 없는 산휘가 클래스에서 '특별한 학생valued member'이었다는 내용이 적혀 있었지만, 사실 받을 아무 이유가 없는 '특별한 상'이다. 3주 동안 잠깐 왔다 가는 꼬마 학생을 위해 '선생님 특별상'을 만드는 그 5분(어쩌면 그것보다 더 짧은 시간일지도 모르지만) 동안 산휘의

선생님 특별상 상장을 들고 기뻐하는 산휘

담임 선생님이었던 발친Balchin 선생님은 어떤 생각을 했을까? 그 마음이 참으로 따뜻하고 감사하다.

산휘가 특별상을 받을 아무 이유가 없다고 생각하는 나와 달리 산휘 엄마는 이 특별상에 대해 나와 의견이 달랐다. 곧 전학을 가야 한다는 소식을 전하자, 산휘는 이제 막 정들기 시작한 학교에 그대로 남아 있으면 안되느냐는 가슴이 짠한 말을 했다고 한다. 그래서 엄마가 산휘를 돌보아 주신 보조 선생님과 담임 선생님께 산휘가 직접 감사 카드를 쓰자고 제안했고, 산휘는 엄마가 써 준 글자를 한 글자 한 글자 정성껏 옮겨 적어 자신의 마음을 표현했다고 한다. 그리고 그 카드에 적힌 산휘의 마음이 발친 선생님께 전해졌을 것이라고도 이야기했다. 감사할 줄 알고, 감사를 표현할 줄 아는 기특한 아이를 선생님께서는 '특별한 학생'이라고 생각했을 것이라고 했다. 아직도 산휘 엄마와 산휘 사이에는 내가 모르는 일이 참 많다. 산휘가 웨이필드에서 유일하게 이름을 알고 지낸 말레이시아 출신의 친구 아자의 엄마에게서 연락이 왔다. 산휘가 학교에

웨이필드 선생님들과 함께 마지막 수업을 마치고

서 '금주의 스타'에 선정이 되었다는 것이다. 물론 산휘는 1주일 전에 학교를 떠났기 때문에 이 소식을 전해 듣지 않으면 알 수 없었다.

다음날 아침, 아침 운동을 하러 나가는데 산휘가 따라 나섰다. 평소에 자주 가는 집 주변 공원으로 가려는데 산휘가 내 팔을 끌며 다른 방향으로 이끈다. 얼마 전 다니던 학교를 가 보고 싶다고 한다. 아빠가 시간이 없다고 해도 막무가내로 자기가 왕년에 스타였던 웨이필드 스쿨로 앞장을 선다. 처음 겪어 보는 헤어짐, 그리고 또 다른 만남, 그리고 그리움, …. 이 꼬마의 아련한 마음을 알 것만 같다. 2015년 10월 길퍼드의 아침, 따뜻한 발친 선생님과 그것으로 세상을 조금씩 알아가는 꼬마 산휘를 생각한다.

산휘야, 다음 주에도 잘하자. 땡큐 베리 마치!

서리 힐, 카르페 디엠과 메멘토 모리

우리가 거주하는 길퍼드는 런던에서 남서쪽으로 43km 정도 떨어져 있는 서리 카운티의 주도시이다. 런던 워털루 역에서 기차로 40분 정도면 도착하고, 남쪽 포츠머스 항구나 인근 지역으로 가는 교통편이 편리한 곳이기도 하다. 길퍼드는 또한 서리 대학교, 길퍼드 대성당 등이 위치한 곳으로도 알려져 있으며, 서리 주 자체가 영국 내에서도 가장 나무가 많고 생활 환경이 좋은 지역이라고 한다. 그 때문인지 집 렌트 비용이 좀 비싸긴 했지만, 복잡하지 않고 공기도 좋아서 우리 세 식구가 공부하며 생활하기에는 더없이 좋은 곳이었던 듯하다.

우리 집에서 차로 15~20분 정도 가면 수많은 영화의 배경으로 나왔던 셰어Shere라는 동화 속에 나올 법한 아름다운 마을도 있고, '자연 경관이 아름다운 지역(AONB, Area of Outstanding Natural Beauty)'으로 지정된 서리 힐도 있다. 서리 힐 위에서 펼쳐지는 속 시원한 자연의 모습은 평화로움 그 자체이다. 서리 힐의 그 어떤 경관도 우리의 시선을 독점하지 않지만 평온하고 너그러운 이곳의 그림은 우리 시선을 쉽게 놓아 주지도 않는다. 부상 입은 운동 선수가 빠른 회복을 위해 고압 산소 탱크에서 치료 받는 기분이 혹시 이런 것일까? 서리 힐에 앉아 있으면 우리 주변의 모든 공기와 내 눈 앞에 보이는 모든 광경들은 우리를 빠르게 힐링시킨다. 런던에 살고 있는 학교 친구들이 놀러올 때마다 '우리가 이렇게 예쁜 곳에 살고 있어'라고 자랑이라도 하듯 꼭 빠지지 않고 우리는 이곳에 올라왔다. 10년 이상 되는 나이 차이를 훌쩍 뛰어넘은 좋은 친구들과 우리 인생에서 어쩌면 두 번 다시 올 수 없을지 모를 이 소중한 시간을 이렇게 아름다운 서리 힐의 곳곳에 새겨 놓았고, 우리의 머리와 가슴 속에 담았다. 카르페 디엠Carpe Diem, 곧 흩어질 시간이고 헤어질 인연임을 잘 알기에 우리는 그 순간순간을 소중하고 감사하게 살았던 것 같다.

'~를 기억하며(In memory of…).' 서리 힐의 언덕 여기저기에는 돌아가신 분들을 그리워하며 기증한 벤치가 곳곳에 놓여 있다. 아마 돌아가신 분들이 이곳 서리 힐을 좋아했던 것 같다. 우리와 같이(물론 우리보다 훨씬 더 오랜 기간이었겠지만) 이곳에 아름다운 추억을 남기고 때로는 삶의 고단함을 치유 받았던 그분들은 더 이상 이 세상에 없고, 이제는 그분들을 그리워하는 벤치만 남아 있다. 소박하게 남겨 놓은 떠나간 사람들의 흔적과 남은 사람들의 잔잔한 그리움 또한 이곳 서리 힐의 작은 한 부분이 되었다. 나이가 들수록 피할 수 없는 경험을 하나하나 하게 되고, 또 그럴수록 지금까지 보이지 않던 많은 것들이 하나하나 보이게 된다. 메멘토 모리Memento Mori, 죽음을 기억하라! 언덕 아래로 몸을 굴리는 아이와 그 모습을 걱정스럽게 지켜보는 아내를 바라보는 지금 이 순간이 더욱 더 소중해진다.

일상 2 길퍼드 북 페스티벌

우리가 사는 길퍼드는 '이상한 나라의 앨리스'의 작가 루이스 캐럴 Lewis Carroll이 작가로서의 삶을 살았던 곳으로도 유명하여, 타운 근처의 웨이강 인근이나 길퍼드 캐슬 그라운드 등 마을 곳곳에 앨리스나 흰 토끼 동상 등 루이스 캐럴의 작품 속 흔적들을 만날 수 있다.

학교가는 길에 우연히 '길퍼드 북 페스티벌'에 대한 공지를 보았다. 매년 길퍼드 자치구에서 주관하여 10월에 일주일 정도 베스트셀러 저자와의 만남, 미니 글쓰기 코스, 책 읽기와 관련한 어린이들을 위한 각종 이벤트로 구성된 북 페스티벌이 열린다. 사이트를 통해 주말에 아이들을 위한 가족 이벤트가 무료로 열린다는 정보를 확인하고, 산휘를 데리고 행사 장소인 길퍼드 대성당으로 향했다. '이상한 나라의 앨리스', '아기 곰 푸'에 나오는 삽화 전시도 보고, 삽화가 그려진 엽서도 몇 장 샀다. 영어로 하는 동화 구연은 아직 산휘가 어려워하여 패스하고, 팔찌, 모자, 쿠키 만들기 등을 체험하며 책을 사랑하는 우리 동네, 길퍼드에서의 하루를 보냈다.

길퍼드 북 페스티벌 패밀리 액티비티 데이

전시물을 보며

잔디 깎기

영국에서는 자기 집 근처의 잔디는 자기가 직접 관리해야 한다고 암묵적으로 정해져 있다고 한다. 잔디가 쑥쑥 자라는 봄부터 주말이면 저마다 정성을 다해 정원을 가꾸는 광경을 쉽게 볼 수 있다. 영국인이 가장 즐겨 하는 취미 활동 중 하나가 정원 가꾸기라고 하니, 풀과 꽃에 대한 영국인의 애착은 대단하다고 할 수 있다. 푸른 잔디가 깔려 있는 학교 운동장이나 동네의 공원에도 아침이면 트랙터처럼 큰 잔디깎기 기계들이 등장하여 초록의 향을 더한다.

세들어 사는 우리 같은 사람들에게는 그런 의무가 강제적이지는 않았지만, 거미줄이 숲을 이루고 있는 음침한 뒷뜰을 그냥 바라만 볼 수 없어서 집안일

에는 전혀 소질이 없는 산휘 아빠를 억지로 뒷뜰로 밀어넣었다. 산휘도 아빠를 거든다고 삼지창을 들고 여기저기 휩쓸고 다녔다. 헛간에 놓여 있던 오래된 잔디깎기 기계로 1~2시간을 끙끙대고 나서야 정리된 한 포대의 풀과 함께 뒷뜰은 말끔한 모습으로 새단장을 했다.

산휘 머리카락만큼이나 빨리 자라는 잔디 덕분에 우리 가족 모두 각각의 역할로 정원을 가꾸게 되었고, 관심을 가질수록 더욱 애정이 생기는 세상의 이치처럼, 가진 것 없는 우리 세 식구에게 뒷뜰은 반짝반짝 빛나는 숨은 보석 같은 존재가 되었다. 아담한 뒷뜰에는 아침이면 새들이 지저귀고, 다람쥐들과 산휘가 숨바꼭질을 하는 동화 속 그림 같은 우리 집!

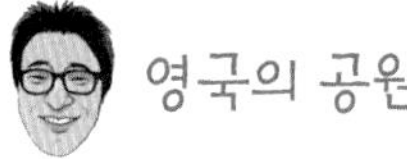

영국의 공원

런던에 있는 유명한 공원뿐만 아니라 동네 근처의 이름도 알 수 없는 작은 공원을 갈 때마다 그렇게 커 보이지도 않는 섬나라 영국이 도대체 얼마나 큰 나라인지, 인구는 어느 정도인지 궁금해진다. 국토 면적이 약 243,610km^{2}인 영국은 한반도 면적 220,000km^{2}의 1.1배 정도이며, 북한을 제외한 대한민국과 비교하면 2.4배 정도이다. 현재 우리보다 2배 이상 커서 그런지 모르겠지만 작은 마을 곳곳에까지 공원이 넉넉하게 있는 것 같아 아주 부럽다. 특히 런던은 유럽 내에서도 가장 녹지가 풍부한 도시 중 하나로, 도심 내의 여러 크고 작은 공원들이, 런던 특유의 세련되었지만 건조하고 친절하지만 시크한 도시 곳곳에 여유와 인간미를 불어 넣는다.

공원 1 – 윔블던 공원

어느 집이나 마찬가지일 것이라고 생각되지만 동물원이나 놀이공원이 공원 안에 있어서 일부러 아이를 데려가는 경우를 제외하고는 대체로 공원을 가기 위해 먼 곳까지 발걸음하는 경우는 거의 없다. 낯선 나라에 와서 각자의 학업과 육아를 병행해야 하는 우리에게는 자동차로 1시간 이상 떨어진 유명한 공원들은 그냥 여행 책자 속의 어느 공원일 뿐이었고, 그렇기에 우리의 소중한 여행 또는 나들이 목록에도 없었다.

그런데 우리가 공원의 맛과 공원 속의 피크닉 재미에 빠지기 시작한 것은 부산의 모 기업의 런던 사무소에 나와 있는 신소장님과 조우하면서부터이다. 아내 지인의 소개로 런던 윔블던에 살고 있는 신소장님 댁에 초대를 받아 갔는데, 그때의 첫 만남부터 우리 가족과 궁합이 딱 들어맞는 느낌이었다. 대학의 일문과 교수님인 신소장님의 남편은 안식년으로 1년 간 아내를 따라 런던에 와 계셨는데, 아내 따라 영국에 와 있는 남편이라는 면에서 얼핏 나와 입장이 비슷한 것 같기도 하다. 그때까지 낯을 많이 가리던 산휘도 신소장님네의 딸, 유민이를 만나자마자 '누나, 누나' 하면서 잘 따랐다. 더욱이 2층집을 무척 좋아하던 산휘는 2층 위에 한 층이 더 있는 신소장님네 집만 가면 마치 자기 집에 온 것처럼 위아래층을 날아다녔고, 주말만 되면 '유민이 누나 집에 가자, 유민이 누나 집에 가자!'며 보챘다. 유민이가 좋은 것인지, 2층 위에 한 층이 더 있는 놀라운 집이 좋은 것인지 알 수는 없지만 말이다. 여기에 신소장과 가깝게 지내던 국제해사기구에 파견 나와 있던 보혜 씨와 다안이(보혜 씨 아이), 어떤 음식도 뚝딱하고 만들어 내는 보혜씨 어머니까지 함께 하면 금상첨화!

이렇게 여러 가지가 딱 맞아떨어져 영국 생활 초기(내가 학교 공부에 정신을 못차리기 시작한 시점 전까지)의 한 달 동안 토요일이면 윔블던으로 넘어가서 저녁에는 맛있는 한국 음식으로 허기진 배를 달래고, 일요일 늦은 아침에는 근교의 크고 작은 공원으로 피크닉을 갔다. 가을이 깊어가던 어느 일요일 아침, 우리는 가볍게 신소장님네 집 앞의 윔블던 공원Wimbleden Park으로 산책을 가기로 했다. 각기 다른 모양과 색을 띤 황금빛 낙엽들이 하나가 되어 소복이 깔려 있는 풍요롭고 여유로운 윔블던의 인적 없는 공원에서 나 또한 사르르 무너졌다. 낙엽 위에 드러누운 나에게 아이들은 낙엽을 덮기 시작했으며, 그 위에 다시 낙엽을 뿌려 대었다. 아, 이 자유! 해방감! 그동안 무엇이 나를 이토록 억누르고 있었던 것일까?

한참을 그대로 낙엽 속에 누워 있다가 어디선가 들려오는 산휘의 울음 소리에 눈을 떴다. 나뭇잎 사이로 보이는 산휘는 어떻게 올라갔는지 나무에 올라갔다가 내려오지 못해 울고 있었다. 분명 유민이 누나한테 잘 보이기 위해 올라갔을 것이다. 열쇠가 없어 집에 못 들어가고 있는 친구의 집 대문 앞에서,

윔블던 유민이 집 근처 공원에서

내가 문을 열어 주겠다며 담벼락을 타고서는 집 안에 있는 강아지가 겁이나 담을 넘지도 다시 내려가지도 못해 결국은 울음을 터뜨린 초등학교 2학년 때의 내 모습과 어쩌면 저렇게 똑같을까! 한 번도 본 적 없는 DNA라는 것을 믿지 않을 수 없다.

두어 시간의 피크닉을 마치고 우리는 다시 신소장님네로 돌아왔다. 보혜 씨 어머님의 놀라운 해장국은 우리가 집으로 돌아갈 시간임을 알려준다. 산휘에게는 놀라운 집에서 다시 단층의 작은 집으로 돌아가는 시간일 것이고, 아내와 나도 다시 빡빡한 현실 속으로 돌아가는 시간이어서, 길퍼드로 돌아가는 일요일 저녁 차 안에서는 다들 별로 대화가 없다.

공원 2 – 다람쥐 파크

주말 아침이면 우리 세 식구는 간단히 아침을 챙겨 먹고, 각자 운동복 차림으로 집 옆에 있는 작은 공원으로 간다. 다람쥐가 많아 산휘와 '다람쥐 파크'라고 이름 붙여 놓은 곳이다. 영국에 오고 나서 우리 가족에게 일어난 가장 큰 변화 중 하나는 이 아침 운동이다. 이러한 변화는 집 가까운 곳에 공원이 있어서 가능했으며, 우리 가족의 유별나지 않은 주말 놀이로 자리잡았다. 우리는 산휘의 방학이나 주말 등 조금이라도 여유가 있는 아침이면 가벼운 산책길에 나섰다. 산휘와 나는 주로 스트레칭으로 주어진 시간의 절반을 보냈고, 우리가 스트레칭 놀이를 하는 동안, 현준 씨는 공원 몇 바퀴를 가볍게 뛰었다. 뛰면서 무슨 생각을 할까? 밀려 있는 과제도 생각할 것이고, 다가오는 시아버님의 기제사도 떠올렸겠지만, 몇 바퀴 돌고 산휘에게 돌아온 아빠의 환한 얼굴을 보면 복잡하게 얽혀 있는 문제들도 뛰면서 대충 정리가 된 듯 느껴졌다.

시간 여유가 좀 더 있거나, 날이 좋거나, 산휘의 기분이 좋으면 우리의 운동 코스는 '먼 다람쥐 파크'로 넓어진다. 우리 집에서 걸어서 15분 정도 떨어진 곳에는 다람쥐 파크보다 3배 정도 큰 공원이 또 하나 있는데, 이 공원으로 가는 길 역시 다람쥐들이 많이 살고 있어서 산휘에게 "이 공원도 이름을 지어 주자."고 했더니 한참을 고민하다가 '먼 다람쥐 파크'라며 멋진 작명을 해 주었다. '먼 다람쥐 파크'에 도착하기 전, 다람쥐들이 많이 나타나는 곳에 이르면, 산휘와 다람쥐들 사이에 술래잡기가 한바탕 벌어지고, 아빠와 엄마는 '두더지 게임'의 두더지 머리를 발견한 것처럼, "산휘야, 다람쥐 여기!" "아니, 이쪽!" 하며 산휘의 술래잡기를 응원한다.

먼 다람쥐 파크에 오면, 우리 가족이 벌이는 의식이 있다. 이름하여 '산휘 가족 달리기 시합'이다. 엄마와 산휘, 산휘와 아빠, 아빠와 엄마. 시합은 산휘가 우승할 때까지 계속된다. 작은 가족 달리기 시합이지만, 우승 선수를 대상으로 인터뷰도 하고, 소감도 묻는다. 시합을 마치고 집으로 돌아가기 전에 산휘는 공원에 있는 다람쥐들에게 인사를 한다. "다람쥐야, 안녕. 내일 또 보자!"

다람쥐 파크에서

매일 만날 수 있는 우리 집 근처의 작은 공원들, 한 주 동안 우리 가족 개개인이 각자의 자리에서 가슴에 품고 지냈을 스트레스를 덜어 주는 따뜻한 공원, 매일매일의 우리의 생활이 녹아 있는 살아 있는 공원, 이것이 우리 꼬마가 이름 붙인 다람쥐 파크를 런던의 그 어떤 아름다운 공원보다 사랑하는 이유이다. 자, 이번 주도 시작이다. 다람쥐 파크야, 우리 내일 또 보자!

공원 3 – 리치먼드 파크

지인과의 따뜻한 추억이 가득한 윔블던의 한 공원, 우리 가족의 일상이 담겨 더욱 소중한 동네 공원 외에도 영국에는 인상적인 공원들이 참 많다. 그중에서도 한 곳을 꼽으라면 나는 주저하지 않고 리치먼드 파크라고 이야기할 것이다. '죽기 전에 꼭 가야 할 세계 휴양지 101'이라는 책에서 사진으로 얼핏 들여다 본 기억과, 한 지인이 "그곳에 가면 사슴이 많아서 산휘가 좋아할 것"이라고 추천해 준 기억의 조각들로 리치먼드 파크를 그려 왔는데, 직접 본 리치먼드 파크는 상상 그 이상이었다. 공원 내에 자동차로 한참을 달릴 수 있는 도로가 나 있는 규모에 놀랐고, 야생과 어울어진 그 푸른 초원이 너무나 인상적이었다. 크기가 궁금하여 인터넷으로 검색해 보았더니 공원 면적이 2,360에이커라는데 km^2로 환산해 보니 $9.55km^2$였다. 수치만으로는 이해가 잘 안되어 다시 해운대구의 면적을 찾아보니 $51.46km^2$였고, 환산해 보니 공원의 면적은 해운대구 전체 면적의 1/5 크기였다.

한때 왕족들의 사냥터였다고 하는 리치먼드 공원은 런던의 왕립 공원 중 가장 큰 규모를 자랑한다. 런던 도심과 접해 있는 곳에 이렇게 큰 대자연이 펼쳐져 있다는 것이 마냥 신기하고, 동물은 늘 동물원 우리에 갇힌 상태로만 보아왔던 나로서는 지금 이 공원에서 살고 있는 수많은 야생동물들이 어떻게 관리

되고 있는지 무척이나 궁금했다.

"사슴공원에 가자." 하고 산휘를 데려온 터라, 공원에 도착하자마자 산휘는 "사슴 어딨어?"하고 물었다. 하지만 특정한 곳에 사슴을 모아놓고 기르는 것이 아니라 야생으로 자유롭게 돌아다니는 사슴을 어디서 찾을 수 있을까 하는 마음으로 한참을 차로 달리는데, 드디어 사슴이 한두 마리씩 보이기 시작했다. 차를 주차장에 세워놓고 사슴이 있는 곳으로 향하는데, 떼를 지어 나타나는 거대한 사슴 무리에 어른들은 놀라서 뒷걸음치는데, 산휘는 같이 간 3살 난 동생 다안이와 함께 전속력으로 사슴을 향해 뛰기 시작한다. 몸집도 큰 데다 뿔까지 나 있는 사슴들의 무리 속으로 겁 없이 뛰는 아이들을 잡으러 엄마들도 놀란 가슴으로 뛰었다. 두 아이의 위풍당당한 기세에 덩치 큰 사슴 무리가 떼지어 도망을 가고, 그 장관에 엄마들은 안도의 한숨을 쉬며 자리에 주저앉는다. 사슴들이 도망가는 모습을 보고 확실히 사슴은 위험한 동물이 아니라고 생각을 했는지, 아이들은 이번에는 나무 밑에서 풀을 뜯고 있는 몇몇 사슴들에게 살금살금 다가간다. 덩치 큰 겁 많은 사슴 떼와 겁 없는 아이들의 모습, 바라만 봐도 흐뭇하다.

사슴 떼의 장관을 뒤로 하고, 공원 안에 또 다른 작은 공원인 이사벨라 플랜테이션Isabella Plantation으로 향한다. 비밀스런 느낌을 주는 좁은 정원 입구를 따라가다 보면 작은 오솔길이 나타나고, 그 오솔길을 따라가다 보면 크고 작은 나무들, 꽃들이 길을 안내한다. 정원의 중앙에는 작은 연못이 있고, 그 연못 주변으로 잔디가 깔려 있어, 날씨가 좋을 때면 가족 단위의 방문객들이 그곳에 자리를 깔이놓고 피크닉을 하곤 한다. 우리도 자리를 깔아놓고 공놀이도 하고, 옆팀 자리로 공이 튀어가면 웃으며 공을 주고받기도 한다. 워낙 커서 그런지 차를 타고 가다 머무는 곳곳마다 다른 느낌을 주는 리치먼드 파크에서

리치먼드 파크_사슴 떼를 보며 달려가는 아이들

리치먼드 파크_사슴들과 함께

하루를 보내고 난 후, 집으로 가야 할 시간이 되었다. 우리는 공원의 여러 출구 중 우리가 나가야 할 출구를 찾지 못해 한참을 외진 곳에서 헤매다 멀리 숲 속에서 새하얀 움직임을 발견했다. 무엇인가에 홀린 듯 그 모습을 뚫어져라 바라보았더니 그것은 아기 사슴이었다. 하얀 아기 사슴. 태어나 처음 보는 하얀 아기 사슴의 모습을 보고 나는 '아기 사슴, 하얀 사슴!'이라고 소리를 질렀고, 차 안에 있던 사람들 모두 그쪽을 향했지만, 달리는 차 안이라 본 사람도 있고 못본 사람도 있었다.

아직도 가끔 그 신비로운 새하얀 아기 사슴의 모습이 눈에 어른거린다. 얼마나 자랐을까? 자라서도 여전히 하얀 사슴일까?

고생을 사서 해 버렸다

10월이 시작되고 우리 가족의 본격적인 영국 생활도 시작되었다. 산휘도 학교에 가기 시작했고 나도 미영 씨도 오리엔테이션 기간이 끝나고 본격적인 학기가 시작되었다. 런던의 학교까지 등교 시간이 너무 많이 걸려서 아침 수업이 있는 날이면 나는 아침 6시 반 정도에 집을 나섰고, 평일에는 새벽 2~3시에 일어나 당장 대체 인력을 구할 수 없었던 인도네시아 일까지 병행하게 되었다. 그리고 새벽 4~5시 정도까지 일을 보다가 1~2시간 잠을 더 자고 학교로 갔다. 처음에는 우리에게 주어진 이런 기회와 환경이 너무 감사한 나머지 힘든 줄도 모르며 계속해서 아드레날린이 솟구쳐 나오는 것 같은 설레임이 지속되었다. 게다가 학교에서는 비싼 학비 값을 하려는지 감당하기 힘들 정도로 훌륭한 외부 강의와 네트워킹 행사를 진행하였고, 나는 부지런히 그 행사들을 쫓아다녔다. 물론 공부에 아이까지 보고 있는 아내가 신경쓰여 나름대로 제한선을 두기는 했지만, 그 한계를 몇 번 왔다갔다 하다가 생각보다 빨리 아내를 폭발하게 만들었다. 아내는 학교에서 발행되는 시간표를 요구했고, 내가 임의로 알려준 가공되고 부풀려진 일정과 비교하며 강한 제재가 들어왔다.

"이 날은 수업이 오후에 있는데 왜 아침 일찍 가야 해?"

"이 수업은 자기 과 수업이 아닌데 왜 들어?"

역시 아내의 검열은 한 살 한 살 더 먹을수록 연륜까지 더해져 더욱 날카롭고 묵직하다. 이럴 땐 재빨리 인정하고 시정하는 게 최선이다. 하지만 나도 도저히 받아들일 수 없는 아내의 질문을 가장한 강요도 있었다.

"자기가 여기서 자신 있는 과목은 뭔데? 그런 과목은 학교 가지 않고, 집에서 혼자 공부하면 되지 않아? 이 날은 수업이 하나뿐인데 하나 들으러 그 비싼 교통비를 내며 가야 돼?"

내가 잘하는 과목이란 있을 수도 없다며 나는 갑자기 겸손한 인간이 되었고, 수업 1시간 듣는 비용이 얼마인데 교통비 때문에 그걸 포기하느냐며 소심하게 나름 목소리를 올렸다.

사실 나의 생활은 우리 엄마가 보면 참 바람직한 생활일 것이다. 주독야경(?)하며 공부와 일을 병행했고 사람 사귀는 일도 게을리하지 않는 열심히 사는 아들의 모습일 것이다. 반면 아내의 생활은 양보와 희생이 근간으로, 스트레스 받는 일 투성이다. 아이 챙겨서 학교 보내느라 본인 수업에 지각하고 또 아이 픽업할 때 되어서는 수업 도중 빠져나오고, 때로는 오후 수업을 빠뜨릴 때도 있고, 그리고 집에 와서는 또 집안일을 해야 하고, 아이와도 붙어 있어야 한다. 더욱이 회사에서 1년 동안 해외에서 공부할 기회를 얻어 우리 가족이 영국에 올 수 있게 된 것은 바로 아내 덕분 아닌가! 그럼에도 불구하고 처음에는 안온다고 그렇게 빼던 내가 오자마자 이렇게 천지 모르고 설치고 다니니,

남편이지만 참 얄미웠을 것이다. 아내도 아내지만 장모님이 이 생활을 보았다면 어떻게 생각했을까? 얼굴이 화끈거린다. 어쨌든 이렇게 우리는 서로 달갑지 않게 조금씩 인정해 가면서 비싼 돈을 주고 고생을 사서 하는 생활을 계속해 나갔다.

고마운 이웃들과 함께한 산휘 등굣길

우여곡절 끝에 집 근처 학교로 산휘를 전학시키긴 했지만 여전히 산휘 학교 등하교 시간과 나의 학교 커리큘럼상에는 갭이 존재했다. 아침에 산휘를 8시 30분까지 등교시켜야 하는데, 화요일과 목요일은 내가 1교시 수업이 있는 날이라 산휘를 바래다 주고 가면 지각을 하게 되고, 수요일과 금요일은 5시에 수업이 끝나니 산휘가 마치는 3시에 맞춰서 데리러 갈 수 없었던 것이다. 학교 교무실에 가서 아빠, 엄마 모두 학생이어서 그러니 아이를 아침에 조금 일찍 데려다 주면 안되겠냐고 물었더니, 안전상 이유로 안된다고 한다. 웨이필드처럼 일찍 와야 하는 아이들을 위한 프로그램이 스토튼에는 없었다. 산휘를 잠시 봐 줄 보모격인 차일드마인더가 있는지 주변을 수소문해 보았지만 여의치가 않았다. 이런 고민에 남편은 아무런 도움을 주지 못했다. 수업을 특정 요일에 모아서 시간표를 짤 수 없겠는지 물어 보았으나 불가능하다고 했고, 겨우 들어간 학교라 수업 따라가는 것도 쉽지 않아 보였다.

10분 정도 지각하며 오후 수업은 담당 교수에게 다시 사정을 이야기하며 양해를 구하기를 2주. 나의 스트레스도 극에 달하게 되었고, 어느 날 남편에게 울며 말했다. 도대체 왜 나만 이렇게 고생해야 하냐고…. 그날 저녁 교회 인터내셔널 모임에서 만난 레이첼에게서 문자가 왔다. 별일 없이 잘 지내고 있냐고, 문득 내가 생각났다고, 항상 기도해 주겠다고. 그 문자에 대한 답으로 나는 산휘 학교 바래다 주는 것 때문에 조금 힘이 든다고 보냈고, 레이첼이 화요일에는 자기가 산휘를 아침에 바래다 주겠다고 했다. 집 앞에서 5분 거리밖에 안되는 학교에 데려다 주기 위해, 20분 이상 떨어진 자신의 집에서 우리 집까지 추운 겨울 아침 걸어와 산휘를 교실까지 데려다 주겠다는 것이다. 너무 감동해서 눈물이 날 지경이었다. 레이첼에게는 번거로운 일이겠지만, 나는 그 도움의 손길을 감사히 받기로 했다. 하느님께서 도와 주신 것 같았다. 레이첼이 일주일에 한 번 산휘 학교 가는 길을 함께 해 주기로 했다는 소식을 들은 팜(산휘에게 일주일에 2번 1시간씩 영어를 가르쳐 주던 동네 아주머니)은 또 다른 하루는 본인이 데려다 주겠다고 한다. 아, 이렇게 친절한 사람들이 있을 수 있을까? 화요일과 목요일 아침이면 8시 10분쯤 동네 어귀에서 산휘 손을 레이첼과 팜의 손에 쥐어 주며 나는 학교로 향했고, 나와 산휘는 서로의 모습이 보이지 않을 때까지 뒤돌아보았다.

방과 후에 아이를 맡길만한 곳을 수소문하던 끝에, 사설 기관이 일부 학교 장소를 빌려 아이들을 맡아 주는 프로그램의 일종인 쿠사 키즈Koosa Kids라는 것이 있다는 것을 알게 되었고, 다행히 스토튼에 이 프로그램이 있어서 수요일과 금요일 양일 간 봐 주는 것으로 신청했다. 학교 수업이 끝나면 쿠사 담당자가 아이들을 쿠사 프로그램이 진행되는 장소로 데려갔고, 부모들이 데리러 오는 시간까지 아이들을 그곳에서 봐 주는 것이다. 역시나 산휘는 쿠사에 가고 싶지 않다고 수요일, 금요일 아침이면 울상을 지었고, 그런 산휘에게 엄마가 최대한 빨리 수업을 마치고 데리러 가겠다고 약속을 하며 학교에 보냈다. 살짝이 도착하여 혼자 앉아 엄마를 기다리는 산휘의 모습을 볼 때면 또 한번 가슴이 찢어지지만, 우리 세 식구가 영국에서 지내기 위해 각자 안고 가야 할 숙제라고 생각하며 마음을 다잡는다. '산휘야, 외로워하지 말고, 그 안에서 산휘의 자리를 찾아가길 바란다. 엄마가 항상 응원할게. 사랑해.'

일상 3 만추의 동행

엄마와 소년은 멀리서 보면 언제나 걸작이다.

3

영국에서의 겨울

겨울의 시작

영국은 10월 중순이면 해가 많이 짧아져, 오후 4~5시가 되면 캄캄해지고 날씨도 아주 많이 추워진다. 저녁 7시면 한밤중인 것 같은 느낌이 들 정도로 하루의 절반이 밤으로 이루어진 듯하다. 그래서 영국 아이들은 보통 7시가 넘으면 잠자리에 든다. BBC의 아이들 전용 채널인 시비비즈Cbeebies 프로그램도 저녁 7시가 되면 굿나잇 시그널과 함께 아이들이 자러 갈 시간임을 알려준다. 산휘도 한국에 있을 때부터 일찍 자고 일찍 일어나는 습관이 있었기 때문에 일찍 잠자리에 드는 것에 대한 거부감은 없었고, 유난히 추운 밤을 견디기 위해서라도 따뜻한 이불 속으로 일찍 들어가 눕는 것이 영국의 겨울을 현명하게 보내는 방법이었다.

산휘와 영국에서 맞는 첫 겨울이자, 엄마와 아들이 단둘이 맞는 첫 겨울이

기도 했다. 런던으로 나갔다 밤 10시가 넘어서야 귀가하는 아빠를 기다리며, 4시부터 시작되는 밤 시간을 산휘와 어떻게 보내야 할지 고민이 시작되었다. 아이 영어 공부에 도움이 될 것이라 믿으며, 아침에는 시비비즈의 '우편 배달부 팻Postman Pat'으로 시작하여, 오후 시간에는 앤디의 공룡 모험Andy's adventure dinosaur, 톱시 앤 팀Topsy and Tim, 페파피그Peppa Pig 등을 보여 주며 1시간 정도는 시간을 보낸다. 그 사이에 나는 학교 과제를 하기도 하고, 함께 먹을 간단한 저녁을 준비하기도 한다. 저녁을 준비할 때면 나는 늘 산휘에게 같은 질문을 한다.

"산휘야, 계란 프라이 먹을래, 아니면 주먹밥 먹을래?"

선택지가 2가지 밖에 없지만, 산휘는 그 질문에 항상 진지하게 고민하고, 두 선택지 중 하나를 고른다. 그러면 나는 유명한 요리사가 아주 어려운 요리를 주문 받은 것처럼 씩씩하게 주방으로 들어가 주문 받은 요리를 뚝딱뚝딱 만들어 낸다. 기특한 산휘는 영국에 와서 반찬 투정 없이 무엇이든 잘 먹어 준다. 빵이면 빵, 밥이면 밥. 가끔 산휘가 마음의 허기를 음식으로 채우는 것이 아닌가 싶을 정도로 먹는 것에 집착하는 모습에 걱정되기도 했지만, 그렇게 산휘는 엄마와의 시간에 적응해 나갔다.

하루는 장난감을 가지고 혼자 바닥을 뒹굴며 노는 산휘가 안쓰러워 "산휘야, 엄마랑 춤추면서 놀까?" 하고 제안하였다. 우리는 산휘가 좋아하는 신나는 '라바 송', '트레인 킹 OST' 등을 틀어 놓고 한 평도 채 안되는 거실의 끝과 끝을 있는 힘껏 달려가며 하이 파이브를 하기도 하고, 손을 잡고 뱅글뱅글 돌기도 하며, 산휘를 높이 안았다 내려놓기도 하고, 깔깔내며 춤을 추었다. 순간, '아, 아이와 몸으로 놀아 준다는 것이 이런 것이구나'라는 생각이 들었다. 그동안 육아를 좋은 책을 읽어 주거나, 친구를 만들어 주고, 체험 프로그램을 찾아 다녀야 한다는 짜여진 틀 속에서만 생각해 왔던 것 같다. 별것 아니지만, 좋아하는 음악을 크게 틀어 놓고 마음껏 몸을 흔들어 대며 아이와 함께 웃을 수 있는 이 순간이야말로 그 어느 때보다도 크게 아이와 교감하는 순간이었다. 이런 깨달음 덕분에 영국의 기나긴 겨울밤은 엄마와 아들의 신나는 댄스 타임으로 짧아지고 있었다.

시비비즈

시비비즈는 영국의 방송사 BBC가 운영하는 어린이 대상 프로그램이다. 오전 6시에 시작하여 오후 7시까지 만화, 드라마 등 다양한 프로그램이 방송된다. 요즘은 우리나라 방송에서도 일부 프로그램들이 소개되고 있고, BBC 앱이나 유튜브를 통해서 언제 어디서나 볼 수 있다. 산휘와 함께 어린이 프로그램을 자주 보아왔던 터라, 한국으로 돌아온 지금도 가끔 시비비즈 프로그램이 그립다.

TIPS

앤디의 공룡 모험 Andy's adventure dinosaur

자연사박물관에서 일하는 앤디 아저씨는 공룡 전시물에 문제가 생기면, 박물관 안에 있는 큰 괘종시계 앞에 서서 주문을 외워 그 공룡이 살던 시대로 이동하게 되고, 여러 힘든 여정을 거쳐 결국 필요한 전시물을 얻어 안전하게 다시 현재로 돌아오게 되는 모험을 다룬 프로그램이다. 귀국 전 산휘가 영국에 놀러 온 사촌 동생 주원이와 TV 앞에 앉아 명확하지 않은 가사로 오프닝 곡을 목청껏 부르던 모습이 아직도 생생하다.

사라 앤 덕 Sarah & Duck

큰 눈에 초록 모자를 쓴 친절한 7살 '사라'와 사라의 친구 '덕(오리)'이 함께 보여 주는 일상 속의 이야기이다. 사라와 덕 사이의 우정이 엿보이고, 둘이 맞닥뜨리게 되는 상황을 헤쳐나가는 재미난 상상력에 살며시 미소가 지어지는 프로그램이다. 말이 거의 없어서, 산휘가 부담 없이 즐겨 보던 프로그램 중 하나이다.

페파 피그 Peppa Pig

페파 피그 캐릭터는 영국 오기 전 한국에서부터 이미 접한 적이 있어서 보다 친숙했던 프로그램이다. 분홍 돼지 페파를 중심으로, 페파의 엄마, 아빠, 동생 조지, 그리고 다양한 동물 친구들이 나온다. 5분 정도의 짧은 에피소드로 구성되어 있으며, 쉽고 간결한 영어를 사용하고 일상 속의 소재를 다루고 있어, 어린이를 대상으로 영어 교육 측면에서 접근할 때 가장 도움이 될만한 프로그램이라는 생각이 든다.

톱시 앤 팀 Topsy and Tim

팀과 톱시라는 이름의 2란성 쌍둥이의 이야기를 통해서 영국 아이들의 가장 현실적인 생활을 다룬 드라마이다. 흔히 보던 쉬운 영어의 애니메이션이 아니라, 실생활의 여러 에피소드를 담은 드라마여서 대화 내용이나 세부적인 뜻을 모두 이해할 수는 없겠지만, 이제 막 학교에 입학한 산휘와 같은 또래의 아이들 이야기여서 더욱 감정이입을 하여 시청하는 것 같아 보였다. 산휘 나이대의 아이들이 할 수 있는 실수나 두려움, 새로운 상황들을 다룬 이 드라마를 보면서, 산휘는 톱시와 팀과 함께 한 뼘 더 자라나는 것 같았다.

클랑거 Clangers

산휘가 좋아했던 프로그램 중 하나로, 클랑거라는 캐릭터가 우주의 작은 행성에서 살아가는 이야기인데, 클랑거가 사용하는 언어가 영어가 아니라, 그저 음으로 의사 소통을 하기 때문에 언어를 이해할 필요가 없이, 클랑거들이 모여 보여 주는 행동과 그 특유의 음의 뉘앙스만 파악하면 되니, 마음 편히 볼 수 있지 않았을까? 조그만 행성 안에서 우주 생명체가 보여 주는 에피소드 하나하나가 참 신선하다.

티컵 트래블 Teacup Travels

어린 남녀 주인공이 할머니 집에 가서, 그날 마실 차를 위한 찻잔을 골라, 차를 마시는 순간, 그 찻잔에 담겨 있는 사연이 있는 오랜 옛날의 이야기 속으로 모험 여행을 떠나게 된다는 이야기이다. 산휘는 오늘은 여자 주인공이 여행을 떠날지, 남자 주인공이 여행을 떠날지에 대해 무척이나 궁금해했고, 그날의 여행을 떠날 주인공이 찻잔을 기울여 여행지로 순간 이동하는 것을 무척이나 짜릿해하며 바라보았다.

일상 4 인사

대체로 나는 새벽 일찍 집을 나서기 때문에 산휘 엄마와 산휘가 아침에 어떻게 헤어지는지 알 수 없지만, 간혹 아내가 먼저 집을 나서는 날에는 이 둘이 헤어지는 모습을 나는 웃음을 머금고 본다.

제일 먼저 현관에 나와 입맞춤을 하고, "엄마 안녕~." 하고 나서는 창가로 올라가서 창을 열고 엄마와 손을 잡고 또 다시 "안녕, 안녕~." 한다. 그리고 엄마가 저 멀리 갈 때까지 "엄마, 엄마, 안녕, 안녕~." 한다.

산휘는 이렇게 왔다 갔다 하며 인사하는 것이 재미있는 것 같고, 엄마는 산휘가 자신을 그렇게 불러 대는 것이 좋은 것 같다.

숲 체험

'건강하고 자연 친화적인 학교'로 지정되어 있던 산휘 학교의 교과 프로그램 중 1달에 한 번 정도 숲 체험을 하는 날이 있는데, 그날은 오전 수업이 끝나면 오후에 1시간 정도를 근처에 있는 숲에서 수업을 하기 때문에 교복 대신 갈아입을 편한 바지와 장화, 비옷 등을 함께 챙겨 보내야 한다.

숲 체험은 '자연 속에서의 배움'을 지향하며, 1950년대에 덴마크, 노르웨이, 스웨덴 등 스칸디나비아 지역에서 시작되었다가, 1990년대에 영국에 도입되어 빠르게 여러 학교에서 커리큘럼으로 자리잡았다고 한다. 배움이라는 것이 교실에서만 이루어지는 것이 아니라, 자연과 드넓은 세상 속에서 오감을 자극하며 다양한 새로운 경험을 하면서 문제 해결 능력 등을 키울 수 있다는 생각에 전적으로 공감한다.

숲 체험이 있는 날이면 옷과 장화를 챙겨 가야 한다고 미리 엄마에게 이야기해 주던 산휘의 모습에서, 숲 체험 수업을 기다리는 산휘의 마음을 읽을 수 있었다. 한번은 조금 일찍 산휘를 데리러 갔더니, 숲 체험을 마치고 진흙이 잔뜩 묻은 장화에 우비를 입고 줄을 서서 들어오는 산휘와 친구들의 모습을 볼 수 있었다. 숲에서 무슨 재미있는 일들이 있었는지, 다들 장난기 가득한 얼굴로 교실로 향했다. 수업을 마치고 달려 나오는 산휘에게 "산휘야, 숲 체험 재미있었어? 근데 숲에서 뭐하는 거야?"라고 묻는 엄마의 호들갑에, 산휘는 "벌레 잡고, 나뭇잎도 보고, 다람쥐도 만나고, 따뜻한 코코아도 마시고, 그러는 거야."라며 별일 아니라는 듯 쿨하게 대답하였다.

거미 다리는 몇 개인지 4지선다형 질문에 답을 했던 옛날 초등학교 시험 문제가 대비되며, 산휘가 숲속에서 비에 젖은 나무가 뿜어 내는 풀 냄새를 맡으며, 친구들과 숲속 이름 모를 작은 벌레의 모습을 지켜보고 자연과 세상의 이치를 조금씩 깨달아갔을 그 소중한 시간이 단지 1년만의 짧은 기억으로 남아 있어야 한다는 것이 무척 아쉬웠지만, 산휘가 오래도록 그 숲의 향기와 감촉을 기억하길 기대해 본다.

미스터 맨과 리틀 미스

주변도 둘러볼 겸 주말에 가장 가까운 인근 마을인 고달밍Godalming에 들렀던 적이 있다. 우리와는 다르게 오래된 물건에 대해 가치를 높이 두고, 물건들을 쉽게 버리지 않는, 그리고 쓰던 물건들에 대한 편견이 적은 영국 사람들의 특성 탓에, 동네마다 자선단체 중고 물품 가게charity shop들이 있는데, 고달밍은 그런 중고 물품 가게들이 여럿 모여 있는 동네이다. 가장 먼저 우리가 들렀던 중고 물품 가게에서 산휘와 나는 '미스터 맨Mr. Men'을 처음 만났다. 한국에서 여느 엄마들처럼 아이 교육에 신경을 많이 쓰지는 못했던 터라, 미스터 맨이 영국의 국민 캐릭터이고, 한국에서도 번역이 되어 아이들에게 읽히고 있는 유

명한 영어책이라는 것을 전혀 알지 못했다. 나는 미스터 맨이라는 독특한 캐릭터에 마음을 뺏겼고, 산휘도 엄마의 캐릭터 설명이 재미있었는지 책을 골라보라는 말에 미스터 맨 시리즈 중 미스터 티클(Mr. Tickle, 간지럼씨), 미스터 스트롱(Mr. Strong, 힘센씨)이란 제목의 2권을 골랐다. 비록 쪼들리는 살림이었지만 산휘 책 사는 것만큼은 아끼지 않으리라는 마음으로, 1권에 1~2파운드 정도 하는 중고 책들을 여러 권 샀다.

산휘와 밤마다 잠들기 전에 2권의 미스터 맨을 돌려 읽으며, 침대에서 '티클 공격(간지럼 태우기)'으로 하루를 마감하곤 했는데, 시간이 조금 지나자 산휘가 또 다른 미스터 맨을 사달라고 조르기 시작했다. 책 마지막 페이지에 소개된 여러 캐릭터들을 보며, '이건 어떤 사람이야?'라고 묻기도 하고, 또 팜Pam 선생님 댁에서 미스터 맨을 빌려 와서 읽어달라고 하기도 하였다. 산휘의 미스터 맨에 대한 관심이 커질수록 나는 중고 가게나 인터넷 서점을 자주 들락거리게 되었다. 영어 표현이 쉽지 않아 산휘에게 설명하다가 가끔 막히는 경우가 있었지만, 그럴 땐 은근슬쩍 뉘앙스로 처리하고 얼른 찾아보게 만들었던 미스터 맨은 산휘와 나의 소중한 베드 타임 스토리이다.

TIPS

미스터 맨

영국 작가 로저 하그레브스Roger Hargreaves는 어릴 때부터 그리기에 재능을 보여 만화를 자주 그리곤 했다. 성인이 되어서는 광고업계에서 성공한 카피라이터로 이름이 났는데, 아빠가 되면서 아이들을 위한 책을 만들고 싶다는 생각을 했다고 한다. 1971년, 아들이 "간지럼은 어떻게 생겼어요?"라고 묻는 말에 로저는 큰 영감을 받게 되었고, 그렇게 해서 '미스터 맨' 시리즈의 첫 번째 책인 '미스터 티클'이 탄생하게 되었다. 이후 다양한 캐릭터의 미스터 맨이 탄생하게 되었고, BBC 방송, 신문 등을 통해 선풍적인 인기를 얻게 되면서, 미스터 맨은 우리나라의 뽀로로처럼 영국의 국민 캐릭터가 되었다.

[참고: https://www.mrmen.com/about/]

방과 후 프로그램

스토튼으로 전학한 후 생활이 어느 정도 안정을 찾아가고 있었다. 배려심 깊은 여자 친구 수지가 산휘를 도와 주고 있었고, 맏형 같은 리오는 산휘의 점심 파트너가 되어 있었으며, 장난기 많은 여자 친구 그레이스는 쉬는 시간 산휘의 플레이메이트로, ….

나의 대학원 학기가 진행되면서 쏟아지는 과제를 완수하기 위해 가급적 많은 시간을 확보해야 했던 상황이어서 산휘가 학교 마치는 시간을 늦출 수 있는 방법을 찾게 되었고, 산휘 학교의 방과 후 프로그램을 활용해 보기로 했다. 우선 가장 큰 난관은 산휘 설득하기! 땡! 하고 학교 끝나기만을 기다리는 산휘에게 무슨 이유이든 1시간 더 학교에 있어야 하는 상황을 이해시키고 받아들이게 할 수 있을까 걱정이 앞섰다. 그래도 산휘에게 방과 후 프로그램을 나열하며 차근차근 설명했다. 가라데, 댄스, 도지볼(피구), 축구 등. 프로그램 각각의 매력적인 요소들을 열거했지만 산휘는 시큰둥하다. 이제는 협박 작전! 산휘가 방과 후 프로그램을 듣지 않으면 그 시간만큼 '쿠사(KOOSA Kids, 사설 돌봄 기관 프로그램)'에 가 있어야 하는 시간이 더 늘어난다고 하여, 지금 생각하면 좀 야비한 협박이었지만, 산휘의 마음을 움직였다.

영국은 우리나라처럼 방과 후에 수학, 영어, 국어 등의 학습을 위한 학원은 찾아볼 수 없고, 방과 후 프로그램도 주로 운동 프로그램이다. 개인적으로 추

가하여 시키는 경우에도 수영, 축구 등 주로 몸으로 하는 스포츠 활동을 많이 시킨다. 그 흔한 피아노 학원이나 미술 학원도 구경하기 어렵다. 산휘 아빠는 영국이 축구의 나라니까 영국에서 제대로 된 축구를 배워갔으면 하는 바램으로 꼭 축구를 시키고 싶어했고, 나는 겨울이 다가오니 실내에서 하는 운동이면서 여러 친구들과 함께 어울릴 수 있는 운동인 피구가 좋겠다고 생각했다. 엄마, 아빠 각각의 계산에 의해 산휘는 결국 방과 후 수업으로 축구와 피구를 선택했다. 축구를 위해 필요한 신가드, 축구화, 축구 양말 등 매주 하나씩 장비는 늘어갔지만, 산휘의 축구 실력은 회를 거듭해도 그대로였다. 축구의 룰도 잘 알지 못하고, 코치가 영어로 하는 설명을 제대로 알아들을 수 없었을 것이어서, 산휘는 그저 친구들이 뛰면 함께 뛰고, 멈추면 함께 멈추었다. 가끔은 골키퍼로 서 있다가 돌연 골문을 비우고 뛰어나가 골을 내주기도 하고, 자기편 골대에 골을 넣고 좋다고 소리치다 친구들한테 욕을 먹기도 했다.

피구 수업이 있는 날이면 체육복을 입고 나오는데, 반팔에 반바지이다. 한겨울에도 여기 아이들은 반팔에 반바지 체육복을 입고 교문을 나선다. 겨울에 두터운 내복에 목도리를 꽁꽁 싸매고 다녀도 감기에 걸려 골골 대던 산휘라, 피구 수업이 있는 날에는 집까지 5분밖에 걸리지 않았지만, 미리 긴 바지를 챙겨갔다가 수업이 끝나면 갈아입힌 후 똘똘 싸매고 집으로 데려왔다. 하지만 시간이 갈수록 산휘는 점점 현지화되었고, 반바지 차림에 점퍼 하나만 걸치고도 거뜬하다며 긴바지 입기를 거부하기 시작했다. 그렇게 하루하루 산휘는 영국의 겨울에, 학교 생활에 적응해 나가고 있었다.

박물관

영국에 살면서 가장 큰 혜택이라고 여겼던 것 중 하나가 대부분의 박물관 입장료가 무료라는 것이었다. 그것도 세계에서 손꼽히는 규모의 박물관들이 말이다. '로제타 스톤', '이집트의 미라' 등이 있어 더욱 유명한 영국박물관 British Museum에서부터, 트라팔가 광장에 위치한 런던 내셔널갤러리The National Gallery, 영국의 과학 기술사를 보여 주는 런던 과학박물관The Science Museum, 대형 공룡 뼈, 지구 형성 과정, 각종 멸종 동물 이야기 등이 전시되어 있는 자연사박물관Natural History Museum 등. 지나가다 여기저기서 나의 시선을 사로잡는 박물관 광고판에 담긴 전시물들을 보면 '모든 사람들의 구미를 당길만한 저런 전시가 어떻게 무료일 수 있을까'라는 생각이 든다. 길퍼드에서 런던까지 가는 교통비가 만만치 않지만 이런 박물관 호사를 전시 산업에 종사하는 내가 놓칠 수 있으랴! 나는 여건이 허락하는 대로(물론 그 여건이 결코 호락호락하진 않지만) 런던에 있는 전시장으로 달려갔다.

하루는 런던 사치갤러리The Saatchi Gallery에서 평소 꼭 보고 싶었던 '샤넬 마드

모아젤 프리베Mademoiselle Prive' 전시가 있어서 산휘를 데리고 런던으로 갔다. 첼시에 있는 사치갤러리가 켄싱턴에 있는 자연사박물관과 런던 과학박물관과도 가까운 곳이어서 산휘에게도 관심 있을 법한 박물관의 다양한 콘텐츠를 보여 줄 수 있을 것이라고 생각했다. 6살인 산휘에게는 엄마가 열정적으로 들려 주는 지구의 맨틀, 지진 현상, 공룡이 갑자기 멸종하게 된 이유 등에 대한 설명이 이해하기 힘들었겠지만, 그래도 자연사박물관에서 본 어마어마한 크기의 공룡 뼈와 과학박물관에서 본 우주복 입은 아저씨와 달 탐사선 모습이 인상적이었는지, 돌아가는 기차 안에서 공룡 이야기와 달 이야기를 꺼냈다.

과학 분야의 노벨상 수상자에 영국인 또는 영국 출신의 이민자가 거의 매년 이름을 올리는 것을 보면, 그 저력이 언제든 마음만 먹으면 갈 수 있는 이렇게 훌륭한 박물관과, 아이들 손을 잡고 박물관 내의 자연과학을 자연스럽게 즐길 줄 아는 영국인들의 문화가 적지 않은 관계가 있을 것만 같다. 나도 오늘은 왠지 산휘를 위해 훌륭한 엄마 역할을 한 것 같다. 보고 싶은 유물, 미술품, 전시회 등 다양한 콘텐츠들이 무료로 널려 있어서 시간만 있으면 언제든지 볼 수 있는 이 도시가 부러운 하루였다.

5 IS THE GRAMMAR OF A STYLE. IT IS THE GRAMMAR OF
HANEL FRAGRANCES. IT'S A REVOLUTIONARY FRAGRANCE
PECIALLY IN ITS ABSTRACTION WHICH OPENED THE WAY TO
HE MODERN PERFUMERY. THE MYSTERIOUS COMPOSITION
F ITS FLORA ACCORDS OUT ANY REFERENCE AN
ENTIFIED F ER, GABRIELLE
DISPUTAB ED RFUMERY
YEAR THE
5 WAS T
ASHION D

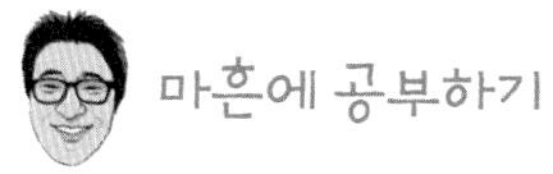

수업 중간에 짬이 나서 홍범이(29세), 성혁이(37세)와 함께 식사를 하고 나서 주변의 커피숍에 들어갔다. 아직 20대인 홍범이가 조심스럽게 물었다.

“형님들, 제가 진짜 궁금해서 묻는데요. 나이가 들면 공부가 잘 안된다고 하잖아요. 정말 그런 거에요? 진짜 잘 안되나요?”

이 질문에 대해 아직 30대인 성혁이와 이제 40대가 된 내가 꽤나 다르게 답했던 것 같다. 성혁이는 홍범의 질문에 적극 맞장구치며 본인이 요즈음 공부하면서 얼마나 힘든지를 예를 들어가며 설명했다. 40대인 나는 “아직까지는 그렇게 학습 능력이 떨어지는지 크게 모르겠다”며 성혁이에 비해서는 자신감을 보였다. 하지만 나중에 생각해 보니, 그것은 진짜 멀쩡해서 그랬던 것이 아니라, 내 스스로를 점검해 볼 경험이 없어서 정말 문제가 있는지 몰랐던 것이었다. 이렇게 스스로 큰 오해를 한 이유는 첫 번째로 대학을 졸업한 후에 압박을 받으며 정해진 시간 안에 어떤 결과물을 내야 하는 공부는 최근의 IELTS 영어 시험이 거의 유일했던 것 같고, 두 번째로 그래도 나름대로 책도 꾸준히 읽고 신문도 보면서 머리에 기름칠은 열심히 하고 있다고 생각했기에 아직은 쓸만할 것이라고 착각을 한 것 같다. 영국에서 공부하는 동안 나는 학습 및 학업 능력이 현격히 떨어졌음을 1년 동안 착실하게 이 친구들에게 증명해 보였으며, “너네 도움 없으면 나 큰일 난다. 잘 좀 챙겨줘.”라고 하며 큰 형님의 측은한 근성을 꾸준히 보여 주었다.

일도 하고 애도 봐야 해서 공부할 시간이 절대적으로 부족하고, ‘학부 때 전공과는 전혀 상관 없는 공부를 하고 있어서’라는 그럴듯하게 들리는 이유를 제외하고서라도, 나 스스로 부인할 수 없는 뒤처지는 능력이 적지 않았다.

첫 번째로 학교의 인트라넷에 적응하는 것부터가 꽤나 더뎠다. 다른 애들은 빠릿빠릿하게 잘만 챙기는데 나는 언제나 "형, 그거 학교 인트라넷에 들어가면 있어요."라는 말을 들어야 했고, 그때마다 한국 동생들에게는 "진짜가?"라고, 외국 친구들에게는 "Oh, really?"라고 답했다. 왠지 잘 모르겠지만 이유를 알 수 없는 이 갑갑함이란 ….

두 번째로는 자료 검색 능력과 IT 기술이다. 수업 시간 중이나 같이 얘기하다가 모르는 부분이 나오면 그 자리에서 바로 인터넷이나 스마트폰으로 검색을 하고, 대략이나마 그 자리에서 이해를 하고 그것을 메모해 두는 외국 친구들이 참 인상적이다가, 수업 시간에 다운 받은 파일 위에 노트북으로 필기하며 필요한 정보를 인터넷에서 바로 찾아 메모까지 하고 수업이 끝남과 동시에 나 같은 인간에게 이메일로 쏴 주는 그 스피디한 서비스에는 정말 감탄을 금치 못했다. 물론 이것은 영어 능력 없이는 불가능하기도 하다. 옆 자리에 앉은 조카뻘의 태국 여자 친구가 여느 때처럼 열심히 노트북으로 필기와 검색을 창을 바꿔가며 현란하게 하고 있었다. 역시 여느 때처럼 그 모습에 감탄하고 있다가 넌지시 물었다.

"너는 랩탑에 필기하는 게 편하니?"

"꼭 그런 건 아니야. 과목에 따라서는 프린트하기도 해. 그런데 학교 프린트 값이 너무 비싸! 너는 프린트해서 필기하는 게 편해?"

"응, 나는 돈이 많아!"라고 말하며 피식 웃었지만, 꼬박꼬박 비싼 돈 들여 프린트해서 무겁게 다니는 나라는 인간은 참으로 비효율적이고 불편하게 산다. 어쩐지 사는 게 무겁더라.

세 번째로 내가 부러웠던 것은 역시 '질문'이다. 조금 더 구체적으로 말하면 아는 것을 확인하고 좀 더 알려고 하는 질문 말고, 모르는 것을 모르겠다고 하는 질문이 그랬고, 또 질문 중에 다른 사람들 생각하지 않고(이건 뭐 일단 손부터 들은 다음에 질문을 생각하는가 싶을 정도로) 천천히 생각하면서 하는 질문이 그랬다. 영어가 능숙해서 부러웠고, 주변의 눈치를 보지 않고 자기 생각을 말할 줄 알고 질문하는 그 당당함이 부러웠다. 나의 질문은 많지도 않았지만 그 하나하나가 언제나 스스로와 몇 번의 연습 끝에 나온 수줍은 것들이 대부분이었다. 마흔이 넘어도 부끄러워하는 내가 참 부끄럽다. 조금만 덜 수줍어하고 덜 부끄러워하면 세상에 할 수 있는 많은 일들이 생길텐데.

학기 초에 신선하고 강한 자극을 좀 받고 나니 슬슬 내성이 생겼다. 내가 못하고 뒤처지는 것에는 적당한 변명거리가 생겼다. 내가 취약하고 못하는 대부분은 나이가 들어서가 아니라 원래 못하던 것이었다. '나이'라는 좋은 핑계가 생기는 것뿐이지. 그런데 이 부족한 부분도 남들보다 조금 더 꾸준히 연습하면 적당히 감추어지기도 하고 개선도 된다. 그리고 사실 지내다 보니 내가 조금, 또는 경우에 따라서는 훨씬 더 나은 부분도(딱 부러지게 말할 수는 없지만) 간혹 있는 것 같았다. 다행스러운 일이다.

이제 공부도 다 마치고 학위도 받았으니 그때 홍범이가 했던 "형님, 나이 들면 공부가 잘 안되나요(머리가 잘 안 돌아가나요)?"라는 질문에 좀 더 정확한 답변을 할 수 있을 것 같다.

"결혼도 하고 애도 생기고 신경쓸 일이 좀 많아서 그렇지만, 그래도 난 여전히 문제 없어!"

1년 간의 학위 과정 동안 징징대던 나에게 학교 과제에서부터 매학기 예상 시험 문제까지 건네 주던 동생들(성혁, 용환, 홍범, 원우)도 이번 만큼은 같이 모여서 나의 뒷담화를 해댈 것 같다.

"문제가 없긴 무슨! 저 형, 완전히 뺑쟁이 아냐?"

프렌즈 인터내셔널 모임

학교 생활 외에 영국에서 우리가 꾸준히 참가했던 모임에는 매주 일요일 오전 현지 교회의 예배, 매주 목요일 저녁 현지 한인 유학생들의 성경 공부 모임, 기독교인들이 자발적으로 모여 외국인 유학생들을 대상으로 다양한 프로그램을 운영하고 있는 프렌즈 인터내셔널Friends International 모임 등이 있었다. 어쩌다 보니 전부 종교적인 색깔을 띤 모임이었지만, 한국에 있을 때 떠올렸던 종교의 느낌과는 사뭇 달랐기에 나름의 이유로 우리는 그 모임에 꾸준히 참석하였다.

일요일마다 집 근처에 있는 엠마뉴엘 교회에 갔던 것은 그것이 일주일에 한 번 만나는 동네 사람들 모임과도 같았기 때문이다. 다같이 노래 부르고, 유머스러운 젊은 여자 목사님, 그리고 젠틀한 남자 목사님이 들려 주는 이야기는 우리가 삶을 어떻게 살아야 할지에 대한 일반적인 교훈과도 같은 이야기였다. 목요일 저녁마다 모이는 한인 성경 공부 모임은, 현준 씨나 나에게는 일주일 동안 타지에서 젊은 사람들 틈에서 공부하며 쌓인 스트레스를 푸는, 게다가 맛있는 한국 음식까지 먹을 수 있는 일종의 '고향' 같은 만남이었고, 산휘에게는 동생들과 정 많은 이모, 삼촌들의 사랑을 듬뿍 받으며 온전히 한국의 6살 개구쟁이 아이로 돌아갈 수 있는 유일한 시간이었다.

프렌즈 인터내셔널 모임에 가면 각자의 사연을 갖고 영국을 찾은 다양한 국적의 학생들을 만날 수 있었고, 또 우리처럼 가족 단위의 유학생들도 있어서, 산휘 또래의 친구들도 만날 수 있었다. 여성들만 모여 티타임을 가지며 영국 문화를 주제로 이야기하는 소그룹도 있었고, 남성들만 모여 볼링을 치거나 슈퍼카를 구경하는 그룹도 있었다. 그리고 주말이면 가족 단위로 인근 호수나,

내셔널 트러스트에 속한 곳들을 방문하곤 했다.

우리는 엄마와 아빠가 모두 공부하는 유일한 유학생 부부였기에, 다른 유학생 부부나 영국 부모들처럼 주말마다 산휘와 함께할 프로그램을 계획하기에는 물리적으로나 심적으로 부담이 컸다. 그런 우리 부부에게 프렌즈 인터내셔널의 가족 프로그램은 영국 현지 문화를 경험하고, 보다 자연과 가까워지는 계기를 마련해 주었다.

집안 곳곳에 오래된 피아노가 놓여 있던, 그중 일부는 쇼팽, 베토벤, 바흐 등이 직접 연주했던 피아노라는 말에 깜짝 놀라며 가슴 떨려 하며 지켜보았던 길퍼드 근처의 '해치랜드 파크Hatchlands Park'도 함께 갔고, 실내와 실외에 동물과 놀이 시설을 함께 갖춘 가족형 농장인 '버킷 팜Bockettes Farm'에 가서 트랙터를 타기도 하고, 동물들도 직접 만져도 보고, 손에 땀을 쥐며 피그 레이스pig race를 구경했던 기억도 남아 있다. 산휘는 아직도 "엄마, 내가 응원했던 블루 리본 돼지가 아슬아슬하게 2등 했어, 그때 루스 할머니가 내 돼지를 같이 응원해 줘서 힘이 났었어."라고 하며 그때의 기억을 떠올리곤 한다.

자기 나라에 온 낯선 이들을 위해 자신의 시간과 마음을 나누는 프렌즈 인터내셔널의 친절하고 소박한 사람들의 모습을 보면서, 나는 과연 내 나라에 찾아온 이방인들을 위해, 그리고 내 이웃을 위해 어떻게 살아왔는지 되돌아보게 되었다. 한국으로 돌아가면 조건 없이 내가 받은 이 친절함과 따뜻함을 또 다른 누군가에게 전할 기회를 마련해 보리라고 나 자신에게 약속해 본다.

핼러윈데이

10월의 마지막 날인 핼러윈데이Halloween day를 맞아 유민이네, 다안이네와 함께 윔블던에서 함께 시간을 보내기로 했다. 핼러윈데이의 기원에 대해서는 여러 가지 설이 있지만, 500년 경 아일랜드 켈트족의 풍습인 삼하인Samhain 축제에서 유래되어 영국으로 전해졌다는 것이 일반적인 설이다. 삼하인 축제날에 귀신들이 긴 겨울 활동을 위해 되살아난다고 생각했고, 그 귀신들이 찾아오지 않도록 하기 위해 최대한 자신의 집을 사람이 사는 집이 아닌 것처럼 보이도록 거미줄을 드리우거나 문에 ×자 표시를 하는 등, 으스스한 분위기로 집을 꾸미곤 한다. 그 기원과 구체적인 의미야 어떻든, 여전히 영국에서는 핼러윈데이가 되면 아이들과 일부 어른들은 핼러윈 분장을 하고, "Trick or Treat(과자를 안주면 장난칠 거예요)!"라고 외치면서 이웃집 문을 두들긴다. 핼러윈 분장을 한 아이들을 맞을 준비가 되어 있는 집들은 대문 앞에 호박 랜턴에 불을 켜 놓고 아이들을 기다린다. 전통을 따르는 것이긴 하지만, 이웃 아이들을 위해 사탕을 준비하고, 각양각색의 따뜻함으로 아이들을 반갑게 맞아 주는 여기 사람들의 여유가 참 부럽다.

윔블던의 유민이네 집에서 핼러윈데이를 같이 보내기로 약속은 했지만, 뭘 어떻게 준비해야 할지 몰라 고민하다 근처 테스코를 방문하니 핼러윈데이를 맞아 얼굴 분장 세트부터 장신구들까지 각종 아이템들이 즐비했다. 조그마한 분장 세트 하나를 사 들고 집에 와서 산휘 얼굴을 도화지 삼아, 처음에는 고양이를 그리려다, 음…, 괴기스럽다기보다는 아주 우스꽝스러운 분장이 되어버렸다. 찬빈이가 남기고 간 검정 망토와 해골 가면을 들고 윔블던으로 향했다. 그 당시만 해도 부끄러워 잘 나서지 못했던 산휘였던지라 처음에는 쭈뼛쭈뼛하며 겨우 유민이 누나 뒤를 따라만 다니다가, 마스크 뒤에 소심한 자신의 모습을 감추어서였는지, 나중에는 호박 랜턴이 걸려 있는 집을 먼저 찾아가 trick or treat을 외치며 이 골목 저 골목을 누비고 다녔다. 전쟁에서 승리한 개

선장군처럼 바구니 한가득 사탕을 모아 와서는 뿌듯한 얼굴로 어른들에게 하나씩 나누어 주었다.

싸늘한 밤바람과 함께 이집 저집 문 앞에서 노크하던 핼러윈의 괴기스럽고 장난스러움은 따뜻한 집안으로 장소를 옮겨오면서 코믹함으로 바뀐다. 그림 그리기를 좋아하는 유민이는 산휘 아빠 얼굴에다 분장을 해 댔고, 그 분장된 얼굴로 각각 3살, 6살, 9살인 아이들을 모아놓고, "짜장면 시키신 분!"이라는 멘트로 마무리되는 무서움을 가장한 우스갯소리를 들려 주는 산휘 아빠의 유치한 이야기로 우리의 단란했던 핼러윈데이는 저물어 갔다.

일상 5 엄마와 아들

어릴 적 내 머리 모양이 마음에 들지 않아 스스로 가위로 내 머리카락을 자른 적이 있다. 물론 감당할 수 없을 정도로 엉망이 되어 버려 어쩔 수 없이 미용실에 갔다. 미용실 아주머니가 깜짝 놀라며 누가 머리를 이렇게 했냐고 물었다. "엄마요." 그때 왜 그런 거짓말을 했는지는 알 수 없다. 어쨌든 우리 엄마는 내가 그렇게 싫다는 데도 한 번씩 내 머리를 손수 깎아 주셨다. 뒷뜰에서 미영 씨가 산휘 머리를 손봐 주는 모습을 보면서 그 시절 나와 실랑이를 벌이던 엄마 모습이 생각났다.

청소하다가 우연히 구두 안쪽에 미영 씨가 'SANHUI'라고 멋지게 쓴 이름을 발견했다. 초등학교 때 나의 ET 가방 안쪽에 한자로 박현준朴賢峻이라고 쓰여진 것을 우연히 발견했다. 아빠가 쓴 것이었다. 이 구두를 보면서 아빠 생각이 났다. 미영 씨가 산휘에게 어릴 때 우리 엄마와 아빠의 역할을 하고 있다. 나는 무엇을 하는 인간인가? 아빠인가, 동네 아저씨인가?

산휘가 살아가는 법

산휘가 집 가까운 학교로 전학하고부터는 시간이 허락하면 꼭 산휘를 학교까지 데려다 주려고 했다. 집에서 걸어서 겨우 5분 거리이지만 아이 손을 잡고 가는 그 시간이 참 좋았고, 교문을 들어서 교실까지 가는 동안 다양한 모습의 아이들과 엄마, 아빠를 스치며 구경하는 것도 나에게는 작은 재미였다. 아이를 등교시키고자 했던 또 다른 이유는 유독 이때 아이가 나를 필요로 한다는 것을 알았기 때문이다. 교실이 있는 건물 입구에서 대부분의 엄마, 아빠들은 애들을 들여 보내는데, 산휘는 나를 끌고 몇 아이들의 "하이, 산휘! 하이, 산휘!" 하며 인사하는 소리에도 아무 대꾸 없이 교실 입구까지 내 손을 놓지 않았다. "산휘야, 이제 들어가. 오늘도 재미있게 보내."라고 하면 산휘는 양팔을 내 얼굴 쪽으로 올렸다. 안아 달라는 말이었다. 몸을 깊이 숙이고 아이의 어깨를 감싸면 양 볼에 입을 맞춰 주었다. 언제부터인가 집에서 내가 뽀뽀라도 하면 눈치를 보다가 자기 입과 볼을 소매로 몇 차례나 재빨리 닦아버리는 모습과는 딴판이었다. 산휘의 평소와 다른 과분한 애정 표현이 몇 차례 계속되자 아이의 입맞춤은 나 좋으라고 해 준 입맞춤이 아님을 어렵지 않게 알 수 있었다. 산휘의 평소와 다른 애정 표현은 교실 주변의 아직은 낯선 친구들에게 보여 주기 위한 것이었다. '나도 우리 편이 있어!'라는 …. 입맞춤을 끝내고도 산휘는 유일한 자기 편이 반 친구들 앞에서 쉽게 사라지는 것을 좋아하지 않았다. 그래서 다시 교실 밖으로 나가서 창문에서 자기를 보고 한참 동안 서 있다가 가라고 했다. 나는 창 밖에서 열심히 손을 흔들고 큰 입 모양으로 '화이팅!'을 외쳤다. 아이는 훔쳐보듯 휙 한번 창문 쪽을 보고 내가 있음을 확인한 후 교실 안을 여기저기 왔다 갔다 하다가 다시 한번 창문으로 시선을 던지며 자기 편이 여전히 밖에 있음을 확인했다. 그것으로 끝이다. 나는 집으로 발길을 돌렸다. 아이들도 천성이라는 것이 있을 것이다. 산휘는 원래 내성적이고 혼자 노는 것을 좋아하는 아이일 수도 있다. 그렇지만 아이 스스로가 그 꼬마들만의 세계에 큰 마음의 부대낌 없이 적응할 수 있도록 교육도 하고 연습도 시키는 것은 부모의 몫이다. 하지만 우리 집의 경우에는 아빠인 내가 지난 3년 간 식구들과 떨어져 지내면서 그런 역할을 전혀 해 주지 못하여 아이가 더욱 힘들어 하는 것은 아닌지 왠지 마음이 짠하며 미안해진다.

스토튼 스쿨로 옮긴지 1달 정도 지난 어느 날 산휘 엄마가 신이 나서 나에게 연락해 왔다. 수지라는 아이의 엄마를 아침에 만났는데, 수지가 산휘와 '플레이 데이트'를 하고 싶어한다는 것이었다. 수지가 산휘를 너무 좋아한다면서…. "그래? 진짜가?" 산휘가 무슨 큰 일이라도 해낸 것처럼 느껴져 나도 덩달아 기분이 좋아졌다. 산휘도 매일 "수지는 우리 집에 언제 와? 몇 밤 남았어?" 하며 첫 데이트를 기다리며 설레어 했다. 드디어 수지가 우리 집에 놀러 오는 날이 되었다. 나는 런던에 있으면서도 '이 녀석이 잘할까? 혹시 또 친구가 왔는 데도 어울리지 않고 혼자 놀면 어쩌나?' 기대 반, 걱정 반이었다. 산휘 엄마는 수시로 현장 사진과 동영상을 날리며 문자 중계를 했다. 뭘 했는지는 모르겠으나 태권도복을 입고 있고 둘이 껴안고 있는 사진도 있다. 산휘 엄마가 때로는 통역도 해 주면서 중간 다리 역할을 해 주었긴 하지만 대체로 둘이서 재미있게 좋은 시간을 보냈던 것 같다. 물론 때로는 산휘가 수지를 내버려 두고 혼자 한참 동안 딴짓을 해서 엄마가 화도 나고 당황하기도 했다지만 그런대로 첫 플레이 데이트는 성공적이었다. 그리고 다시 내가 산휘를 등교시키는 아침이었다. 어떤 젊은 엄마가 나에게 오더니 내가 산휘 아빠냐고 물었다. 그리고는 "그레이스가 항상 산휘 이야기를 해요. 다음 주 방과 후에 플레이 데이트 어때요?"

"정말요? 좋죠. 고마워요. 산휘 엄마한테 이야기해서 연락 드리라고 할게요."

아내에게서 듣는 것보다 직접 내가 이런 말을 들으니 더욱 반가웠다. '아직 의사소통도 전혀 못하는 우리 아이가 무슨 매력(?)이 있길래 이 귀여운 여자애들이 자꾸 데이트 신청을 할까?' 기분 좋은 웃음이 자꾸 나왔다. 며칠 후 등·하굣길을 오가면서 자연스럽게 예쁜 수지도 만나고, 말괄량이 그레이스와도 이야기하게 되었다. 둘 다 산휘가 좋다는 것이다. 왜 산휘가 좋은지 물으니 "산휘는 정말 재미있어요. 그리고 아주 귀여워요!"라고 했다. 의외였지만 나도 재미있고 궁금했다. 학교에서는 어떻게 변신하길래 다른 애들 근처도 잘 안가고 늘 혼자만 있는 녀석이 웃기고 귀엽다고 하는 건지? 이 궁금증은 며칠 뒤 그레이스와 플레이 데이트를 하며 찍은 사진을 보고 어느 정도 풀렸다. 귀신 가면을 쓰고 "캬악!" 하며 그레이스를 도망가게도 하고 끌어안기도 하며, 태권도복을 입고서는 이제 노란띠인 녀석이 시범도 보이는 것이었다. 이제 6살 산휘는 이처럼 본인이 할 수 있는 방법으로 자신을 드러내고 친구들 사이에 들어가는 노력을 하고 있었다. 이 꼬마가 요즈음 살아가고 있는 방법이다.

어느 날 산휘가 '실리silly'가 무슨 말이냐고 물었다. 산휘 엄마는 깜짝 놀라 누가 그랬냐고 하니 같은 반 친구 하나가 자기한테 실리(바보같은)라고 했다는 것이다. 그래서 어떻게 했냐고 물으니 산휘는 그냥 웃었다고 했다. 옆에서 듣고 있던 나는 별 말을 할 수가 없었다. 아마 또 그만의 다른 방법을 만들어 친구들 속으로 들어가려 했는데 이번에는 잘 되지 않은 것 같다. 누구도 알려 주지 않은 그만의 비법을 가지고 때로는 성공하고 또 때로는 실패하며 이 꼬마는 작은 세상을 살아가고 있다.

산휘야, 아빠는 너를 항상 응원한다!

일상 6 산휘는 요리사

영국에 와서 꼭 하고 싶었던 것 중 하나가 산휘와 함께 요리를 하며 도란도란 이야기도 나누면서 엄마와 아들의 정을 돈독히 하는 것이었다. 마침 친구도 없이 매일 엄마와 붙어 있느라 심심해 하던 산휘에게 초코머핀을 만들어 보자고 제안했다. 즉흥적으로 인터넷을 뒤져 머핀 만드는 법을 펼쳐놓은 다음 계란, 밀가루, 우유, 버터 등을 꺼내어 반죽을 하고, 반죽 위에 산휘가 좋아하는 초콜릿도 얹어 오븐에 넣었다. 한국에서 요리를 거의 해 본 적이 없는 나는 오븐을 사용하는 방법도, 재료들의 계량을 어떻게 해야 하는지도 몰라 허둥댔지만, 산휘와의 놀이 그 자체로 더없이 행복했다. 어떤 맛의 빵이 나올지 궁금해하며 기다리다가 드디어 완성된 빵을 산휘와 함께 한 입 베어 물고 내린 결론!

"저녁에 아빠 오면 다 드리자!"

"응, 엄마. 좋은 생각이야!"

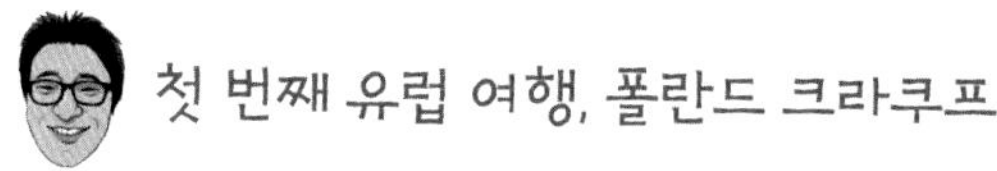

첫 번째 유럽 여행, 폴란드 크라쿠프

'무조건 짬을 내서 유럽의 여기저기를 여행해야 한다'는 아내의 계획(처음에는 우리의 계획이었음)은 어줍잖은 나의 학업으로 인해 계속해서 예약과 취소를 거듭했다. 아내는 자신과는 다르게 여러 가지 일을 한꺼번에 하지 못하는 내가 답답하고, 무엇이 더 중요한지 알지 못하고 가족과 같이 시간을 보내는 게 항상 뒷전인 내가 못마땅했을 것이다. 아내가 서서히 스팀을 뿜어 댔다. 뭔가 액션을 취하지 않으면 곧 큰 사고가 날 것이라는 시그널이자 마지막 배려이다. 이렇게 내가 쫓기듯 야심차게 준비한 곳이 폴란드의 크라쿠프Krakow이다. 사실 크라쿠프는 충분한 인터넷 검색 및 주변에 있는 여행 덕후들로부터의 귀동냥을 통해 결정한 곳이 아니다. 내가 초등학교 2~3학년 때, 언제나 서로의 집 앞에서 "행님아, 노올자!", "현준아, 노올자!" 하며 불러 내던 동네 형님이 이곳 크라쿠프에 살고 있기 때문이었다.

나의 뜻밖의 제안에

"폴란드? 그곳에 가면 뭐가 있어?"

"음, 아는 행님이 있어."

"그곳은 뭐가 유명한데?"

"행님이 그라는데 관광지라던데?"

나의 준비 없고 대책 없음에 아내는 말을 잇지 못하였다. 그런데 정말로 그것이 전부였다. 내가 크라쿠프에 대해 아는 것은 '훈이 행님'이 크라쿠프에 산다는 것뿐이었다. 어쨌든 이렇게 해서 11월 6~9일 주말을 이용하여 우리의 첫 번째 해외 여행, 폴란드 크라쿠프 여행이 시작되었다. 런던에서 비행기로 2시간 반 정도 걸리는 크라쿠프의 11월은 소문대로 추위가 예사롭지 않았다.

추위는 두툼하게 껴입은 옷 사이를 쉽게 파고들어 속살을 찔러 댔고, 퇴근하는 훈이 형님을 만나기로 한 저녁 시간까지 어떻게 버텨낼지 걱정이었다. 우리는 먼저 중앙역 부근으로 가서 시가지 전체가 유네스코 문화유산으로 지정되어 있는 올드 타운으로 가기로 했다. 올드 타운으로 들어서면서 여기저기 즐비한 가판대와 '공중 부양'을 하며 궁금증을 불러 일으키는 사람들에 시선을 빼앗겨 한참 동안이나 카메라를 들이댔고, 귀 익은 샹송 소리를 따라 중앙 광장으로 들어갔다. 그런데 유럽에서도 두 번째로 크다고 할 만큼 시원하게 뻥 뚫려 있는 크라쿠프 중앙 광장은 얼마 되지 않아 우리를 추위와 강한 바람으로 몰아냈다. 추위에 약한 아내는 너무 힘들어 했으며, 산휘까지 코를 훌쩍거렸다. 역시 겨울에는 따뜻한 곳으로 가야한다던 친구들의 말이 맞았던 것인가?

크라쿠프 광장에서

우리는 광장에서 얼마 떨어져 있지 않은 유명한 폴란드 전통 음식점에 원래 계획보다 두어 시간 빨리 추위를 피하기 위해 들어갔다. 음식 맛이 좋아 현지인도 많이 찾는다는 폴란드 전통 음식점이라고 했는데, 돌이켜 보면 그 레스토랑의 따뜻한 분위기와 아늑함에 몸 속에서 녹아내리던 추위만 기억날 뿐 뭘 먹었는지는 잘 기억나지 않는다. 레스토랑을 나와서도 훈이 형님 집에 들어갈 때까지 계속해서 추위를 피해 이 상점 저 상점으로 피한避寒했고, 상점을 한두 곳 거치면서 산휘는 없던 장갑이 생기고 목도리가 생겼다. '이게 뭐야, 박돌! 처음부터 호텔을 잡지, 이 인간아!'라고 아내가 말을 하지는 않았지만 나는 다 들을 수 있었다. 조금만 더 있으면 아내가 몇 분 후에 나를 공격할지도 알 것 같다. 다행히 나에게 이런 초능력이 현실화되기 전에 우리는 훈이 형님 집에 들어갈 수 있었다. 형님은 아직 퇴근 전이었고 형수님과 아이들이 먼저 우리를 반겼다. 현관에 들어서자마자 산휘보다 각각 한 살, 두 살 많은 도경이와 지민이가 큰 소리로 "안녕하세요?" 하고 정중하게 인사하는데, 뒤에서 교육을 받은 것 같았지만 '꼬마들한테 반할 수도 있겠구나'라고 생각될 정도로 정말 예의 바르고 예뻐 보였다. 부산 연지동에서 아무렇게나 자랐던 훈이 형님과 나와는 달랐다. 아이들을 보니 왠지 형님의 인생이 크게 성공한 것 같았다.

곧이어 훈이 형님이 들어왔고, 형수님이 준비한 삼겹살과 김치찌개, 그리고 오랜만에 만나는 소주 몇 잔에 중앙 광장에서의 추위는 완전히 사라졌다. 7~8년만에 만난 우리는 30년 전 그랜다이저와 로버트 태권 브이를 얘기하던 시절로 돌아가기도 하고, 곧 다시 마흔이 넘은 아저씨, 아줌마로 돌아와 폴란드와 크라쿠프를 이야기하기도 했다. 폴란드는 광물자원도 풍부하고 제조업 기반의 기술력도 탄탄하여 최근 부진한 다른 유럽 국가들과는 달리 5% 정도의 높은 경제성장률을 유지하고 있고, 외국의 투자 또한 많이 일어나고 있는 국가이다. 크라쿠프에는 LG전자를 비롯하여 한국의 여러 기업들도 적지 않게 들어와 있고, 훈이 형님도 일본계 회사에서 파견을 나와 벌써 3년째 이곳에서 일하고 있다고 했다. 크라쿠프는 1569년 바르샤바가 새로운 수도가 되기 전까지 오랜 기간 동안 폴란드의 수도였고, 특히 문화와 예술의 중심지여서 폴란드 내에서도 인기가 많은 도시이고, 최근 우리나라 피아니스트인 조성진이 우승한 쇼팽 피아노 콩쿠르도 얼마 전 이곳에서 열렸다고 했다. 나는 형님과 형수님의 설명에 "맞나, 맞나, 진짜가?"라고만 답했고, 한 번씩 마치 내가 설명해 주는 것처럼 아내에게 뿌듯하게 눈짓을 보냈다. 크라쿠프에 와서야 크라쿠프 여행 준비를 한다. 내일부터 소금 광산, 쉰들러 공장, 아우슈비츠 수용소 등 이곳저곳을 둘러볼 것이다.

전날 종일 추위에 떨다가 두어 달만에 집밥을 먹으며 몇 잔 마신 소주 때문인지 다음 날 아침 늦게까지 잠을 잤다. 미영 씨는 친정에 온 것 같다며 신나했고, 낯가림이 심한 산휘는 지민이와 도경이가 편한지 일어나자마자 졸졸졸 따라다녔다. 늦은 아침을 먹고 우리는 첫 번째로 '비엘리치카 소금 광산 Wieliczka Salt Mine'에 갔다. 얼마 전까지 광산과 관련된 일을 하다가 와서인지 나에게 소금 광산은 관광지라기보다는 '경제적 보고와 가치'로 계산이 먼저 들었다. 그런데 막상 방문해 보니 끊임 없이 계단을 타고 내려간 지하 깊은 곳에

소금 광산 내의 소금으로 만든 조각 작품

소금으로 만들어 놓은 여러 조각품과, 예전에 소금을 채굴하던 현장을 디테일하게 재현해 놓은 것을 보고 '도대체 저런 작품들을 왜 이곳에 만든 것일까?'란 의문과 함께 그 작품들의 정교함에 혀를 내둘렀다. 또 광산 지하 깊숙한 곳에 화려한 예배당까지 만들어져 있는 것을 보고 소금 채굴보다 먼 훗날 관광지로서의 가치를 그때부터 이미 생각하고 조각한 것 아닐까 할 정도로 의외의 매력이 있는 곳이었다.

소금 광산을 둘러본 후 우리는 쉰들러 공장으로 갔다. 영화 '쉰들러 리스트'에도 나오는 쉰들러 공장은 독일인 사업가 오스카 쉰들러가 제2차 세계대전 당시 독일의 점령지인 폴란드의 냄비 생산 공장 레코르드Rekord를 불하받아 군수품을 공급하며 큰 돈을 벌려고 했던 곳이다. 하지만 온갖 잔인한 방법으로 자행되는 독일인들의 유태인들에 대한 야만성을 보고 쉰들러는 군수품 공장에 노동 인력이 필요하다는 명분으로 유태인 수천 명을 고용하여 그들의 목숨을 이곳에서 지켰다고 한다. 유태인들에 대한 무조건적인 증오가 만연할 때

쉰들러 공장 안에 재현되어 있는 나치 시대

우리가 믿고 있던 인간성이 여전히 살아 있던 곳이 바로 쉰들러 공장이다. 공장 안에는 당시의 야만적이고 서슬 퍼런 시대 상황을 잘 보존하고 있었다. 장소가 장소라서 그런지 쉰들러 공장 안에서는 모두들 숙연했고 큰 소리로 말하는 사람도 없었다. 박물관을 여기저기 다니며 스탬프를 받는 애들 또한 희한하게도 행동이 조심스러웠다. 쉰들러 공장 투어를 거의 끝낼 무렵 공장 한 켠 유리벽 안에는 당시 공장에 고용된 유태인들이 만들었다는 냄비들이 높이 쌓여 있었는데, 그 모습이 마치 당시 유태인들의 무기력한 저항이 높이 쌓여 있는 듯했다. 관람을 마치고 나오면서 본 1층 벽에는 영화 '쉰들러 리스트'의 촬영 당시 사진들이 여기저기 걸려 있었다. 사실 폴란드에는 당시 쉰들러가 유태인들을 고용해 주는 대가로 뒷돈을 받는 장사를 하였다는 이야기도 널리 퍼져 있어서 어떤 것이 진실인지 약간 혼란스럽기도 하지만, 영화와 알 수 없는 진실을 적절히 배합하여 가장 이상적인 '쉰들러'를 내 마음 속에 넣고 공장을 나갔다.

아우슈비츠 강제 수용소에는 결국 가지 않기로 했다. 산휘 엄마도 형수님도 애들에게는 아직 그곳을 보여 주고 싶지 않은 것 같았다. 나도 별 대꾸를 할 수 없었다. 강제 수용소 대신 우리는 크라쿠프에서 가장 유명한 관광 명소인 바벨성으로 갔다. 바르샤바로 수도가 옮겨지기 전까지 폴란드 왕들이 살았던 바벨성은 높게 치솟은 회색 빛깔의 중세 유럽의 성들과는 달리 비스강을 앞에 두고 붉은색과 노란색의 화려한 색깔로 언덕 위에 넓게 펼쳐져 있어서 평화롭고 아름다운 얘기만 나올 것 같은 동화 같은 성이다. 이런 동화 같은 성 앞에서 어른스러운 체하는 것은 어울리지 않는다. 우리 모두는 아이스크림을 하나씩 들고 최대한 이곳에 어울리게 변신해 보았지만, 보아하니 동화 속에 나오는 왕자나 공주가 되기는 틀렸고 성 안에서 일하던 수많은 가족들 중 아이스크림을 좋아했던 한 가족 무리가 아닌가 하는 생각이 든다. 이처럼 크라쿠프는 옛날 음악 교과서에 소개되어 있는 흑백 사진 속의 어느 유럽과 같이 쓸쓸하기도 하고 쉰들러 공장이나 아우슈비츠 수용소 같이 도시 군데군데 깊이 패여 있는 옛날의 흉터가 그대로 남아 있기도 하지만, 바벨성과 같이 때묻지 않

동화 같은 바벨성 앞에서

바벨성 내의 모습

은 동화 같은 아름다움을 간직하고 있는 도시이기도 하다. 갑자기 크라쿠프는 우리의 '삶' 같다는 생각이 든다. 질곡도 많고 상처도 많고 쓸쓸함도 있고, … 또 그 속에서 웃음도 있고 아름다움도 있고 행복도 있는 …. 크라쿠프는 그런 면에서 인생을 도시 속에 펼쳐 놓은 것 같다.

저녁에는 여전히 핍박의 상처와 우울함이 남아 있는 유태인 지구Krakow Ghetto를 거쳐 구시가지Old Depot Krakow에 있는 야시장과 먹자골목으로 갔다. 우리는 포장마차 같은 곳에 나란히 앉아 지역 특산물인 자코파네Zakopane의 구워 주는 치즈를 먹었다. 어릴 때 형님 집 앞 가게 물탱크 앞에 나란히 앉아 보았던 공중전화 박스 앞 포장마차에서 소주잔을 기울이는 아저씨들의 뒷모습이 갑자기 왜 떠올랐는지 나도 알 수가 없다. 시간은 그렇게 흘렀다. 크라쿠프에서 우리가 자랐던 부산 연지동을 생각했고, 지민이와 산휘를 보고 그 시절의 나와 훈이 형님을 보았다.

유태인 지구 내의 야시장에서

서리 대학교의 캠퍼스

런던 도심에 위치한 현준 씨의 학교와는 달리 내가 다니는 학교는 캠퍼스다운 캠퍼스가 있는 대학교이다. 입구에는 성공의 열쇠를 찬 사슴 동상이 늘 학생들을 지켜 주고 있고, 드넓게 펼쳐진 잔디가 마음을 차분하게 만들어 준다. 저 멀리 학교 언덕 위에는 오래된 길퍼드대성당Guildford Cathedral이 위치해 있어, 종교의 유무를 떠나 마음이 차분해지는 것을 느낄 수 있다.

어떤 학생들에게는 대학 캠퍼스가 자유를 만끽하는 장소였을 것이고, 또 어떤 학생들에게는 학업으로 인한 스트레스의 장소였을 수도 있지만, 서리 대학교University of Surrey의 캠퍼스는 늘 변함없이 여러 사연을 안고 캠퍼스를 오가는 학생들을 품어주었던 듯하다. 우리 가족에게 서리 대학교는 집 다음으로 오랜 시간을 보낸 추억 가득한 장소이다. 1년이 3학기제라 시험 기간, 리포트, 과제 등이 없던 시기가 거의 없었으므로, 서리 대학교 도서관은 늘 우리 가족의 아지트였고, 엄마가 집중해야 할 시간에는 아빠가 산휘를 데리고 나가 잔디에서 한껏 뒹굴다 들어왔고, 아빠가 집중해야 할 시간에는 엄마와 산휘는 호숫가에서 오리들과 놀곤 했다. 그래서 도서관에 가기 위해 집을 나설 때에는 늘 점심으로 먹을 주먹밥, 산휘 간식과 함께 오리 간식(오리에게 줄 빵 부스러기)도 꼭 챙겨 나왔다.

서리 대학교 입구의 코너를 돌아설 때면, 산휘와 아빠는 박자를 맞추어, "쿵쾅 쿵쾅" 하고 소리를 낸다. 사슴이 살아 움직이며 걷는 소리이다. "산휘야, 저 사슴은 말이야. 밤이 되면 잠에서 깨어 걸어 다녀. 쿵쾅, 쿵쾅 하면서…."

아빠가 지어낸 사슴의 전설을 듣고 난 이후, 아빠와 아들은 사슴을 만날 때마다, 둘만의 주문을 외친다. '쿵! 쾅! 쿵! 쾅!'

① 서리 대학교의 상징 조형물
② 오리 밥 주기
③ 산휘의 도서관 가는 길
④ 서리 대학교의 캠퍼스
⑤ 길퍼드 대성당

일상 7 도서관

아내와 나는 시험 기간이 다가오자 무슨 수를 써서라도 공부할 시간을 확보해야 했다. 둘이서 시간을 정해 번갈아 도서관에 갔고, 남은 사람이 집에서 아이를 봤다. 그렇지만 시험 기간이 임박하자 절대적으로 공부 시간이 부족했다. 방법을 찾다가 도서관 관리인에게 우리의 사정을 설명하고 아이를 좀 데리고 들어가도 되겠느냐고 사정해 보았다. 그런데 관리인은 되레 그런 것을 왜 물어보냐고 하면서 다른 사람들에게 방해만 안되게 하라는 것이었다. 휴~, 이렇게 쉽게 해결될 줄이야! 그때부터 우리 셋은 같이 도서관을 다녔다. 그런데 도서관에서도 아이를 봐야 하는 것은 매한가지였다. 산휘는 도서관에 사람이 없으면 덤블링도 하고 입구 밖으로 달아나서 숨기도 했다. 가만히 좀 있으라고 애니메이션을 보여 주면 헤드폰을 쓰고 깔깔깔 웃고, 그게 지겨워지면 힘들다고 울어버렸다. 그래도 나는 최소한 책은 펴 놓고 있을 수 있었기 때문에 마음은 한결 낫다. 셋이서 도서관을 나와 각자의 가방을 메고 집으로 향하는 우리 모습이 참 귀여웠다.

TOO NOISY?
TELL US.
University IT
This PC is reserved for essential maintenance.
Please Do Not Use
TOO NOISY?
TELL US.

산휘가 언젠가부터 집에 오면 알 수 없는 음을 흥얼거리기 시작했다. 그러더니 어느 날, "엄마, 메킷 노래 찾아 줘."라고 이야기를 한다.

"메킷? 그게 뭔데?"

학교에서 배웠는데, 그 노래를 집에서 연습해 가고 싶다는 것이었다. '메킷'으로 떠올릴 수 있는 단어를 아무리 생각해도, 구글링을 해도 답이 나오지 않았다. 산휘는 답답하다는 듯, "메킷~!" 하며 짜증을 냈다.

"산휘야, 메킷 말고 다른 단어는 생각나는 거 없어?"

"음, 믹싯!"

'믹싯'이라…. 점점 더 미궁으로 빠져들었다. 할 수 없이 다음날 산휘를 학교에 바래다 주는 길에 살짝이 교실 입구에서 선생님을 불러서 요즘 학교에서 배우는 노래가 있는지, 산휘가 집에서 연습하고 싶어하는데 알려 줄 수 있는지 부탁해 보았다. 선생님은 환하게 웃으며, 크리스마스 학교 공연을 앞두고 아이들이 연습하고 있는 노래가 있다며, 노래 제목이 적혀 있는 종이 한 장을 복사해 주었다. 해답은 메킷=make it, 믹싯=mix it, 알고 보니 산휘는 아주 분명하게 발음해서 알려 준 것이었다. '크리스마스 레시피A Christmas Recipe'라는 노래 가사 중 일부였고, 고슴도치반(hedgehog class, 산휘 반 이름) 친구들이 연습하는 곡이었다. 어감이 재미있는 가사여서 원어 그대로 옮겨 본다.

Make it! Bake it!
Taste it! Baste it!
Mix it! Fix it!
A Christmas recipe!

Let's cook up a Christmas treat.
To show what Christmas day's about.
Something really nice and sweet.
Is there something we left out?

Make it! Bake it!
Taste it! Baste it!
Mix it! Fix it!
A Christmas recipe!

다른 친구들처럼 글을 알지는 못하지만, 소리나는 대로 가사를 듣고 율동을 따라 연습하는 산휘 모습이 대견했고, 그런 산휘를 열심히 응원해 주고 싶었다. 집에 돌아오자마자 산휘에게 짠~ 하고 음악을 틀어 주니 산휘 특유의 그 함박 웃음, 그 웃음은 엄마를 구름 위를 걷는 듯하게 만들어 준다. 산휘는 자기 반 노래가 아닌 곡들까지 음을 따라하며 크리스마스 공연을 기다렸다. 한국 어린이집 첫 공연 때, 실컷 연습한 내용을 보여 주지 않고 멀뚱멀뚱 서 있던 산휘의 모습이 생각나, 과연 우리 산휘가 잘할 수 있을까 많이 걱정되었다.

공연 당일 조금이라도 일찍 가서 자리를 잡으려 했는데, 산휘 아빠가 카메라 렌즈를 바꾼다고 다시 집에 다녀오면서, 제일 뒷자리에 겨우 자리를 잡게 되었다. 우리는 영국 아이들 사이에서 부끄러워하며 등장하는 산휘에게 큰 소리로 응원을 보냈다. 똑똑이 수지는 학년 대표로 마이크를 잡고 공연을 소개했고, 이어 차례대로 반 친구들이 그간 열심히 연습한 실력을 펼쳐 보였다. 산휘는 기대만큼은 아니었지만, 그래도 최선을 다해 자신의 자리를 지켜 준 것이 기특할 따름이다. 영국 친구들 틈에서 부끄러워하긴 했지만 기죽지 않고 그 자리에서 꿋꿋이 자신의 역할을 다한 우리 산휘!

산휘야, 수고했어. Good Job!

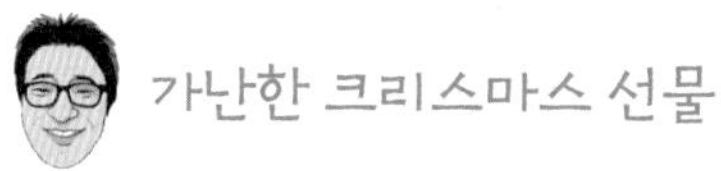

가난한 크리스마스 선물

12월이다. 미영 씨도 나도 곧 다가올 첫 시험의 압박 때문에 영국에서의 처음이자 마지막 12월이 그냥 그렇게 지나고 있었고, 나는 자카르타에 열흘 정도 다녀올 일도 생겨서 1월 초에 있을 시험 준비에 끊임 없이 초조해졌다. 자카르타로 출국하기 위해 워킹Working에서 히스로 공항으로 가는 버스 차창 너머로 크리스마스 트리 농장Christmas tree farm을 발견하고 우리도 크리스마스 트리라도 해서 연말 분위기를 만들면 좋겠다는 생각이 무심코 들었다. 역시 무심코 드는 생각은 그 순간에 잡아서 묶어 두지 않으면 조용히 사라진다. 자카르타와 반자르마신에서 뜨겁고 습기 많은 열흘을 보내고 돌아오니 시간은 더욱 정신 없이 흘러갔다. 12월 18일 아침, 쓰레기통을 내놓으려고 현관문을 나섰는데 집 앞에 꽤 큼지막한 나무가 빨간 리본을 머리에 매단 채 서 있는 것 아닌가! 순간적으로 '크리스마스 트리로 쓰면 딱인데…' 하는 생각이 들었지만 너무 멀쩡한 나무여서 누가 잠깐 두었거니 하고 그 자리에 내버려 두었다. 그런데 몇 시간 있다 다시 나와 봐도 나무는 계속 그 자리에 있었다. 그러자 슬슬 욕심이 생기기 시작했다. 그래서 일단 우리 집 현관 문 바로 근처로 나무를 옮겨놓았다. 하루만 더 지켜보고 내일도 현관 문 앞에 그대로 있으면 이제 집 안으로 들일 작정이었다. 역시 나는 아주 나쁜 놈은 아니다. 나무는 역시 그 다음날 새벽에도 이슬을 잔뜩 머금은 채 그대로 서 있었다. 나는 주저하지 않고 추위에 떨고 있는 나무를 별로 따뜻하지도 않은 집 안으로 얼른 모셨다. 나는 우선 산휘가 학교 크리스마스 행사 때 사용했던 색종이 장식을 나무에 대충 덮어 씌웠다. 쓸데 없이 몇만 원 또 쓸 것이냐며 다른 장식품을 사는 것에 반대하는 아내가 책을 보고 있는 틈을 타 산휘와 나는 몰래 빠져나와 길퍼드 타운에서 10파운드를 주고 라이트도 샀다. 드디어 창가의 못난이 트리에 라이트가 켜지고 우리 집의 크리스마스 시즌도 뒤늦게 시작되었다.

크리스마스 이브에는 한성 씨네 집에 갔다. 오, 이 엄청난 양질의 음식! 신이시여, 이 밤을 위해 그동안 우리 가족에게 그토록 살 수 있게끔만 먹이셨나이까? 산휘에게는 한성 씨네 집이 산타클로스 집으로 생각되지 않았을까? 모두들 식탁에 둘러앉아 당긴 크리스마스 크래커Christmas cracker의 '펑' 하는 소리와 함께 만찬이 시작되었다. 배가 채워지고 한성 씨네, 창훈이네, 그리고 우리 집, 이 세 집의 깊은 잡담이 시작되었다. 창훈이의 지치지 않는 농담을 시작으로 사랑 이야기(첫 사랑, 두 번째 사랑, 지금의 사랑 등), 각자의 어렸을 때 이야기, 그리고 가슴 깊은 곳에서 나오는 가족 이야기 등 어렸을 때 친구네 다락방에서나 했을 소중한 이야기를 돌아가며 새벽까지 했다. 2015년 12월 24일 18:00~25일 03:30, 크리스마스 이브를 따뜻한 사람들과 함께 아주 특별하게 보냈다. 잊혀지지 않을 시간이다.

집에 돌아오니 새벽 4시가 다되었다. 잠든 산휘를 침대에 눕히고 미리 준비해서 숨겨 두었던 열차 합체 트레인 킹을 침대 밑에 두었다. 내가 초등학교 1학년 크리스마스 날, 선물을 받고 싶다고 하자 엄마는 나를 데리고 옆집 문방구로 가서 내가 미리 찜해 둔 라이트가 달린 라디오를 외상으로 사 주셨다. 이때부터 나는 산타 할아버지는 없다는 것을 알았다. 하지만 산휘는 오랫동안 산타클로스가 있다고 믿었으면 좋겠다.

집 앞에 놓인 크리스마스 트리, 한성 씨 집에서의 잊을 수 없는 크리스마스 이브. 올해의 크리스마스는 우리 가족에게 '선물'이있다. 25일 늦은 아침, 산휘는 일어나 트레인 킹을 보고 춤을 추었고, 우리는 또 다른 선물을 찾기 위해 엠마뉴엘 교회로 갔다.

1.2m!

첫 번째 시험

2016년 1월 10일, 드디어 첫 번째 시험이다. 다행히 그나마 내가 자신 있어 하는 QM(Quantitative Method, 양적 평가 방법), 수학이었다. 이 과목을 왜 비싼 돈 주고 다시 배워야 하는지 수업 시간마다 생각했지만, 막상 시험 때가 되자 그래도 유일하게 좀 할 줄 아는 과목이 있어서 다행이라는 생각이 들었다. 시험 전날 오전까지 그 다음 시험 과목의 공부를 할 정도로 QM 시험에는 자신감이 있었다. 작전도 필요 없었다. 그냥 1번부터 마지막 문제까지 내리 'Go'하면 되는 것이었다. 모르는 문제도 없을 것이고, 아마 한 문제 정도는 틀리라고 내면 틀릴 수도 있지 않을까?

시험이 시작되었다. 어? 이상하다. 1번 문제가 내가 지금까지 연습했던 문제보다 한참이나 길었다. 아무리 읽어도 해석이 되지 않았다. 1번 문제를 계속 보다가 '내가 지금 영어 독해 시험을 치는 건가?'라고 생각할 정도로 한 줄 한 줄 의미를 파악하기에 바빠졌다. 시계를 보니 그새 40분이 지났다. 심호흡을 하고 정신을 좀 차리려고 했지만 심호흡은 결국 한숨으로 바뀌었고, 갑자기 '내가 졸업을 못할 수도 있겠구나' 하는 불안감이 시험지를 보고 있는 나의 눈을 계속 때렸다. 그 다음 문제부터는 어떻게 풀었는지 전혀 기억도 나지 않았다. '알고 있는 공식이라도 다 적자'는 생각마저 들 정도까지 갔다. 생각나고 알고 있는 모든 것을 휘갈기고 나서 제출할 답지를 보니 너무도 볼품 없고 엉망이어서 눈물이 자꾸 솟아나려는 듯했다. 대개 그렇듯이 시험이 끝나고 나니 여기저기서 탄식이 나왔다. 나는 2시간 반 동안 도대체 내가 무엇을 했는지 전혀 생각나지 않았다. 어젯밤에 바람 쐬러 나왔다가 보았던 길퍼드의 안개에 쌓여 몽롱한 신호등 불빛만 자꾸 떠올랐다.

시험이 끝나고 내가 평소와는 너무 다르게 보였는지, 원우와 홍범이는 시험 문제에 대한 품평을 하다가 슬슬 나에 대한 위로를 하기 시작했다. 원우가 "형님, 같이 비빔밥이라도 먹고 가요!"라고 했는데 내가 뭐라고 거절했는지 기억도 나지 않았다. 나는 길퍼드로 가는 기차 안에서 아내에게 삼겹살이 먹고 싶다고 했다. 왜 그랬는지 알 수 없다. 우리 동네에서는 꽤 괜찮은 수학 선생님이었는데, 어떻게 내가 수학 시험을 망칠 수 있지? 모레가 재무finance 시험인데 이런 마음 상태로 공부해야 할 내일이 힘겹고, 또 오늘처럼 될까 봐 모레가 오는 것이 겁났다. 집에 와서 별말 없이 삼겹살을 마구 먹은 다음 아내에게 안겨서 잠들었다.

전날 먹은 삼겹살의 힘이었는지 역시 오늘은 오늘의 해가 떴다. 시험 자체에 대한 대비가 너무 부족한 전략의 부재였고, 너무 잘하려고 했던 이유도 컸던 것 같다. 많이 힘들지만 이 순간 또한 즐겨 보자고 생각했다. 여기서 공부하는 것을 부러워하는 친구도 있고, 나보다도 몇천 배 더 힘든 병마와 싸우는 친구도 있다. 괜찮다. 과락하면 재시험 치르면 되는 것이고, 이것도 연습이다. 마흔이 넘어서 시험 때문에 찔끔 눈물도 흘려 보는 것이 나름 행복한 일 아닌가! 이러한 고민을 하게 해 준 미영 씨에게 고맙고, 산휘에게도 고맙다. 도서관에서 산휘를 억지로 끌어안고 입맞춤한 후 나는 또다시 내일을 준비한다.

"산휘야, 아빠가 내일은 잘 할게이!"

일상 8 사과 가져가세요!

집에서 산휘 학교로 가는 지름길에 사과 한 통이 놓여져 있었다.

산휘: 아빠, 이거 무슨 말이야?

아빠: 산휘야, 사과 마음대로 가지고 가라는데! 통은 가져가지 말고….

산휘: 어, 진짜?

산휘는 집에 가서 담을 봉지를 가지고 다시 온다. 귀여운 우리 산휘!

친구 생일 파티

아이가 한국에서처럼 학교 친구들과 교류를 많이 하기 위해서는 엄마의 역할이 큰 것 같다. 친한 엄마들끼리 아이들을 같이 놀게 하고, 가족끼리 왕래가 있으면 주말에 특별한 프로그램을 만들어 함께 시간을 보내는 경우가 종종 있다. 나는 외국인인데다가 학생 신분이어서 산휘 반 친구 엄마들과 교류가 상대적으로 적을 수 밖에 없었고, 산휘 등·하굣길에 마주치는 엄마들과 눈인사와 간단한 안부를 묻는 정도 밖에 할 수 없었던 나로서는 안타까운 부분이었다. 그러던 어느 날 산휘가 반 친구로부터 생일 파티에 초대를 받았다며 나를 만나자마자 가방을 열어 초대장을 보여 주며 매우 기뻐했다. 겨울방학 기간이기는 했지만, 1월 초에 아치의 생일에 초대받은 것이다. 1월 첫째 일요일 오전, 우리 집에서 차로 20~30분이나 떨어진 처음 가 보는 동네 회관으로 슈퍼히어로 복장을 하고 참석해 달라는 초대장을 보며, 산휘의 공식적인 첫 생일 초대를 어떻게 대비해야 할지 가슴이 두근거렸다.

비록 멀긴 했지만 일요일 안개 가득한 시골길을 따라 도착한 아치의 생일 장소에는 익숙한 산휘 반 친구들의 엄마, 아빠가 모여 있었고, 작은 마을 회관에는 에어 바운스와 음식 테이블이 세팅되어 있었다. 한국의 슈퍼 히어로 '번개맨' 복장으로 생일 파티에 등장한 산휘는 여러 슈퍼 히어로들과 어울려 에어 바운스를 점령하기라도 할 듯 뛰어다녔고, 엄마, 아빠가 지켜보는 가운데 첫 생일 파티를 즐겁게 마무리했다.

이후로 산휘는 여러 친구들의 생일 파티에 초대를 받았다. 조에의 생일 파티에는 대부분 여자 친구들만 초대 받았는데, 초대 받은 딱 2

명의 남자 친구 중 1명이 산휘였다. 산휘가 친구들 사이에서 인기가 많다는 이야기를 들으니, 마음 한 켠이 짠하다. 적응하지 못하는 것은 아닌지 늘 걱정하고 있었는데, 기특한 우리 산휘! 생일 파티 장소도 다양하다. 마을 회관 같은 곳을 빌려 에어 바운스나 놀이 도구를 이용한 놀이를 하는 경우도 있고, 볼링장에 모여 어린이 볼링 코스에서 경기를 하며 생일 파티를 하는 경우도 있다. 또 때로는 야외에서 하는 경우도 있는데, 근처 공원에 모여 공차기를 하기도 하고, 숲 속에 모여 보물찾기를 하기도 한다.

산휘는 친구 생일마다 생일 축하 카드를 직접 쓰고 포장하면서, 친구가 좋아할 모습을 떠올리며 기뻐했다. 어떤 날은 몸이 아픈 데에도 불구하고, 친구 생일 파티에는 꼭 가겠다고 가서는 제대로 놀지도 못하고 온 적도 있고, 아빠, 엄마가 시험 기간이라 같이 갈 사람이 없어 같은 반 엄마 차를 타고 가서 혼자 꿋꿋하게 놀다 온 적도 있다. 그러면서 산휘는 다가올 자신의 생일 파티를 꿈꾸고 있지 않았을까?

벨기에 브뤼셀 여행(1. 22~24)

산휘 아빠 시험이 끝나고 내 시험도 끝나는 날에 맞추어 주말을 이용해 2박 3일의 짧은 여행을 계획했다. 방학인데도 엄마, 아빠와 함께 도서관을 따라다니며 지루한 시간을 인내해 준 산휘를 위한 계획이기도 했고, 젊은 친구들 틈에서 악착같이 공부했던 우리 부부를 위한 위로 여행이기도 했다.

똑같이 시험 기간이기는 했지만, 언제나처럼 여행 준비는 내 몫이다. 시험 기간 중에 틈틈이 교통편과 숙박을 알아보고, 짧은 시간이지만 다녀와야 할 곳들에 대한 자료를 모아 두었다. 교통편은 유로스타를 이용하기로 했고, 숙소는 역에서 걸어서 갈 수 있는 호텔로 정했다. 영국에 도착한 후 늘 긴축 재정이었던 터라, 웬만한 곳은 다 걸어 다닐 생각으로 호텔에서 브뤼셀 그랑 플라스Grand Place까지의 시간을 재고, 광장에서 오줌싸개 동상까지의 시간을 재어 보았다. 크지 않은 곳이라 이틀 정도면 충분히 둘러볼 수 있겠다고 생각했다. 우선 최소한의 시간을 투자해 교통편과 숙소만 예약하고, 나머지는 현지에서 해결하기로 했다.

시험 마지막 날(여행 당일), 내 기분만큼이나 날씨는 어두웠고, 마침 우산을 들고 가지 않아 비에 흠뻑 젖어서 귀가했다. 혼자 여행 준비하느라 시험을 잘 보지 못한 듯한 생각에 남편에게 괜한 화풀이를 했고, 그로 인해 우리는 서먹한 분위기로 유로스타에 몸을 실었다. 벨기에는 'Belgium where rain is typical(비가 일상인 나라, 벨기에)'라는 말을 그대로 대변하듯이, 역시 흐린 하늘과 함께 우리를 맞이한다. 다행히 큰 기대를 하지 않았던 숙소가 우리 가족을 아늑하게 맞아 주었고, 우리는 스파에 몸을 담그며 모처럼 추위를 잊을 수 있었다. 그 아늑함이 우리 가족을 다시 하나로 만들어 주었고, 우리는 다음 날 둘러볼 곳들을 지도에서 찾아가며 걷는 데 걸리는 시간을 계산해 보았다.

다음날 나는 오줌싸개 동상을 보고 나오다 디자인 제품들로 가득한 예쁜 상점에 들러 산휘의 오줌싸개 후드티를 샀고, 현준 씨는 학과 친구들에게 줄 컵과 엽서 등을 샀다. 도움을 받는 것이 많은 만큼, 어딜 가나 주변 사람들에게 줄 것들을 생각하는 현준 씨. 오줌싸개 동상을 보러 가는 길목에는 와플 가게가 주욱 늘어서 있었는데, 산휘와 산휘 아빠가 그 앞을 그냥 지나칠 리 만무했다. 각자 하나씩 커다란 와플에 흰 크림을 잔뜩 얹어 한 입씩 베어 물고 행복한 표정을 짓는다. 서로를 쏙 빼닮은 이 두 남자, 잔소리를 해 대지만 미워할 수가 없다. 어떤 여행지에서나 마찬가지겠지만, 여행의 콘셉트에 따라 시간

① ②
③ ⑤
OPEN
7@skynet.be
④
⑥ ⑦

①, ② 브뤼셀 그랑 플라스 광장의 낮과 밤
③ 도시 상징물을 활용한 기념품 상점에서
④ 벨기에 감자튀김, 프리츠를 맛보다
⑤ 브뤼셀 거리
⑥, ⑦ 예술의 언덕
⑧ 오줌싸개 동상 앞에서
⑨~⑪ 오줌싸개 동상 앞 기념품 상점에서
⑫ 틴틴
⑬~⑮ 유럽연합 본부에서

이 한없이 부족할 수도 있고, 짧은 시간이지만 여유롭게 보낼 수도 있는 것 같다. 우리의 브뤼셀 여행은 후자에 해당되었다. 국경을 넘기는 했지만 주말을 이용한 짧은 2박 3일의 여행이었기에 특별히 거창한 계획도 없이 그저 유명하다는 명소 몇몇 곳을 가볍게 둘러보았고, 마음에 드는 곳은 한 번 더 가 보기도 했으며, 길가다 발견한 이발소에 들러 산휘 머리도 깎았고, 온종일 뚜벅이로 발길 닿는 대로 그렇게 하루를 보냈다. 영국에 1년 살면서 누렸던 것 중 하나가, 유럽 어느 도시든 많이 보고 본전을 뽑아야 한다는 강박감 없이 유명한 도시들을 이웃 마을 보듯 편히 다녀올 수 있었던 것 아니었을까.

TIPS

산휘 가족의 헐렁한 브뤼셀 여행 코스

1. 22(금) 19:34 런던 세인트 판크라스 출발 (유로스타 이용)
22:38 브뤼셀 도착
호텔 Mercure Brussels Centre Midi 체크인

1. 23(토) 호텔(도보 이동, 1.3km) – 그랑 플라스 광장 – 오줌싸개 동상 – 예술의 언덕 – 성 카트린 교회 – 브뤼셀 왕궁 – 그랑 플라스 광장

1. 24(일) 호텔 – 그랑 플라스 광장 – 유럽연합 본부 – 예술의 언덕 – 호텔 – 역

엉클 봉, 드디어 합류

미영 씨도 나도 더욱 바빠질 2학기에는 어떤 특단의 방법을 찾지 않으면 학교 생활도 산휘를 보는 것도 제대로 되지 않을 것이라고 생각했다. 그래서 결정을 내린 특단의 조치가 처남, '봉 삼촌'을 부르는 것이었다. 마침 본인이 운영하던 구두 가게를 접고 쉬고 있던 터였고, EPL의 맨체스터 유나이티드 경기를 한 번 보는 것이 평생 소원이라고 할 만큼 영국에 대한 관심도 커서 본인

도 기꺼이 오겠다고 했다. 산휘가 태어나고 장모님 댁에 들어가 살게 되면서 봉 삼촌과도 영국 오기 직전까지 꽤 오랫동안 같이 살았지만, 나이도 1년 밖에 차이가 나지 않고 서른도 훌쩍 넘겨 처음 만났기에 아직도 '국봉 씨, 박돌 씨' 하면서 서로 경어를 쓰는, 여전히 같이 있으면 혼자 있는 것보다는 편하지 않은 사이임은 분명하다. 하지만 산휘가 좋아하는 사람의 순위에는 언제나 삼촌이 아빠보다 앞에 있을 정도로 워낙 가깝게 지냈고, 무엇보다 지금 우리 여건상 우리를 도와 줄 수 있는 최적의 사람임이 분명하기에 이 거래는 기대되지 않을 수 없었다.

2016년 2월 1일, 드디어 봉 삼촌이 영국에 입국하는 날이다. 온 가족이 각자 나름의 이유로 봉 삼촌을 환영하기 위해 공항으로 출동했다. 봉 삼촌은 요즈음 사람치고는 드물게도 이번 영국 방문이 첫 해외여행이다. 미영 씨와 영상통화로 많은 시뮬레이션을 했고, 우리 전화번호도 알려 주고 이런 목적으로 방문한다는 레터도 써 주었지만, 영어가 아주 짧디 짧은 그가 최근 들어 부쩍 엄격해지고 있는 출입국 관리소를 무사히 통과할 수 있을지도 걱정이었다. 생

봉 삼촌 히스로 공항에 도착

각보다 나오는 시간이 점점 길어지고 있을 때 홍범이에게 전화가 왔다. 내가 거의 울면서 시험을 쳤던 QM 점수가 나왔는데, 내가 과락이 아니고 60점이라는 것이었다. 8월에 재시험을 봐야 해서 이 기간에 여행은 불가능할 것 같다고 줄곧 말해왔던 터라, 이 기쁜 소식을 듣자마자 아내에게 공항에서 큰 소리로 전했다.

"미영아, 내 QM 통과했데이, 60점이란다. 와~!"

이렇게 봉 삼촌이 나오기 직전 우리 가족 모두는 여러 가지 이유로 기분이 업되어 있었고, 그의 등장이 앞으로 많은 좋은 일을 가져다 줄 것 같았다. 봉 삼촌의 영국에서의 활약이 기대된다. '비자'를 '피자'로 잘못 알아듣기도 하고, 왜 여기서 6개월이나 있을 것이냐는 질문에 한참을 실랑이하다가 겨우 통과해서 우리의 봉 삼촌은 녹초가 되어 나타났다. 우리 모두는 그를 환영했으며, 나도 처음으로 그의 어깨에 손을 살짝 올리고 영국에서 그와의 첫 컷을 찍었다.

앞으로 잘 좀 부탁해요, 봉 삼촌!

젊음의 한가운데에서

다행히 봉 삼촌이 집을 지켜 주어서 나도 공부에 좀 더 집중할 수 있었다. 런던에서 길퍼드로 돌아오는 시간이 점점 늦어지다가 언제부터인가 집에 돌아가지 못하는 경우도 생겼고, 이후 그 빈도가 점점 잦아졌다. 처음에는 아내도 여기까지 와서 이래야 되느냐며 화로 맞서다가 늦게 와서도 과제와 공부 때문에 허덕이는 나를 보고 어느 날은 이럴 것 같으면 묵을 곳이 있으면 평일에는 런던에서 지내고 주말만 집으로 오라고 했다.

"에이, 무슨 소리야. 조금 바쁜 것만 끝나면 괜찮아."라고 했어야 했는데 "정말 그래도 돼? 진짜가?"라고 아내의 말을 낚아챘다. 그날 이후로 나는 월요일 새벽 일찍 한 보따리를 싸 들고 나와서 금요일 밤에 길퍼드로 돌아갔다. 평일에는 간혹 가족 품이 그리워지거나 긴급히 뭔가 필요할 경우 등 나의 필요에 의해서만 돌아갔다.

이때부터 나와 15년 이상 차이나는 거의 조카뻘의 어린 친구들과의 동거가 시작되었다. 월요일과 화요일에는 싱가포르인 아서Arthur 집에서, 수요일과 목요일에는 태국인 닉Nick의 집에서 묵게 되었다. 2학기가 끝나는 4월 정도까지만 하겠다던 이들과의 동거 횟수는 6월 정도까지 계속 이어졌다. 이들과 함께한 3~4개월 동안 나는 그 옛날 24~25살의 나로 돌아간 것처럼 이 어린 친구들과 시시콜콜한 잡담과 농담에 열을 올렸고, 또 때로는 서로의 고민과 삶에 대해 25살 청춘의 시각으로, 나는 40살 아저씨의 시각으로 서로를 위로하고 조언했다.

그렇게 우리는 서로 점점 섞여가고 있다고 생각할 때 아서가 12월에 맞는 내 생일이 몇 번째 생일이냐고 물었다. 40번째라고 하니 '오~!' 하고 한참을 웃으며 박수만 치던 그의 그 반응이 그와 나 사이의 간격이다. '나는 어디에 있는가?' 정확히 말하자면 그와 그의 아버지 사이의 한가운데에 내가 있다. 마흔이 되어 누군가에게 처음 들은 '정말 만만치 않은 나이'에 내가 있다. 나도 처음 맞아 보는 40살의 내 모습 속에 스물다섯의 그 설레임과 고민이 여전히 가슴 한 켠에 잘 보관되어 있음을 이 친구들을 통해서 발견했다.

삼촌 같은 내가 꽤나 불편했을텐데도 불구하고 항상 벨을 누르면 "헬로!"하며 문을 활짝 열어 주던 아서의 웃음과, 밤 12시가 넘어 들어가서 둘이서 시리얼을 퍼먹을 때면 '넌 언제나 두 그릇씩 먹고, 꼭 이렇게 비싸고 맛있는 것만 좋아한다'고 핀잔을 주던 닉과의 동거가 참 그립다.

팬케이크데이

봉 삼촌이 도착한 그 주 주말에 프렌즈 인터내셔널 모임에서 팬케이크데이를 맞아 외국인 유학생 가족들을 대상으로 팬케이크를 만들어 보는 행사를 한다고 해서 인근 교회를 찾았다. 팬케이크는 밀가루, 계란, 우유 등을 이용해 반죽을 만들어 얇게 부쳐서 기호에 맞게 설탕이나 시럽 등 뿌려 먹는 간편한 음식이다.

영국을 포함한 다른 영어권 국가인 아일랜드, 호주, 캐나다와 미국, 그 외에 프랑스에서도 이 날을 기념한다고 한다. 팬케이크데이는 항상 2월이나 3월 어느 날의 화요일인데, 부활절Easter과 사순절Lent의 전에 팬케이크데이가 있다. 사순절에는 40일 동안 몸에 나쁜 음식이나 기름지고 영양가 풍부한 음식을 먹지 않는 것으로 금욕의 기간을 가지는데, 사순절이 되기 전에 이런 음식

봉 삼촌, 팬케이크 만들기 도전

을 모두 없애기 위해서 팬케이크를 만들어 먹던 전통이 팬케이크데이가 되었다고 한다.

봉 삼촌은 영국 도착 후 첫 공식 나들이라 그런지 현지인들과의 만남을 두려움 반, 설레임 반으로 기대했고, 산휘는 봉 삼촌과의 첫 나들이라 더욱 들떠 있었다. 만나는 프렌즈 인터내셔널 멤버들에게 봉 삼촌을 소개하고, 영어를 잘 못한다는 것도 강조하여 이야기해 주었다. 참석자들을 3그룹으로 나누어 팬케이크를 만들어 보기로 했는데, 산휘와 봉 삼촌이 한 팀이 되었고, 나는 다른 팀이 되었다. 봉 삼촌은 애절한 눈으로 나를 바라보았고, 나는 그냥 말이 필요 없이 따라하기만 하면 될 것이라고 먼발치에서 눈짓으로 이야기해 주었다. 반죽을 하고, 굽고, 구운 팬케이크를 먹었다. 말이 통하지 않는 봉 삼촌은 그래도 눈치껏 잘 따라했다. 한쪽 면이 구워진 팬케이크를 공중으로 날려 뒤집기도 멋지게 성공하였다. 뿌듯해하며 노릇하게 구워진 팬케이크를 산휘와 한 입씩 베어 먹는 봉 삼촌의 모습이 기특해 보였다. 우리도 집에 가서 구워 먹어 보자며 산휘와 봉 삼촌은 약속을 하는데 글쎄, 잘 될지 모르겠다.

그렇게 산휘와 봉 삼촌은 콤비로 첫 미션을 잘 완수하고 당당하게 집으로 돌아왔다.

TIPS

팬케이크 레시피

볼 중간에 밀가루와 약간의 소금을 잘 섞어 둔다. 우유와 물을 섞어 둔다. 계란을 볼에 넣고 섞어 놓은 우유와 물을 천천히 부으며 젓는다. 버터를 묽은 반죽에 넣고 다시 젓는다. 중간불에 달구어진 팬에 버터를 넣고 국자를 이용해 팬에 묽은 반죽을 얇게 편다. 바닥이 노르스름하게 된 다음 뒤집어 30초 정도 굽는다. 기호에 따라 설탕, 레몬즙, 시럽, 초콜릿, 시나몬 가루 등을 뿌려서 먹는다.

4

영국에서의 봄

이스터 연휴 여행

이스터 연휴(Easter Holiday, 부활절 휴가)는 우리나라의 명절과 비슷한 느낌이다. 우리나라는 연휴 기간이 짧은 데 비해 이스터 휴가는 2주 정도로, 학교와 직장 등이 모두 쉬는 긴 연휴이다. 이스터 휴가 기간이 되면, 우리나라에서 명절 전에 선물과 덕담을 나누는 것처럼 다양한 모양으로 포장된 부활절 계란과 덕담이 담긴 카드를 나눈다. 우리나라에서 명절 기간에 귀성 차량으로 고속도로가 꽉 막히는 것처럼, 이스터 기간이 되면 가족을 만나러 가거나 여행을 떠나는 여행객들로 인해 고속도로는 주차장을 방불케 한다고 한다. 봄이 시작되면 이스터 연휴 계획을 묻는 것이 안부 인사를 대신하게 된다. 현준 씨가 이스터 연휴 직후 시험이 있어서 길게는 못가더라도 힘들게 영국행을 결정한 봉 삼촌을 데리고 짧은 여행을 가기로 했다. 각자의 니즈를 반영하여 내가 정말 가 보고 싶었던 레이크 디스트릭트Lake District, 산휘 아빠의 희망지 스코틀랜드, 봉 삼촌이 열렬히 가보고 싶어 했던 리버풀과 맨체스터, 과연 3박 4일이라는 짧은 기간 동안 전국으로 길게 흩어져 있는 이 지역들을 모두 다녀올 수 있을 것인가? 그것도 자동차로 …. 우리 집 계획 담당인 나는 구글 지도로 각 여행지 사이의 거리와 시간을 재고, 인근의 숙소를 검색하여 최선의 동선을 짜냈다. 1~2일차 레이크 디스트릭트, 2~3일차 스코틀랜드, 3~4일차 리버풀과 맨체스터로 코스를 짜고, 머무는 지역에서 꼭 방문해야 할 곳 몇 군데만 정해서 다녀오기로 했다.

첫째 날 이른 아침을 챙겨 먹고 트렁크 가득 짐을 실은 후 7시 반쯤에 레이크 디스트릭트를 향해 출발했다. 교통 흐름이 원활하다는 전제 하에 5시간 정도면 도착하는 곳인데, 차가 막힐 것이라는 이야기를 전해 듣긴 했으나 실제 막히는 정도는 가히 놀라울 정도였다. 30분 동안을 꼼짝하지 않고 멈춰 있기도 했는데, 일부 차량 운전자들은 이런 상황에 익숙한 듯 아예 차 문을 활짝 열어 놓고, 옆 운전자와 대화를 나누는 모습이 보였다. 사고에 공사까지 겹치는 구간들이 속속 우리의 앞길을 막아섰고, 결국 우리는 10시간을 달려서야 겨우 첫 목적지인 레이크 디스트릭트에 도착할 수 있었다.

영국의 지인들, 그리고 영국에서 살고 있던 한국인 지인들 공히 영국에서 꼭 방문해 보아야 할 곳으로 레이크 디스트릭트를 추천하곤 한다. 옛 풍경이 잘 보존되어 있는 영국에서 가장 아름다운 자연을 볼 수 있는 환상적인 곳이란다. 특히나 산책을 좋아하는 나 같은 사람들에게는 수많은 멋진 트래킹 코스가 있어서 최상의 여행지라고 하는 데다, 영문학 전공자로서 피터 래빗Peter Rabbit의 작가 베아트릭스 포터Beatrix Potter의 집이 있는 곳, 낭만주의 대표 시인인 윌리엄 워즈워스William Wordsworth의 글의 배경이 되었던 곳을 어찌 그냥 지나칠 수 있을 것인가. 아쉽게도 해가 질 무렵의 윈드미어Windmere 호수는 흐린 하늘로 더욱 어두워져 있었고, 빙하가 녹아 되었다는 그 호수의 푸른색을 볼 수는 없었다. 하지만 윈드미어를 찾아오는 레이크 디스트릭트 국립공원의 그 숲길 하나하나, 그리고 다음날 울스워터Ullswater로 향하는 모든 길들이 형언할 수 없는 신비로운 아름다움을 발산하고 있었다. 뒷자리에 앉은 봉 삼촌은 '꼭 로빈 후드가 활 들고 뛰어나오고, 중세 기사들이 말 타고 나올 것 같다'며 탄성을 질렀다. 이슬 머금은 키 작은 초록 요정이 언제라도 우리 차 앞을 가로막을 것 같은, 이 세상 여행지가 아닌 곳을 여행하는 야릇한 기분을 느끼며 우리는 레이크 디스트릭트의 숲길을 뒤로 하고 스코틀랜드로 향했다.

4시간을 달려 도착한 스코틀랜드의 에든버러Edinburgh, 어김 없이 비가 온다. 미리 예약해 둔 올드 타운쪽 비엔비B&B에 짐을 풀고, 에든버러 성으로 향했다. 비오는 해질녘 에든버러 구 시가지는 런던이나 남부 지방의 도시와는 또 다른 느낌이었다. 고딕 건축물이 많아 그런지 곳곳에 중세의 흔적이 묻어나는 듯해 훨씬 강한 느낌이며, 또 다른 유럽 국가에 온 듯한 착각을 불러일으켰다. 에든버러 축제가 열릴 때 미디어 센터로 쓰이는 건물에도 들어가 보고, 스코틀랜드 전통 악사 복장을 한 사람과 사진도 찍고, 위스키 상점에도 들어가 보고, 주변 관광객을 따라 이유도 모르고 철학자 흄David Hume 동상의 발가락을 문질러 보기도 하고, 비를 피해 이름 모르는 성당에 들어가 음악 공연을 듣기도 하고, 그렇게 우리는 추적추적한 스코틀랜드에서의 추억을 쌓아갔다.

섬머타임이 적용되어 한 시간이 일찍 시작된 다음날 아침, 스코틀랜드에 가 본 적이 있는 현준 씨의 우간다 친구가 꼭 가 보라고 했던 홀리루드 공원Holyrood Park의 아서 시트Arthur's Seat를 정복하기 위해 나섰다. 영국은 높고 험한 산이 없기 때문에 그저 언덕이겠거니 하고 올랐는데, 비에 젖은 길이 미끄

레이크 디스트릭트

레이크 디스트릭트

윈드미어 피터 래빗 상점 앞에서

윈드미어 호수

울스워터에서

에든버러 구 시가지

러운 데다 높이 올라갈수록 몸을 지탱하기 힘들 정도의 강한 바람이 불어 아서 시트에 도착한 우리는 에베레스트 산을 정복한 것과 같은 쾌감으로 만세를 불러 댔다. 그곳에서는 에든버러 시내를 조망할 수 있는 데다, 힘든 길을 함께 하며 가족애를 돈독하게 하기에는 더없이 좋은 코스였던 것 같다.

에든버러 성

철학자 흄의 발가락 만지기

아서 시트 가는길

아서 시트 정상에서

아서 시트 가는 길에 내려다 본 에든버러

아서 시트 정상에서

홀리루드 공원에서 내려다 본 에든버러 성

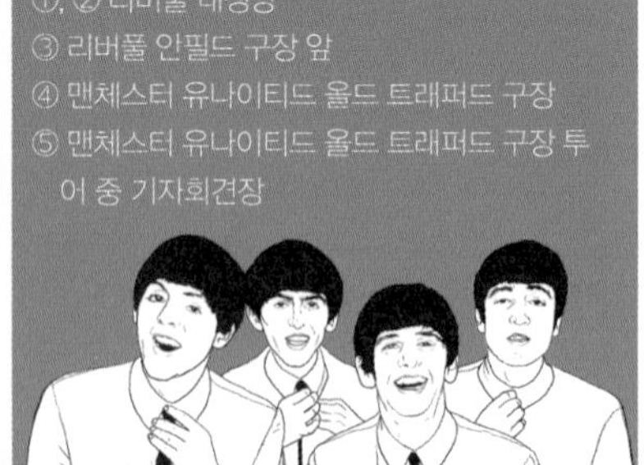

①, ② 리버풀 대성당
③ 리버풀 안필드 구장 앞
④ 맨체스터 유나이티드 올드 트래퍼드 구장
⑤ 맨체스터 유나이티드 올드 트래퍼드 구장 투어 중 기자회견장

아서 시트를 뒤로 하고, 우리는 이번 여행의 마지막 여정인 리버풀로 향했다. 가장 먼 스코틀랜드까지 올라갔다가 이제 다시 집으로 내려가는 길에 축구를 좋아하는 봉 삼촌의 희망대로 리버풀과 혹시나 시간적 여유가 있다면 맨체스터까지 가 보기로 했다. 차로 5시간을 달려 리버풀 대성당에 도착했다. 리버풀 대성당이 영국에서 제일 큰 성당이라는 것을 인터넷을 통해 알고 갔지만, 실제 도착해서 보니 카메라에 다 잡히지 않을 정도로 엄청나게 컸다. 성당을 둘러본 후, 컨테이너 항구 근처의 B&B에 짐을 풀고, 리버풀이란 도시의 브랜드라고 할 수 있는 '비틀즈'의 흔적을 찾아 나섰다. 비틀즈 박물관, 비틀즈가 처음 연주했다고 하는 '케이번 클럽' 등. 그러나 저녁 7시가 지난 시간이라 산휘를 동반하고 들어갈 수 있는 클럽이 없었다. 봉 삼촌이 셀카봉만 들면 어디선가 흥에 겨운 사람들이 우루루 나타나 함께 사진 찍자고 얼굴을 들이밀었고, 똑같은 옷을 입었다며 하이파이브를 해 가며 반가워하는 사람들 속에서 우리는 비틀즈의 자취를 찾아보겠다는 강박을 떨쳐낼 수 있었던 듯하다. 우리의 짧고도 긴 이스터 여행은 리버풀 에버턴 구장, 안필드 구장, 맨체스터 유나이티드 올드 트래퍼드 구장 투어를 하며, 봉 삼촌의 벌어진 입에서 나오는 탄성과 함께 마무리되었다. 3박 4일의 절반을 운전하면서 보낸 가엾은 현준 씨는 집에 도착한 날 자정까지 리포트를 작성하느라 밤을 지새워야만 했다.

이의 요정

서리 대학교 도서관에서 산휘를 옆에 앉히고 공부를 할 때에는 참 심경이 복잡하다. 가끔 아주 잠깐(거의 순간이라 할 정도의 짧은 시간) 동안 책을 보거나 글자 공부를 하고 있으면 기특하기도 하지만, 대부분 슈퍼맨 등의 희한한 옷을 입고 복장에 딱 어울리는 빅 히어로 영화를 보여 달라고 조르기 일쑤이다. 왜 같은 영화를 수도 없이 보려는 것인지 모르겠다. 영화라도 잘 보고 있으면 그나마 다행이다. 이어폰을 끼고 영화를 보다가도 가끔씩 듣고 있던 기차 여러 대가 합체해서 로봇으로 변신하는 트레인 킹에 빠져 '쉬익 쉬익, 뜨악 뜨악!' 소리를 낼 때에는 지나가는 학생들의 밝은 웃음과 미소로 가장된 눈총을 받기 일쑤이다. 전화로 바로 관리자에게 알릴 수 있는 도서관 내 컴플레인이 두렵기도 하고, 혹시나 더 나아가 도서관 출입을 금지당할까 봐 겁이 난다. 어릴 때 이불 위 곳곳에 기지를 만들어 놓고 로봇끼리 전투를 즐겨 하던 내 모습이 그대로 보여 한 대 쥐어박고 싶다가도 그런 이유로 내가 아빠한테 혼났던 기억은 없기에 그것은 공평하지 않다는 생각이 든다. 그래서 산휘 귀에 대고 조용히 고함을 친다. "빅 히어로 다시 봐!"

오늘따라 점잖게 다시 한 번 빅 히어로를 감상하기에 웬일인가 싶었으나 조금 있으니 이가 빠질 것 같다고 발을 구르기 시작했다. 처음도 아니면서 왜 이렇게 도서관만 오면 유별난지 모르겠다. 나는 하던 공부를 잠시 멈추고 산휘 앞니를 몇 번 흔들어 보았다. 아, 조금만 더 참을성 있게 흔들거나, 조금만 더 힘을 가하면 빠질 것 같다. 앞니라서 그런지 더욱 더 집착하게 되었다. 이마도 잡았다가 턱도 잡았다가 얼굴 곳곳을 잡고 각도를 바꾸며 힘을 가하는데 불현듯 '내가 지금 영국 도서관까지 와서 뭘 하고 있나?' 하는 생각이 들어 슬며시 웃음이 났다. 잠시 후 산휘의 앞니가 드디어 빠졌다. 묘한 쾌감이 들었다. 빠진 이를 들고 산휘와 함께 '헌 이 줄게, 새 이 다오.' 하면서 도서관 주변 적당한 곳 지붕으로 던지려고 했다. 그러자 산휘가 빠진 이를 자기한테 달라고 하였다. 그러면서 빠진 이를 오늘 저녁에 베개 밑에 넣어 두어야 이의 요정Tooth Fairy이 와서 이를 가져간다고 했다.

"Tooth Fairy? 이의 요정? 산휘야, Tooth Fairy가 뭐야?"

"아빠는 Tooth Fairy도 몰라? 엄마가 말해 줬는데, 빠진 이를 베개 밑에 넣어 두면, 산휘가 자는 동안 요정이 와서 이를 가져가고, 그 대신에 동전을 넣어 둔다고 했어."

앞니가 빠져서인지 산휘의 발음은 더욱 불분명했다. 어쨌거나 산휘는 빠진 이를 잘 씻어서 호주머니에 잘 챙겨 넣었다. 그날 밤 산휘는 소중하게 들고 간 앞니를 베개 밑에 넣어 두고, 엄마가 들려 주는 '미스터 맨과 이의 요정Mr. Men and Tooth Fairy'이라는 책의 내용을 자장가 삼아 잠이 들었다. 그 상상 속의 요정이 어떤 동전을 두고 갈지 잔뜩 기대하며…. 산휘 엄마는 산휘를 위해 금색 동전 모양 초콜릿을 새벽에 살짝 산휘 머리맡에 올려 두었다. 이런 엄마와 아들의 모습을 보면서 나는 갑자기 옛날 생각이 났다. 롯데 자이언츠 마크가 새겨진 글러브가 지붕 한쪽 구석에 길들인다고 놓여져 있었던 기억이 나는 것을 보면 초등학교 2학년 때였던 것 같다. 할머니가 나의 빠진 이를 주면서 '헌 이 줄게, 새 이 다오.' 하면서 지붕에 던지고 오라고 했는데, 나는 할머니 몰래 망치를 들고 올라갔다. 벌레 먹은 이빨 속에 있는 벌레를 찾기 위해서였다. 내가 빠진 이를 망치로 몇 번이나 내리쳤는지 기억나지 않지만 지금 이렇게 치아가 고르지 못한 것을 보면 아마도 여러 번 내리쳤을 것이다. 물론 벌레가 왜 안나오는지는 할머니께 물어볼 수 없었다. 빠진 이를 베개 속에 넣어 두겠다는 산휘는 망치 들고 간 나에 비하면 참 고상하다.

일상 9 비

추적추적 내리는 영국의 비는 생활이다. 마침 손에 우산이 있으면 쓰면 되고, 없으면 피했다가 가면 된다. 영국의 이 우중충한 날씨를 달가워하지 않는 사람도 많지만, 원래 비를 좋아하는 우리는 적당히 젖어 있는 거리를 자주 볼 수 있고, 그 속을 자연스럽게 걸을 수도 있어서 은근히 괜찮은 일상이라고 생각된다.

대화

봄이라고 생각했는데 다시 겨울인 듯 추워져 잔뜩 움츠러드는 아침, 공원 산책 중 산휘가 공원 바닥에 있는 페인트 자국을 보며 묻는다.

산휘 엄마, 이건 뭐야?

엄마 음…, 누가 흰색 페인트를 바닥에 잘못 쏟은 게 아닐까?

산휘 엄마, 난 우리 집 페인트 칠은 내가 할 거야.

엄마 무슨 색깔로 칠하고 싶은데? 엄마는 초록색으로 칠하고 싶어.

산휘 음…, 난 우리 아이들이 좋아하는 색으로 칠할 거야. 그리고 난, 우리 아이들이 강아지를 키우고 싶다고 하면 키울 거야. 고양이도, 그리고 병아리도 ….

엄마 산휘야, 그럼 아이들이 사자를 키우고 싶다고 하면 어떻게 할 거야?

산휘 엄마, 사자는 집에서 키울 수가 없잖아.

엄마 그래도 만약에 아이들이 너무 키우고 싶다고 하면 어떻게 할 거야?

산휘 (한참을 고민하다) 음…, 그럼 사자 인형을 사 줄거야.

엄마 산휘는 아이들이 해 달라는 대로 다 해 주고 싶어?

산휘 응. 난, 내 아이들이 하고 싶어 하는 거 다 해 주고 싶어.

엄마 그럼 아이들이 몸에 안 좋은 초콜릿을 너무 많이 먹고 싶어 하면 어떻게 할 거야?

산휘 음…. 조금씩 줄 거야. 아주 조금씩.

엄마 그래도 계속 더 달라고 조르면?

산휘 …….

엄마 아이들이 산휘처럼 공부하기 싫다고 계속 놀고 싶다고 하면 어떻게 할 거야?

산휘 공부시킬 거야. 글자도 가르치고….

엄마 그럼 산휘도 열심히 공부해야겠다. 아이들 가르치려면….

산휘 …….

엄마 산휘는 나중에 아이 몇 명 낳고 싶어?

산휘 남자 2명, 여자 2명, 4명.

엄마 우아, 산휘 집 엄청 크게 지어야겠다.

산휘 마당에 잔디도 깔고, 수영장도 만들어서 아이들하고 같이 놀 거야.

엄마 우리 산휘 4명이나 아이들 돌보려면 힘들겠다. 잘할 수 있겠어?

산휘 응. 난 잘할 수 있어. 아이들이 사달라는 장난감도 전부 다 사 줄 거야.

엄마 그럼 우리 산휘 돈 많이 벌어야 할텐데, 아이들 유치원은 어떻게 데려다 줄 거야?

산휘 산휘가 직접 데려다 주고, 데리고 올 거야.

엄마 그럼 산휘 일은 어떻게 해?

산휘 3시에 마치고 집에 올 거야.

엄마 산휘 회사 사장님이 그렇게 하면 안된다고 하면 어떻게 할 거야?

산휘 (아주 심각한 표정으로) 어떡하지? 그럼 엄마가 할머니니까 좀 도와줘.

산휘의 마지막 말에 할 말을 잃는다. 산휘에게 할머니라는 존재는 엄마, 아빠를 대신하여 아이들을 돌보아 주는 존재로 각인되어 있는 듯하다. 한국에 계신 엄마 생각도 나고, 괜스레 생각이 많아진다. 워킹맘으로 한국 사회에서 살아간다는 것의 의미를 영국의 한 외딴 공원에서 느끼게 되다니, 또 남아 있는 날들을 세어 본다. 산휘 손을 잡고, 다시 집으로 돌아오는 길, 오늘의 대화를 돌이켜보며 혹시 산휘의 잠재의식 속에 마음대로 하지 못하고 사는 것에 대한 불만이 있지는 않은지, 산휘가 되고 싶어하는 부모의 모습과 나의 모습 간에 괴리가 얼마나 큰지를 생각해 본다. 산휘야, 사랑한다!

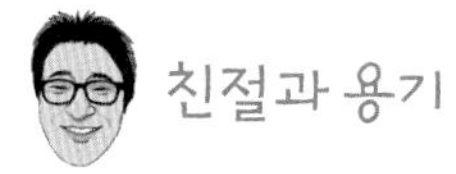

친절과 용기

2003년, 일본의 도쿄 아카사카 전철역에서의 일이었다. 막차 시간이 얼마 남지 않아 일본 친구 한 명과 서둘러 표를 끊으러 가고 있었는데, 20대 초반으로 보이는 술이 잔뜩 취한 아가씨가 길가에서 소리내어 울고 있는 것이었다. 많은 사람들이 힐끗거리며 그 아가씨를 지나쳐 갈 때 내 옆에 있던 이 일본 친구가 갑자기 그 아가씨 옆에 앉더니 왜 이렇게 울고 있느냐며 물어보는 것이었다. 얼핏 들어 보니 지갑을 잃어버려 집에 갈 수가 없다는 것이었다. 술도 많이 취해 몸도 주체가 안되어 바닥에 앉아 울고 있는 것 같았다. 이 친구는 지갑에서 1,000엔을 꺼내 주면서 여기 차비 있으니 울지 말라고, 다 큰 아가씨가 이런 데서 울면 안된다며 아가씨를 일으키고는 표 끊는 곳까지 같이 가는 것이었다. 그리고 조금 있다 나에게 다가오며 기다리게 해서 미안하다고 아주 자연스럽게 말했다. 십수 년이 지났지만 내 머릿속에 아주 인상 깊게 남아 있는 장면이다. 나도 그 친구와 같이 걸어가면서 '저 아가씨, 왜 저럴까?' 하고 분명 생각했는데, 왜 이 친구는 선뜻 손을 내밀 수 있었고 나는 머뭇거리는 사람이 될 수밖에 없었을까? 나는 그것이 용기라고 생각한다. 생면부지의 사람이지만 어려움에 처해 있는 사람에게 '왜 그러냐, 도움이 필요하냐?'라고 몇 번 가벼운 용기를 내어 말하다 보면 훌륭한 매너가 내 몸에 자연스럽게 배었을 텐데, 나는 당시에 가벼운 용기에도 제법 고민해야 하는, 참 용기가 없어서 친절하지 못했던 청년이었다.

영국에 와서 나는 용기 있고 친절한 사람들을 많이 봤다. 고작 1년 조금 넘게 있었기 때문에 영국 사람들이 대부분 친절하다고 단정할 수는 없지만, 2003년 도쿄 지하철 역에서의 모습을 생활 곳곳에서 자주 볼 수 있었기 때문에 '영국에는 용기 있고 친절한 사람들이 참 많다'라고는 말 할 수 있다. 뒤에 오는 사람을 위해 한참을 문을 잡아 주는 것은 너무나 당연한 것이고(사실 그렇지 않았을 경우 오히려 화를 내는 것을 보기도 했다.) 감사의 표현도, 어떤 일이 생겼을 때 걱정을 해 주는 것도, 요즈음 잘 볼 수 없는 손편지나 정말 작은 선물도 받는 사람을 참 기분 좋아지게 만든다.

지금도 기억에 남는 내가 겪은 훈훈한 일이 두 가지가 있다. 한 번은 내가 해외 출장을 다녀오면서 큰 캐리어를 끌고 한 손에는 구글 지도를 켜 놓고 친구 집을 찾느라 헤매고 있을 때였다. 이때 내 옆으로 자전거가 쌔앵하고 지나가더니 한참을 가다가 다시 내가 있는 쪽으로 돌아와서는 어디를 찾고 있느냐며 이곳에서 길 찾기가 쉽지 않으니 본인이 도와 주겠다는 것이었다. 자전거에서 내려 내 휴대폰을 한참 동안 보고 나서 두리번거리더니 반대편으로 건너가라고 알려 주었다. 걸어가다가 발걸음을 돌리기도 쉽지 않는데 저만치 앞에서 자전거를 돌리는 그 아저씨가 나에게 올 것이라고는 생각도 하지 못했다. 참 멋진 아저씨였다. 또 한 번은 학교 근처 테스코 앞에서 자주 볼 수 있는 광경이었고, 나 또한 그 광경을 자주 목격하였다. 테스코 앞에는 자주 구걸하는 젊은 친구가 앉아 있는데, 점심 시간이면 자기 샌드위치를 사고 밖에 앉아 구걸하는 젊은 친구의 몫까지 함께 사서 건네는 장면을 흔히 볼 수 있었다. 뿐만 아니라 때로는 한참을 앞에 앉아 이야기도 나눈다. 테스코 앞에 앉아 있는 젊은 친구가 사주팔자라도 봐 주고 복채 대신 샌드위치를 놓고 갈 확률은 거의 없으니, 그 앞에서 먹을 것을 두고 가는 사람들이 어떤 말을 건네는지 참 궁금하기도 하고, 무엇보다 그들의 그러한 모습이 참 멋있어 보이기도 하고, 또 때로는 부럽기도 하다. 내가 만난 꽤 많은 영국 사람들은 마음 속에 다른 사람을 위한 작은 공간을 항상 마련해 두고 있는 것 같았다. 나만의 공간으로 꽉 차 있는 내 머릿속은 참으로 멋 없고 답답하고 인간미가 없다고 생각할지도 모르지만 나도 마음은 참 친절한 사람이다. 용기가 없어서 그렇지….

조금만 더 다른 사람을 위해 용기를 내어 보자. 조금만 더 용기를 낼 수만 있다면 나는 훨씬 더 좋은 사람이 될 수 있을 것이고, 우리 아이도 나를 보고 더 멋진 사람으로 자랄 수 있을 것이다.

세븐 시스터즈에서 만든 우리들의 인생샷

누구에게나 인생샷이라고 할만한 사진이 있을 터인데 아들 산휘와 아빠인 내가 같이 찍힌 사진 중에 이 사진을 능가할 만한 사진은 앞으로도 쉽게 나오지 않을 것 같다. 사실 사진 자체는 이곳의 아름다움과 짜릿함을 충분히 담아내지 못했지만 이 아름다운 곳에서 활짝 웃고 있는 산휘와 나의 표정도 기분 좋고, 무엇보다 사진을 찍는 그 짧은 시간 동안의 주변 상황과 분주했던 나의 마음이 오래도록 잊혀지지 않을 것 같아서이다. 고소공포증이 있는 나는 높은 곳을 좋아하지 않는다. 아니 정확하게 말하면 아무리 절경이라도 아래가 훤히 보이는 그런 곳은 무서워서 가까이 가지 않는다. 특히 이곳 같이 어떠한 가드레일도 없는 곳은 더더욱 …. 아내가 “산휘와 함께 사진 한 번 찍어.”라는 말에 내가 할 수 있는 한 가장 근접해서 벼랑 끝으로 간 것이 딱 저기까지였다. 그러고 보면 사진이 좀 더 멋지게 배경을 품지 못했던 것은 고소공포증 있는 내 탓이기도 한 것 같다. 그런데 사진을 찍으려 자세를 잡는 동안 내가 지금의 산휘보다 조금 더 어렸을 때 아빠 다리 사이에서 비슷한 포즈로 찍은 사진이 떠올랐다. 아빠와 찍은 몇 장 안되는 사진이라 언제나 내 마음 속에 있는 장면이다. 그 생각이 떠오르자 산휘도 다음에 나를 기억할 수 있는 예쁜 사진이 나왔으면 좋겠다는 생각이 들면서 아이에게 억지 미소를 강요하고 나 자신도 애써 웃음을 지었다. 다행이 그런 것 치고는 꽤나 자연스러운 사진이 나왔다. 이처럼 머릿속에서 세대를 거친 아빠와 아들의 아름다운 그림을 생각하며 활짝 미소를 짓고 있는 동안에도 역시 고소에 대한 공포는 사라지지 않았고, 언덕 위에서 쌩쌩 부는 강한 바람에 혹시나 산휘가 절벽 아래로 날아가지는 않을까 걱정되어 왼손으로는 녀석을 지긋이 누르고 있었다.

남들이 모르는 그런 고충이 있었던 이 사진을 페이스북에 올리자 여러 명이 '우와, 우와~!' 하며 여기가 어디인지 물어 보았다. "이곳은 영국 남부 해안에 있는 백악 절벽인 세븐 시스터즈Seven Sisters입니다."

세븐 시스터즈는 아주 먼 옛날 바다가 융기하여 형성된 곳이라고 한다. 영국 해협을 바라보며 길게 뻗어 있는 해안 절벽의 높고 낮은 일곱 봉우리(세븐 시스터즈)는 끊임 없이 몰아치는 파도와 거센 바람에 수천만 년 전의 깊은 바닷속 조개껍질과 해조류가 만들어 낸 석회질의 회색 빛 민낯을 드러내며 그 태생을 보여 준다.

이처럼 아주 오랜 시간 바다와 바람의 거친 저항을 마주하면서도 꿋꿋이 손잡으며 웅장하게 버티고 있는 이 세븐 시스터즈의 내공이 꽉찬 아름다움은 결코 한눈에 담을 수 없다. 주변 어디를 둘러봐도 기막힌 절경 일색이다. 또 보는 방향에 따라 그 풍경과 느낌도 많이 달라져 아무리 앵글을 달리 잡고 렌즈를 갈아 끼우더라도 사진 속에 그 매력을 모두 담기에는 턱도 없다. 가끔 봉우리 끝자락에서 그 짜릿한 느낌까지 담으려는 사람도 있지만 나 같은 사람은 거기까지 가지 않더라도 이곳이 얼마나 멋진 곳인지 충분히 잘 알겠다. '휴, 바람이라도 갑자기 세게 불면 어쩔려고 저럴까?' 세븐 시스터즈의 여러 봉우리들을 감탄하며 지나고 있을 때, 그리스의 알렉산드로스에게 전화가 왔다. 예정대로 다음 주에 그리스로 오는지, 아직 호텔을 잡지 않았으면 자신의 집에서 같이 지내는 것은 어떻겠냐는 반가운 전화였다. 세븐 시스터즈의 마지막 봉우리인 헤이븐브라우(가장 높은 봉우리)를 넘어 이제 우리는 곧 인류 문명의 발생지 중 하나인 지중해의 그리스로 향했다.

'이야, 정말 행복한 이스터 연휴이다. 이렇게 좋아도 되는 것일까!'

일상 10 놀이터 그네에 누워 바라본 하늘

논문이 계획했던 대로 잘 써지지 않아, 잠시 머리도 식힐 겸 산휘를 데리고 먼 놀이터로 향했다. 산휘가 좋아하는 뱅글뱅글 그네를 태워 주고, 굵은 밧줄로 된 외나무다리에서 서로 밀어내기 놀이도 하다가, 산휘가 잠시 트램펄린에서 혼자 노는 동안 타이어 그네에 누워 하늘을 보았다. 예쁘다. 또 잠시 잊고 있었구나, 내게 주어진 이 소중한 시간을.

너무 뛰어놀아 얼굴이 새까맣게 그을린 건강한 산휘가 있고, 비록 과제에 논문에 새벽까지 잠 못자는 날들이 겹쳐 피로가 만만치 않지만, 이렇게 눈부시게 푸르른 오후에 사랑하는 산휘와 놀이터에서 하늘을 바라볼 수 있다는 것이 참 고맙다.

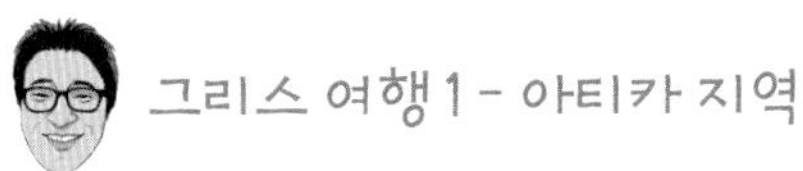

그리스 여행1 - 아티카 지역

사회 생활을 하던 지난 10여 년을 되돌아보니 지중해의 '그리스'라는 나라와 참 인연이 많았다. 직장 생활을 처음으로 시작할 때부터 나는 선박에 들어가는 기자재 영업을 했기 때문에, 세계에서 가장 많은 선박을 보유하고 있는 콧대 높은 그리스는 항상 선망의 대상이었다. 예전 직장을 그만둔 지 꽤 시간이 지났는데도 그리스에 대한 나의 갈증과 그리움이 여전히 멈추지 않는 이유는 일하는 동안 될듯 될듯 하면서도 결국은 되지 않았던 많은 일들에 대한 아쉬움과 그때 가지고 있었던 나름의 열정과 씩씩함, 그리고 함께 일했던 그리스 친구들에 대한 그리움 때문일 것이다. 아내와 나는 틈틈이 산휘 수업과 우리들의 학업 일정을 겨우겨우 맞추어 다른 유럽 국가로의 여행 계획을 세웠는데, 이때마다 나는 '그리스, 그리스' 하며 노래를 불렀다. 그런데 문제는 아내가 "왜?" 하며 물었을 때 그 답이 제대로 나오지 않는 것이었다. 그 물음에 대해 추억, 열정, 꿈이 어쩌고저쩌고 해 봤자 그것은 결국 뜬구름 잡는 소리일 뿐이다. 아내의 '가서 무엇을 보고 무엇을 할 거야?'라는 너무나 당연한 질문에 갑자기 그런 생각이 들었다. '내가 정말 그리스를 알기는 아는 것일까?' 그렇지만 이곳 영국까지 와서 그리스를 가지 않을 수 없지 않은가! 그래서 호텔 예약에서부터 현지에서의 모든 일정을 내가 책임지는 것으로 하고 우리는 4박 5일의 그리스 여행을 강행하기로 하였다. 그런데 막상 출발 날짜가 한 주 앞으로 다가왔는데도 그리스의 어디를 다녀야 할지 도통 떠오르지 않았고, 어디를 갈지 못 정하니 호텔도 잡을 수 없었다. 시쳇말로 '그리스는 나의 나와바리'라고 큰소리치던 내가 어디를 가야할지 몰라 다녀온 사람들의 블로그를 뒤적거리고 있는데, 행여 아내가 끙끙대고 있는 이 모습을 볼까 봐 조심스러웠다. 이런 자책과 걱정이 조금씩 나를 초조하게 만들 즈음, 세븐 시스터즈 정상을 향해 걸어가는 중에 걸려온 알렉산드로스의 전화 한 통은 나에게는 정말 구원이었다. 호텔이 아직 정해지지 않았으면 자기 집에서 같이 묵자고 하였고, 주말에 다른 계획이 없으면 자기 고향 집으로 같이 여행하는 것은 어떠냐는 것이었다. 나는 그 자리에서 우리는 아직 호텔도 없고 아무 계획도 없다며 "우리 갈게, 갈게!"를 연발하자 알렉산드로스는 웃음을 참지 못하며 너의 의견은 중요하지 않다며 아내에게 물어보고 답을 달라고 했다. 야호! 별안간 숙소도 정해졌고 이틀의 일정도 완전히 정해졌다. 지금껏 불안한 눈초리로 나를 바라보던 아내와 봉 삼촌도 알렉산드로스와의 전화 한 통에 '역시 박돌이가 그리스에 뭔가 있긴 있는 모양이군!' 하며 드디어 안도하는 눈치였다.

드디어 출발 일이 되었다. 산휘는 이제 아주 여행에 재미를 붙였는지 새벽 2시 반 기상에도 벌떡 일어나 발을 동동 구르며 봉 삼촌과 함께 "그리스로 고, 고, 고!"를 외쳤다. 그러나 식구들 모두 비행기에 오르자 곧바로 곯아떨어지고 말았다. 창밖으로 보이는 어둑한 하늘 사이로 눈을 비비고 기지개를 켜는 런던의 해는 3시간 반을 날아서 아테네 상공에 다다르자 주위의 구름마저 모두 집어삼키고 이글거리는 태양이 되어 우뚝 솟아 있었다. 그리스의 하늘은 아직도 태양의 신 아폴로가 지배하고 있었다. 아폴로 신이 내뱉는 거친 숨은 아테네 국제공항 아스팔트 바닥 위에서 아지랑이가 되어 피어 올랐다. 공항을 빠져나온 우리는 봉 삼촌의 한 마디와 함께 그리스 여행을 시작하였다.

"아, 와 이래 덥노!"

미리 예약한 공항 주변의 렌터카를 타고 우리는 곧장 아크로폴리스로 향했다. 그런데 아크로폴리스로 가는 중에 내비게이션이 자꾸 말썽이다. 몇 차례 헤매다 보니 아크로폴리스 대신에 1896년 제1회 올림픽이 열렸던 파나티나이코 스타디움Panathenaiko Stadium이 먼저 나타났다. 오히려 조금 길을 잃고 헤맨 것이 차라리 잘되었다. 운동장 전체가 대리석으로 만들어져 있는 이 값비싼 (물론 그리스에는 널린 게 대리석이긴 하지만) 파나티나이코 경기장은 최초의 올림픽 이후 100년도 더 지난 2004년에 아테네 올림픽을 다시 치르고, 오늘도 구름 한 점 없는 뜨거운 하늘 아래에서 다음 100년을 향해 하루를 견뎌내고 있었다. 역시 역사를 만들어 가는 것은 고된 날들의 지리한 반복이다.

아크로폴리스는 파나티나이코 경기장에서 금방이었다. 봉 삼촌은 아테네 여행의 반이 아크로폴리스에 있다며 이곳에 대한 기대가 대단했다. 그런데 앗, 아크로폴리스 입구에 도착하자 이제 곧 문을 닫을 것이어서 더 이상 입장이 불가하다는 것이었다. 해가 이렇게 중천에 떠 있고 사람들도 이렇게 많은데 오후 3시에 문을 닫는다니…. 그래도 어쩌겠는가, 이곳 아크로폴리스의 신들이 3시 이후에는 인간들을 보고 싶지 않다는데. 관광지의 문 닫는 시간을

파나티나이코 스타디움

미리 파악하지 않은 이 가이드가 문제다! 우리는 어쩔 수 없이 근처에 있는 작은 언덕으로 올라가서 아크로폴리스를 바라볼 수밖에 없었다. 아크로폴리스는 '높다'라는 뜻의 아크로스와 '도시국가'를 뜻하는 폴리스가 합쳐져 높은 곳에 있는 신성한 장소를 뜻한다고 한다. 아크로폴리스는 그 이름처럼 아테네의 중심에 우뚝 솟아 마치 인간 세상을 다스리는 신들의 요새와 같이 주변 전역을 내려다 보고 있다. 절벽과 같은 가파른 바위산 위에서 하늘을 향해 뻗어 있는 파르테논 신전은 곡절 많은 역사의 질곡 속에서도 지금껏 지켜왔던 아테네와 그리스의 자존심과도 같다. 언덕에서 바라보니 아직도 파르테논 신전 군데군데에 보수용 철골 구조물이 세워져 있었다. 그리스의 자존심은 여전히 복구 중이었다.

그리스의 따가운 햇빛 아래에서 오늘과 같이 한참을 걷고 나면 자연스럽게 바다가 있는 곳으로 끌리게 된다. 그래서 우리는 아티카Attica 반도 남쪽 끝에 있는 바다의 신 포세이돈 신전을 향해 출발했다. 글리파다Glyfada 근처에서 포세이돈 신전까지 해안선을 따라 자동차로 달리다 보면 자연스럽게 감탄사가 흘러나온다. 왜 그리스가 아름다운 곳이라고 하는지, 왜 다들 지중해에 그렇게 매료되는지를 1시간 남짓의 이 드라이브 코스는 너무도 잘 보여 준다. 아니나 다를까, 포세이돈 신전으로 가는 중간중간에 아내와 봉 삼촌은 차를 세우고 지중해의 이 환상적인 장면을 카메라에도 담고 눈에도 담고 마음 속에도 담느라 분주했다. 흡족해하는 가족들의 모습에 가이드인 나도 흐뭇해졌다. 점차 목적지에 가까워질수록 수니온Sounion 벼랑 끝에서 바다를 향해 홀로 우뚝 서 있는 포세이돈 신전은 더욱 더 선명해 보였다. 불그스름한 자취를 내기 시작하는 그리스의 태양과 반짝이는 지중해가 한눈에 들어올 때면 이토록 아름다운 바다를 지키고 있는 강인하고 기개 높은 바다의 신 포세이돈은 결코

아크로폴리스를 등지고

절벽 위에서 하늘을 향해 뻗어 있는 파르테논 신전

허구가 아닌 것 같다는 생각이 든다.

포세이돈 신전을 내려와 글리파다에서 2년만에 다시 만난 알렉산드로스와 디미트리스는 마치 1달 전에 만난 것처럼 대화 내용이 그때와 다르지 않았다.

"우리 무언가 같이 일할 거리 없을까? 우리도 이제 더 이상 젊지 않아."

"우리가 왜 안 젊어? 이제 겨우 마흔인데…."

마흔 살 무렵의 남자들은 전 세계 어디나 비슷하다. 우리는 이번에도 진지했지만 앞에 앉아 있는 아내가 보기에는 아저씨들의 수다에 불과했을 것이다. 영원할 것 같던 그리스의 태양도 어느새 사라지고 없었다.

포세이돈 신전

포세이돈 신전에서 바라본 지중해

그리스 여행 2 - 펠레폰네소스

며칠 간 신세를 지게 된 알렉산드로스의 집은 생각보다 너무 근사했다. 저 멀리 지중해가 보이는 언덕 위에 위치한 2층집이었는데, 우리 가족에게 1층을 내어 주었고 알렉산드로스와 엘루테리아 부부는 2층을 썼다. 두 집이 함께 사는 듯한 느낌이 들어 참 묘했다. 아침이 되면 각자 아침 식사를 하고 "좋은 하루(Have a nice day)!"라고 인사를 하며 헤어졌다가, 저녁이 되면 2층 거실에 모여 같이 식사도 하고 내일 여행지에 대해서도 이야기했다. 고작 2~3일이지만 '묵었다'기보다는 '살았다'는 기분이 든다.

오늘은 드디어 2층 가족과 1층 가족이 함께 움직이는 날이다. 알렉산드로스의 할아버지와 할머니가 사셨던 고향 집이 있는 펠로폰네소스 지역으로 1박 2일 여행을 떠나기로 했다. 물리적으로도 그렇고 정서적으로도 아직은 그리스란 나라가 결코 가깝게 느껴지는 곳은 아니었는데 그리스 친구의 할아버지와 할머니가 살았던 공간까지 거슬러 올라가려니, 이런저런 상상이 계속해서 꼬리를 물어, 이제는 기억에도 거의 없는 나의 어린 시절 시골 외할머니 집이 떠올랐다. 소가 있고 지푸라기가 있고 방 안에는 곰방대가 있던…. 알렉산드로스의 시골 집은 어떤 곳일지 궁금했다.

글리파다 근처에서 1시간 정도 달리다가 알렉산드로스가 여기 한번 보고 가자고 내린 곳이 코린토스운하Corinth Canal였다. 별 생각 없이 따라갔다가 별안간 내 앞에 있는 땅이 벼랑 끝이 되어 바다를 찌르고 있었다. 그리스 본토와 펠로폰네소스반도를 칼로 쪼개어 놓은 듯한 코린토스운하를 보자마자 느껴졌던 아찔함은 곧 경외로움으로 바뀌었고, 두 반도를 잇고 있는 다리 위에 서 있는 내내 이 어울릴 것 같지 않은 두 단어가 머릿속을 들쑥날쑥했다. 딱히 획

기적인 방법도 없었을 것 같은 1881년부터 1893년까지의 12년, 코린토스운하를 기획하고 설계했던 두 헝가리인의 천재성과, 아마도 끊임없이 스스로와 싸우면서 이 고통스럽고 지리한 일을 했을 수많은 사람들의 노력과 인고가 내 앞에 보이는 이 걸작을 탄생시켰을 것이다. 참으로 인간은 위대하다. 또 어쩌면 나도 내가 생각하는 것보다 더 괜찮은 사람일지도 모른다는 생각이 든다. 운 좋게도 때마침 여객선 한 척이 운하를 지나가고 있다. 에게해의 사로니코스만灣에서 코린토스만으로 좁은 통로를 지나고 있는 여객선의 모습이 마치 그리스 본토에서 미지의 펠로폰네소스로 서서히 들어가고 있는 우리 여행의 시작을 보여 주는 것 같았다.

펠로폰네소스로 들어가는 관문인 코린토스운하를 지나 얼마 되지 않아 그동안 내가 지금까지 보아왔던 그리스의 모습과 확연히 다른 그리스가 나타나기 시작했다. 우리가 달리는 차로 양쪽 바로 옆으로 갑자기 드러난 높고 거친 모습의 산세는 마치 엄청난 바위 덩어리가 계속해서 이어진 것 같았다. 지금까지 그리스 하면 자연스럽게 떠올랐던 푸른 바다와 뜨거운 태양의 이미지를 일순간에 불식시킬 만큼 압도적이고 인상적이었다. 그런데 다시 한 번 놀란 것은 고속도로를 20분 정도 더 달려 들르게 된 아르테미시오Artemisio 휴게소에서 보게 된 아까 그 투박하고 날카로운 모습의 바위산은 이제 손주의 어떠한 어리광이나 부탁도 다 들어 줄 것 같은 마음씨 좋고 넉넉한 할아버지의 모습을 하고 있었다. 이 외유내강의 펠로폰네소스 산들을 보고 아내는 스위스 같다고 하였고, 이를 들은 알렉산드로스는 "그리스 안에는 스위스도 있다"며 자부심을 드러내었다. 그리고 아르테미시오 휴게소는 지금까지 다녀 본 그 어떠한 곳보다 아름다운 장면을 많이 품고 있는 곳이었으며, '우와!'로 시작되는 이곳의 경치와 '흐음!'하며 본능적으로 깊은 호흡을 하게 되는 이곳은, 말 그대로 최고의 휴식 공간이었다.

펠로폰네소스 내륙의 더 깊은 곳으로 들어갈수록 시간과 문명을 점점 거슬러 올라가게 된다. 펠로폰네소스반도 중부 지역의 만티네이아Mantineia에 이르자 2,400~2,500년 전에 아테네를 포함한 만티네이아 동맹군이 스파르타에 대패했던 모습 그대로가 아닐까 하는 생각이 들 정도로 문명의 모습이라고는 우리가 달리고 있는 도로 외에는 아무것도 눈에 띄지 않았다. 이 휑한 곳에 덩그러니 서 있는 아기아 포티니Agia Fotini라는 교회가 왠지 궁금증을 유발하였다. 이 교회는 하나의 건물에 여러 가지 건축 양식을 동시에 적용한 것으로 유명하다고 한다. 그런데 나는 그것보다 패전의 기운이 아직도 가시지 않은 듯한 이 황량한 광야에 홀로 우뚝 서 있는 아기아 포티니 교회의 모습이 마치 그 옛날 패배를 안겼던 스파르타에게 한번 더 붙어 보자며 하늘로 솟구쳐 오르는 '하울의 움직이는 성'의 모습을 하고 있는 것 같아 자꾸 요리조리 뜯어보게 되었다. 나는 역시 작품 보는 눈은 '꽝'이구나!

차를 타고 계속 가고 있는 중에 낙원과 이상향이라는 뜻을 가진 '아르카디아Arcadia'라는 단어가 계속 나와서 알렉산드로스에게 물어 보니 우리가 지금

아르테미시오 고속도로 휴게소에서 바라본 펠로폰네소스산

다니고 있는 지역이 모두 아르카디아현이라고 한다. 이름은 이름일 뿐이라고 생각하고 알렉산드로스 부부를 따라 차를 계속 몰고 갔다. 이번에는 우리를 점점 높은 곳으로 데리고 갔다. 산길을 따라 서서히 오르던 우리는 어느새 차창 밖으로 드러나는 그림과 같은 경관과 살짝살짝 보이는 저 아래 깊은 계곡의 모습에 일제히 '우와!' 하며 탄성을 질렀다. 이때 갑자기 '딸랑딸랑' 소리와 함께 한 무리의 양떼가 등장했다. 원래부터 자기 길인 양 느릿느릿 걸어 나와 산 중턱의 자욱한 구름을 배경으로 잠깐 놀다 사라지는 이 모습은 우리가 타고 있는 차 뿐만 아니라 우리의 생각도 잠시 멈추게 했다. 우리는 지금 어디에 온 것일까? 혹시 그 옛날 사람들이 꿈꾸던 낙원이 이러한 곳일까? 우리는 점점 더 낙원의 높은 곳으로 올라갔다. 그런데 '이야, 저쪽 한 번 봐라!'고 하며 분위기를 끌어올리던 나는 갑자기 서서히 불안해졌다. 내가 버틸 수 있는 높이의 한계치에 가까워지고 있음을 느꼈기 때문이다. 그리고 그 한계치를 벗어나자 낙원에서 나락으로 급속히 떨어졌다. 점점 더 좁아지고 아슬아슬해지는 높이, 가드레일은 커녕 '급커브 조심'이라는 표시도 하나 없는 이곳에서 이마에는 땀이 맺히기 시작했고, 핸들을 잡고 있는 팔은 힘이 잔뜩 들어가 막대

아기아 포티니 교회

기 같이 딱딱해졌다. 낙원과 나락은 그렇게 멀지 않았다. 우리 차가 뒤로 점점 처지자 장난이라도 치는 줄 알고 차를 세우고 다가온 알렉산드로스는 이렇게 아름다운 곳에서 나 혼자 나락으로 떨어져 있는 겁먹은 나의 모습을 발견하고 한참을 웃더니 결국 본인이 우리 차의 운전대로 왔다. 이렇게 해서 우리는 다시 한 번 낙원과 나락이 공존하는 산등성이를 꿋꿋이 올라갔다.

지금 우리가 향하고 있는 곳은 수도원이라고 했다. 수도원은 어떤 모습일지 머릿속에 그리며 산속 깊은 곳으로 뻗어 있는 조용한 오솔길로 걸어 들어갔다. 우리 외에는 오가는 사람도 없었다. 여기서부터는 조용히 해야 한다는 말에 일부러 '아!' 하고 짧게 소리치는 산휘의 장난 소리와 한 발씩 더 수도원에 가까워지는 우리들의 움직이는 소리 외에는 아무 소리도 들리지 않았다. 한참을 더 깊은 곳으로 들어가자 우리 앞에 선 알렉산드로스가 서서히 멈춰서더니 절벽을 향해 손가락으로 가리킨다. 앗! 순간 내 눈을 의심할 수 밖에 없었다. 깊은 산중의 아름답고 고상한 암자(?) 한 채 생각했던 수도원의 모습은 절벽 중간에서 박혀 있는 듯도 하고 매달려 있는 듯도 하여 아주 고통스러울 것만 같은 모습을 하고 있었다. 마치 수도사들이 절대 빠져나오지 못하도록 깊은 산속까지 끌고 와서 벽 속에 가두어 버린 느낌이었다. 이곳이 바로 프로드로무 수도원Moni Prodromou이었다. '생리 문제는 어떻게 해결할까? 아프면 어떻게 하지? 생필품은 어떻게 공급 받을까? 얼마 만에 한 번씩 땅으로 내려올까? 얼마나 수행하고 내려오는 것일까? 한 번씩 옆에 있는 수도사들하고 건너가서 얘기도 하고 차도 마실까? 저 절벽 속에 오롯이 갇혀 있는, 아니 스스로를 묶어 놓고 있는 프로드로무 수도원의 아슬아슬한 모습에 수많은 질문이 머릿속을 스쳤다. 그리고 계속 드는 질문과 함께 '왜'라는 의문도 멈추지 않았다. 저렇게까지 스스로를 가두고 가혹하게 극한으로 몰아넣어서 무엇을 얻고 싶은 것일까? 그들이 꿈꾸는 이상향과 낙원은 굳이 저러한 고통스러운 담금질을 통해서만 도달할 수 있는 것일까? 다시 한 번 돌아보니 프로드로무 수도원의 모습은 저 엄청난 높이의 절벽을 떠받치고 있는 것 같기도 하고, 또 한편으로는 그 무게에 눌려서 으깨지고 있는 것 같기도 했다. 아니다, 그만하자. 이 새끼 고양이가 저 호랑이의 깊은 뜻을 어떻게 이해할 수 있으랴! 언젠가 꼭 저 절벽 안의 호랑이들이 이 새끼 고양이는 감히 상상도 할 수 없는, 그들이 염원하는 무엇인가를 얻어서 이 아름다운 산속으로 힘차게 뛰어나갈 수 있는 날이 오기를 바랄 뿐이다.

땅이 쪼개진 듯한 코린토스운하, 2,000년 전 전장 속에 우두커니 서 있던 아기아 포티니 교회, 절벽 속에 갇혀 있는 프로드로무 수도원의 그 모습들이 너무 낯설어서 지금까지 살아오면서 가장 멀고 오래된 곳으로 온 것만 같았다. 이곳이 펠로폰네소스이다.

수도원에서 두어 시간 떨어진 라그카디아Lagkadia의 산 중턱에 있는 알렉산드로스의 옛집이 먼 곳에서 온 우리 이방인들을 따뜻하게 맞아 주었다. 집 바로 앞에 깊은 계곡이 있고 건너편 마을이 훤히 내려다 보이는 근사한 이곳을 산휘는 알렉산드로스성이라고 불렀다. 산휘와 봉 삼촌이 부지런히 날라온 장작으로 벽난로를 피우고 그 주위에 1, 2층 사람들이 모두 둘러앉았다. 긴 하루 끝에 꿈만 같은 그리스에서의 마지막 밤이었다. 곧 돌아가야 한다는 것이 너무 아쉬워 5년에 한 번이라도 알렉산드로스성으로 오자는 얘기가 나왔다. 그렇게 5번만 더 오면 우리 나이가 휴~, 저 멀리 가 있겠지. 참으로 길지 않은 인생이다. 그리고 그 길지 않은 인생에서 몇 번 없을 너무도 소중한 여행을 우리는 지금 하고 있다.

① 코린토스운하
② 도로를 가로막은 양떼들
③ 알렉산드로스 성에서
④~⑥ 원데이 크루즈 투어 중 이드라 섬에서
⑦ 라그카디아 산중 마을 배경으로
⑧ 루트라키 지역의 코린토스만 해변
⑨ 프로드로무 수도원

⑧

⑨

여왕 생일에 초대 받다

4월 23일, 2학기 시험 준비가 한창인 마음이 바쁜 토요일 오전이었다. 도서관에 가려고 집을 나서려는데 누가 현관문을 두드렸다. 우리 집 옆에 사는 개리Gary 아저씨였다. 재택근무를 하고 있는 개리와는 가벼운 인사와 날씨 얘기 정도 주고받는 사이이지만 자주 마주치기 때문에 이제는 손을 흔들며 환한 웃음으로 인사를 대체하기도 한다. 그래도 개리 아저씨가 우리 집 문을 두드린 것은 처음이다.

"안녕하세요, 어쩐 일이세요, 개리 아저씨?"

"네, 안녕하세요? 오늘 여왕 생일 파티가 있어요. 괜찮으시면 참석하실래요? 나중에 집 앞 주차장에 다들 모일 거에요."

"아, 그래요? 파티가 몇 시죠?"

"3시경에 나와 보세요!"

"하하, 초대해 주셔서 감사합니다!"

동네 주민들의 여왕 생일 파티? 동화책 제목처럼 아주 생뚱맞지만 귀엽기도 하다. 아내도 봉 삼촌도 이 엉뚱해 보이는 생일 파티가 무척이나 궁금했고, 도서관에 가려고 나섰던 나도 마음이 쏠리긴 마찬가지였다. 일단 3시까지는 몇 시간 남았으니 얼른 가서 다만 몇 시간이라도 공부하려고 집을 급히 나섰다. 왔다갔다 하다 보면 얼마 하지도 못할 건데 꼭 도서관에 가야 하느냐며 아내는 또 현명한 잔소리를 하지만 나는 아랑곳하지않고 줄행랑을 쳤다. 그러나 역시 아내의 말은 거의 옳다. 커피 들고 한두 번 도서관을 오르락내리락하다 보니 별 소득도 없이 시간이 흘렀다. 후회가 되었지만 그래도 생일 파티는 보고 싶어 다시 집으로 향했다. '내 삶은 왜 이렇게 비효율적일까? 에이, 그냥 운동했다고 치지 뭐.'라고 비생산적이고 비효율적인 공방이 머릿속에서 왔다갔다하며 2시 반 정도 되어 집으로 돌아왔다.

개리 아저씨를 비롯한 몇몇 주민들은 벌써 생일 파티 준비에 분주했다. 주차장에는 수십 개의 영국과 잉글랜드 국기로 장식된 큰 텐트가 벌써 설치되어 있었고, 엘리자베스 여왕의 사진도 몇 사람의 의견 교환 끝에 이내 자리를 잡았다. 텐트 앞에 놓여 있는 간이 난로에도 불이 지펴져 있었고, 난로 주변의 의자들도 자리를 데우며 사람들이 오기를 기다리고 있었다. 지금까지 한 번도 열린 적이 없던 동네 주차장 맞은 편 큰 집의 차고가 오늘은 음악실이 되어 활짝 열려 있다. 곧 엘리자베스 여왕의 90번째 생일 파티가 시작될 모양이다.

나도 집으로 들어가 식구들을 데리고 나왔다. 벌써 8개월이나 살아온 여기, 우리 동네가 확실하지만 산휘 엄마와 봉 삼촌이 나오는 모양새가 왠지 수줍은 듯하다. 낯익은 듯한 동네 사람들도 여기저기서 모이기 시작했으며, 미리 약속된 것인지 몇몇은 각자 준비한 먹을 것들을 들고 모이기 시작했다. 엘리자베스 여왕의 얼굴 사진이 올려진 케익을 비롯해서, 피자, 샌드위치, 소시지, 애플파이 등이 모여 나름대로 그럴듯한 파티 음식이 조성되었으며, 산휘 엄마와 나도 그제서야 집으로 급히 들어가 메밀차와 산휘에게 아직 공개하지 않았던 한국 과자를 꺼내 놓았다.

사람들이 대충 모이자 곧 누가 이 행사를 기획했는지 알 것 같았다. 주차장 앞 큰 집 아저씨, 아줌마와 개리는 카우보이 모자에 멋을 잔뜩 내며 엘리자베스 여왕과 필립공의 가면을 썼다 벗었다 하며 분위기를 주도했다. 본인도 호스트인 양 센스 있게 빨간 모자를 쓰고 나타난 산휘도 가면 쓰고 있는 어른들을 보며 "아빠, 저 아저씨들은 왜 이상한 가면 쓰고 있어?"하고 물었다.

다 같이 둘러앉아 가면 쓴 엘리자베스 여왕과 필립공 앞에서 "사랑하는 여왕 폐하, 생일 축하합니다(Happy Birthday, your Majesty)."라고 생일 축하 노래를 부르면서 자연스럽게 여왕의 90번째 생일 파티가 본격적으로 시작되었다. 처음에 머뭇거리던 우리 가족도 어느새 생일잔치에 녹아 들고 있었다. 산휘 엄마는 또래의 처음 본 듯한 배가 불러 있는 여자와 무언가 공감할 만한 주제를 찾았는지 한참을 얘기하다가 이어서 얼마 전 옆집으로 이사와 가족이 있는지, 혼자 사는지도 알 수 없을 정도로 조용히 지내는 아줌마와도 인사를 하고 있었다. 봉 삼촌은 모처럼 자신의 블로그에 올릴 거리를 찾은 듯 계속해서 사진을 찍어 댔고, 산휘는 자기보다 어린 동네 꼬마들을 여기저기 몰고 다니며 알 수 없는 듯한 태권도를 선보였다. 나도 그동안 몇 번이나 이름을 까먹어 최근에는 미안해서 그냥 "안녕!"만 하고 지내는 우리 윗집의 수학 선생님과 그 여자 친구에게 이번엔 절대 안 잊겠다며 다시 한 번 이름을 물어 보았다. 수학 선생님 이름은 아트이고 그의 피앙세 여자 친구는 …. 이런, 또 이름이 생각나지 않는다. 소문에 듣기로 예전에는 유명한 피아니스트였지만 지금은 치매에 걸려 동네 주변을 항상 배회하는 나이를 가늠할 수 없는 할아버지는 어느새 내 옆으로 와서 똑똑치 못한 발음으로 무언가를 말하였다. 똑똑치 못한 귀를 가진 나는 몇 차례 들으려고 노력해 보다가 어정쩡한 미소만 보냈다. 할아버지가 옆에 있는 아주머니와 대화를 잘 주고받는 것을 볼 때 역시 나의 듣기 능력의 문제였던 것 같다. 두어 시간이 지나면서 샴페인도 왔다갔다하고 분위기가 무르익으며 여왕의 생일 파티는 자연스럽게 동네잔치로 이어졌다.

이때 산휘 엄마는 이제 전체적인 분위기를 파악했으면 됐으니 나에게 더 이상 술을 마시지 말고 도서관에 가서 시험공부를 하라고 명하였다. '그래 공부해야지, 또 도서관에 가자!' 비효율적이지만 여왕 생일 파티도 했으니 됐다. 다시 도서관으로 향하면서 군주제 폐지에 대해 여론이 적지 않지만, 여전히

전세계 수많은 관광객을 끌어모으고 우리 동네 주민들에게도 사랑 받고 있는 엘리자베스 여왕을 생각하게 되었다. 그 생각에 이어 옛날 한 연예인이 청와대에 초청되어 악수할 차례를 기다리며 '예, 각하, 각하, 각하!' 하며 혼잣말로 연습하다가 막상 악수할 차례가 되자 "예, 전하!"라고 했다던 얘기가 갑자기 생각나서 한참을 웃었다. 샴페인 몇 잔에 술이 취했나 보다.

공부를 마치고 다시 집에 도착했을 즈음에는 밤 11시가 넘었다. 그런데 음악 소리는 더욱 커져 있었고, 여전히 다수의 사람들은 한쪽에 걸려 있는 엘리자베스 여왕 사진 아래에서 술을 마시고 있었으며, 노래를 따라 부르기도 하는 등 동네 잔치를 이어가고 있었다. 생일잔치는 밤 12시가 넘어서까지 계속되었고, 우리도 이웃들의 고성방가를 넉넉히 이해하며 잠을 청했다. 아, 잠들기 전에 잠깐!

'오늘 생일 초대 감사합니다. 항상 건강하이소, 여왕님(Your Majesty)!'

일상 11 하늘과 구름

가끔씩만 보여 주는 영국의 하늘과 구름은, 모든 날씨를 그럭저럭 좋아하는 나에게도, 보고 있으면 '지금'에 설레게 되고 '내일'을 기대하게 만든다. 가끔씩 저 예쁜 하늘과 구름 아래를 지나가는 아내를 보면 우리가 여기에 잠시 머물러 있는 이방인이고 손님이라는 생각이 들어서 참 아쉽다. 영국 어딜 가나 매번 우리를 삼켜버릴 만큼 큰 구름을 만나게 된다. 땅과 맞닿을 듯 넓게 펼쳐진 구름 사이를 차를 타고 달릴 때면, 내가 하늘길을 달리는 듯한 착각에 빠지기도 한다. 그 하늘과 구름이 보고 싶다.

일상 12 산휘야, 잡아, 잡아, 잡아!

산휘야, 잡아, 잡아! 확 잡아 버려!

이제 6살 산휘의 왼손은 간절하고, 오른손은 잡은 것인지 잡힌 것인지 알 수가 없다.

동물 복장

산휘 학교 공지 사항으로 5월 27일 금요일에 야생동물 보호 기금 모금을 위해 동물 복장을 하고 등교하라는 메시지를 받았다. 가끔 숲 체험을 하는 날이나 자유복을 입는 금요일이 있기는 했지만, 웬 동물 복장? '얼굴에 고양이 수염을 그려 가면 되려나' 하는 생각에서부터 집에 있는 옷들 중 동물을 연상시키는 옷이 있을까 하나씩 떠올려 보다가 결국 인터넷을 검색하기 시작했다.

동물 복장을 검색해 보니 엄청나게 많은 옷들이 검색되는 것을 보면, 이 나라 아이들은 이렇게 동물 복장을 하는 이벤트가 종종 있나 보다 하는 생각이 들었다. 산휘와 같이 사이트를 펼쳐놓고 어떤 동물이 좋을지 의논을 해 보았다. 엄마는 올빼미 복장이 좋은데, 산휘는 한국의 뽀로로에 나오는 에디와 닮은 여우 복장이 좋다고 해서 결국 여우 복장으로 주문을 했다. 여우 옷을 입고 꼬리를 길게 드리운 채 신나게 학교에 가는 산휘의 모습을 보면서, 그 준비 과정이 번거롭긴 했지만, 산휘 기억 속에 또 하나의 선명한 추억이 새겨질 것이라 생각하니 마음 한 곳이 뭉클해졌다.

학교가 점점 가까워지면서 점점 다양한 동물들이 속속 등장하기 시작했다. 복장뿐만 아니라 얼굴과 헤어스타일까지 사자로 변신한 리오, 악어로 변신한 수지, 말인지 원숭이인지 애매한 그레이스 등. 아이들은 친구들의 변신한 모습을 보며 마냥 기뻐했고, 부끄러운 듯 자꾸 뒤돌아보던 산휘도 어느새 친구들 틈에서 귀여운 여우로 변신을 시도했다.

집 근처 학교에서 동물 잔치가 있을 것이라는 소문을 듣고 산휘 아빠도 길다란 렌즈로 무장하고 사냥을 하러 갔다. 꼬리가 길어 쉽게 잡을 수 있을 것이라 생각했던 여우는 킥보드를 꺼내어 올라타고 날름 동물들이 있는 굴 속으로 도망을 갔다. 동굴 안에는 악어도, 호랑이도 무서운 사자도 나온다는 얘기를 듣고 조심조심 한 발 한 발 …. 앗, 저기에 무리가 있다. 아까 본 여우가 등을 보이며 속삭이고 있고, 그 옆에 고양이와 호랑이가 잠자코 듣고 있다. 말은 뒷짐을 진 채 무슨 묘안이 생긴 듯 눈을 반짝이고 있다. 이 기회를 놓칠 산휘 아빠가 아니다. 조용히 소총을 꺼내고, 초점을 맞춘 후 하나, 둘, 셋. 탕! 탕! 탕! 이때 갑자기 노란 사자가 도망가는 여우를 낚아채며 산휘 아빠 쪽을 보았다. 사자에게 포위 당한 여우는 겁에 질려 있고 사자는 카메라 든 사냥꾼을 보고

웃음을 지었다. 수업이 시작되는지도 모르고, 카메라 총을 쏘아 대던 산휘 아빠는 동굴을, 아니 교실을 서둘러 빠져나왔다.

그 다음 주, 학부모들의 기부로 335파운드가 모아졌고, 네팔에 있는 눈표범을 위해 돈이 잘 쓰여졌다는 연락을 받았다. 아직도 산휘는 훌쩍 커버린 키로, 가끔 그 여우 옷을 꺼내 입어 본다. 땅에 닿았던 꼬리는 어느새 댕강 매달려 있지만, 산휘의 기억 속에 다채로운 모양을 한 동물 친구들의 장난기 가득한 웃음소리는 이후에도 오래도록 기억에 남아 있을 것 같다.

타워브리지에서 아빠와 광대

어쩌면 우습기도 하고, 어쩌면 이해가 안가는 이야기일 수 있지만, 얼마 전까지 다른 사람에게 아들 산휘를 '내 아들, 우리 아들은'이라고 말하는 것이 왠지 쑥스럽고 어색했다. 특히 우리 엄마나 장모님 앞에서는 더욱 그랬다. 물론 아이에게도 "아들아!"라고 하거나 "우리 아들, 밥 먹었어?"라고 얘기한 적 또한 내가 기억하는 한 없는 듯하다. 나의 이런 심리는 마치 초등학교 때 같은 반 여학생의 이름을 부르기가 왠지 어색해서 꼭 성을 넣어 같이 부르곤 했던 마음 상태와 비슷하다고 할까? 다른 아빠들도 그런지는 잘 모르겠지만, 어쨌든 나는 아이가 6살이 다 되어가는 최근까지도 아빠 역할이 살짝 낯설었던 것 같다. 아마도 아이가 만 3살이 되기 전에 가족들과 떨어져 나 홀로 인도네시아로 가게 되면서 아이가 느낄 법한 아빠에 대한 '서먹서먹함'을 알게 모르게 나도 가지게 되었는지도 모르겠다.

그랬던 내가 아들 산휘를 '아들, 아들!' 하며 살갑게 부를 수 있게 된 것은 영국에 온 이후 한참 지나서부터이다. 아마 내 나이도 한두 살 더 먹으면서 '아빠, 아버지'라는 역할이 자연스러워진 것도 있을 것이지만, 무엇보다 아이와 떨어져 지내던 생활을 정리하고 지난 10여 개월 동안 매일 같은 공간과 시간 안에서 살을 부대끼면서 서로 가까워진 이유가 가장 클 것이다. 참 다행스러운 일이다.

영국으로 와서 모처럼 아이가 생활하는 모습을 하루하루 볼 수 있었다. 이곳에서 나도 아이를 좀 키웠다고 하면 아내가 화를 낼 것이고, 그래 가끔씩 거들었다고 치자. 6살 정도 되어서 말귀도 알아듣고 자기 고집도 생긴 아이를 키우는 것은 아주 예쁜 여자(아내라고 해 두자.)와 연애하는 것과 매우 비슷한 면이 있다. 보고 있으면 너무 설레이고 좋지만 저쪽 마음이 어떤지 정말 알 수도 없고, 또 도통 어떻게 대응해야 할지 모를 때도 생긴다. 정말 쉽지가 않다. 처음에 와서 가끔씩 "아빠는 가! 저리로 가!"라고 말하는 산휘를 더욱 더 껴안아 버리거나 입이라도 내밀면 아주 완강히 거부를 했다. 이런 과정이 몇 번 반복되다 보면 아무 잘못도 안한 것 같은 나도 슬슬 부아가 치밀어 올라 "아빠,

간다! 너한테 다시는 안 올거야!"하고 가버리는데, 그러고 나면 '아빠는 바보, 진짜 갔어.'가 아이의 속마음인지, '오예, 아빠 갔다!'가 진짜 마음인지 알 수가 없다. 가만 있다가도 몇 번이나 왔다갔다 하는 녀석을 보면 결혼 전의 아내와 비슷한 것 같기도 하고, 또 그것이 나를 길들이려는 것 같아서 기분이 썩 좋지도 않지만, 또 받아 주지 않으면 녀석과 점점 멀어질 것 같아 살짝 겁도 난다. 어쨌든 이 녀석과 함께 지내는 것은 예전에 아이 엄마와 연애할 때와 비슷하다는 생각이 든다. 영국에 와서 이제 7~8개월 정도 지나니 산휘와 나도 다시 꽤 가까워졌고 더 이상 울어 젖히며 저쪽으로 가라고는 하지 않는다. 서서히 나를 연애 상대로 인정해 주는 것 같다. 반갑고 기분 좋은 일이지만 데이트 중에는 항상 이것 해달라, 저것 해달라 요구가 참 많다.

런던 타워브리지 주변을 걷고 있을 때였다. 갑자기 산휘가 날더러 저기 가로등 위로 점프해서 올라가 보라고 하였다.

"산휘야, 아빠는 무거워서 저 가로등이 넘어질지도 몰라. 그러면 저기 있는 경찰 아저씨한테 잡혀간다!"

그래도 녀석은 막무가내였다. 무조건 올라가 보란다.

'그래, 네가 원하면 아빠가 기꺼이 광대가 되어 주마!'

올라가서 팔다리를 활짝 펴자 녀석도 씨익 웃음을 짓는다. 뭔가 마음에 들었나 보다. 오늘도 임무 완수했다. 제발 말 좀 듣자, 이 꼬마야!

아빠, 알바를 뛰다

마지막 학기가 한창일 때 한국에 있는 동생 친구 승주에게서 연락이 왔다. 며칠 있다 아버지가 아테네 포시도니아 조선해양박람회에 참석해야 하는데 내가 같이 동행을 해 주지 않겠느냐는 것이다. 승주 아버지는 예전부터 자주 뵈면서 이런 저런 마음의 신세를 졌던 분이어서 타이트한 학교 일정은 생각치 않고 흔쾌히 하겠다고 했다. 키프로스에서 한 군데 업체 미팅을 하고 아테네 전시회에 참석하는 일정이었다. 승주가 얼핏 수고비를 얘기하고 또 아버님의 성향도 잘 알고 있어서 가까운 사이에 참 미안하게도 나의 동행은 결국 장거리 알바가 될 것 같았다. 약 일주일 동안의 알바라고 생각하면 아무 일도 아니지만, 멀리서 적지 않은 비용을 들여서 오시는 엄연한 비즈니스 출장이니 어떠한 성과라도 생길 수 있도록 거들고 싶었다. 참 대단한 알바 정신이다. 이쪽 업계를 떠난지도 벌써 3년 이상 지났고 별로 특별한 능력도 없으면서 알바 정신만 투철해서였을까. 시간이 다가올수록 은근히 압박감이 지속되더니, 출국 당일에는 왠지 기분이 계속 땅을 파며 끊임 없이 내려가는 느낌이었다. 나름이 처지는 분위기를 바꿔 보기 위해 비행기 옆 좌석에 앉아 있는 사람에게 웃으면서 말도 걸어 보면서 스스로에게 긍정의 최면을 계속해서 걸었다.

그리고 '앞으로 열흘간 재미있고 놀라운 일들이 계속 일어날 것이다! 반드시 일어날 것이다!'라는 나의 최면은 키프로스 공항에 내리자마자 현실이 되어 나를 놀라운 일들의 소용돌이 속으로 빠뜨렸다.

3시간 지연된 비행기는 새벽 2시가 되어서야 키프로스 파포스Cyprus Paphos 공항에 도착하였다. 원래 지하철로 목적지인 라르나카Larnaca까지 이동할 계획이었지만, 당연히 그 시간에는 지하철은 끊기고 없다. 어성버성 다가오는 택시 기사는 처음에는 200유로를 요구하더니, 나중에는 150유로까지 해 주겠다며 아주 친절한 체한다.

'단돈 몇천 원이면 지하철로 이동할 것을 20만 원이나 내라고? 에라잇, 내가 어딜 봐서 돈이 그렇게 있게 보이냐? 절대 그렇게는 못해!'

그러면서 계획에도 없던 렌터카를 자연스럽게 빌리게 되었다. 예상치 못한 어려움에 태연히 대처하는 내가 왠지 뿌듯했다. 그런데 한참을 달리다 보니 내비게이션이 계속해서 말썽이었다. 되었다 안되었다를 반복하며 한참을 달려도 공항 주변을 맴도는 기분이었다. 삐걱대는 내비로 한참만에야 겨우 렌터카 사무실로 다시 돌아왔다. 내일 아침 9시 반이 미팅인데 시계는 벌써 새벽 3시를 가리키고 있었다. 내비를 바꾸고 헤맸던 길을 빠져나와 한참을 달렸다. 결국 나는 새벽 4시 반 즈음에 완전히 녹초가 되어 겨우 승주 부모님이 도착해서 기다리고 있는 호텔에 도착했다. 아버님은 내가 걱정되었는지 그 시간에 호텔 로비에서 기다리고 있었다. '아, 이 부담스러운 상황이라니…. 그런데 아버님, 이건 정말 제 잘못이 아닙니다.'

2시간을 잤다. 잠을 잔 것이 아니라 잠깐 졸은 것 같은 기분이다. 미팅 장소인 리마솔Limassol로 이동하기 위해 준비하는데 이거 웬걸, 내비가 또 작동하지 않는다. 당황해서 어쩔 줄 몰라 하는 나를 보고 호텔 직원이 리마솔까지 가는 길은 그리 어렵지 않다며 지도를 펴 놓고 한참을 설명해 주었다. 긴 설명을 들으며 몇 차례 예스, 예스라고는 대답했지만 속으로 나 같은 길치는 절대 찾을 수 없을 것이라며 수십 번을 되뇌였다. 급기야 한국 휴대폰까지 꺼내서 구글 지도를 켜 봤지만 그것조차 작동하지 않았다. 뭐가 뭔지 하나도 모르겠다. 옆에서 안타깝게 지켜보던 호텔 직원이 고개를 절래절래 흔들며 "오늘은 당신의 날이 아니군요(It's not your day)."라고 하며 전혀 위로되지 않는 위로를

어설펐던 알바를 끝내고 포세이돈 신전에서

했다. 어쩔 수 없다. 일단 아까 호텔 직원이 가르쳐 준 길을 따라 무작정 이동을 했다. 어디로 가야 하는지 정확히 알지 못한 채 가고 있는 길을 어떻게 찾을 수 있겠는가! 결국 적당한 장소에 주차를 한 후 택시를 타고 미팅 장소로 이동했다. 렌터카를 빌려 놓고 결국 택시를 타다니, 도대체 내가 무슨 짓을 하고 있는지 모르겠다. 결국 30분 정도 지각을 해서 미팅 장소에 도착했다. 휴, 드디어 끝인가? 호텔로 돌아가는 길은 길눈 밝은 아버님이 길을 알 것 같다며 직접 운전대를 잡으셨다. 분명 나를 시키는 것보다는 본인이 직접 하는 것이 나을 것이라는 생각이었을 것이다. 이제 폭풍이 다 지나갔다고 생각하니 긴장이 확 풀리며 어제부터의 피로가 갑자기 몰아닥쳤다. 옆에서 말을 하는 아버님의 목소리가 꿈인지 생시인지 오락가락하다가 나는 곧 스르르 잠에 녹아들었다. 짧은 시간 아주 깊은 잠에 빠져든 것 같았다. 한참 동안 악몽을 꾸다 자동차가 '덜컹' 하는 소리와 함께 눈을 떴는데, 고가도로 밑의 여러 차선 속에서 우리 차가 다른 차를 향해 역주행하고 있는 것 같았다. 아직도 내가 운전을 하고 있는 듯 착각하고 브레이크를 향해 오른발을 쭈욱 뻗으며 큰 소리로 "스톱, 역주행!"을 외쳤다. 옆에서 운전하고 있던 아버님이 깜짝 놀라 핸들을 좌우로 틀었다. 잠깐 동안 비틀대다 겨우 제 차선을 찾았지만, 자다 일어나 갑자기 고함을 친 나 때문에 정말 위험천만한 상황이었다. 식은땀이 주르르 났다. 창피해서 무슨 말을 드려야 할지 모르겠다. 나에게 이렇게 험악한 날이 또 있었나 싶었다. 정말 비행기 안에서의 주문대로 놀라운 일들이 어제부터 계속 나를 때리고 있었다. 아테네로 이동하자마자 나는 바로 몸져누웠다. 호텔 창 밖으로 멀리 보이는 아크로폴리스가 그렇게 슬퍼 보일 수 없었다. '세상아, 조금만 더 나에게 친절하면 안되겠니? 나 정말 힘들다.' 평화롭고 고즈넉한 키프로스에서의 마흔 살의 알바는 이토록 힘겹고 외로웠다.

브렉시트 국민투표

2016년 6월 22일 학교에서 중국 학생들이 떼를 지어 시끌벅적 어디론가 가고 있었다. 뭔가 재미있는 일이 있는 것 같아 한 여학생에게 어디 가느냐고 물었다.

"응, 우리 복권 사러 가."

"복권? 무슨 복권?"

"내일 브렉시트 국민투표Brexit Referendum 있잖아!"

"에? 브렉시트 복권도 있어? 정말이야? 하하, 진짜 재밌네. 근데 누가 탈퇴에 걸겠어?"

"난 탈퇴에 걸건데. 혹시 알아? 진짜 탈퇴해서 돈 엄청 벌 수 있을지!"

작년 영국에 와서부터 끊임 없이 뉴스에서 언급되던 브렉시트 국민투표[1]가 드디어 내일이다. 기억하건대 우리가 영국에 들어온 작년 8월만 해도 잔류 쪽이 우세했는데, 올해 들어와서는 탈퇴의 목소리가 점점 커지더니 투표가 가까워지자 근소한 차이로 엎치락뒤치락하는 것 같았다. 얼마 전 초대 받은 한 모임에서도 3명 중 잔류와 탈퇴가 각각 1명씩이었고 미정이 1명으로 아주 팽팽했다. 하지만 그래도 결국에는 잔류가 될 것이라는 의견이 많았다. 내가 만나는 사람들 부류가 정해져 있어서 잔류쪽으로 의견이 많았겠지만, 길퍼드 한인 모임에서도 산휘와 봉 삼촌의 영어 선생님인 팜 선생님 집 의견도 그랬다. 1년 동안만 지내는 우리 가족에게 국가의 큰 방향이 결정되는 브렉시트 투표는 잉글랜드 프리미어리그 축구 경기를 현장에서 보는 것과 같이 부담없이 상당

1) 영국의 유럽연합 잔류 여부를 묻는 국민투표

히 흥미롭기만 하다. 단, 환율 변동 빼고 말이다. 그래서 선거 결과가 잔류 쪽으로 나오면 분명 파운드가 치솟을 테니 남은 기간 생활비도 모두 환전을 했다.

6월 24일 아침, 아내의 "어, 탈퇴다! 하는 말에 깜짝 놀라 눈을 떴다. "진짜가? 설마?" 그런데 사실이었다. 51.9%대 48.1%로 EU를 떠나는 것으로 결정이 났고, 그날 오전 영국은 유럽연합EU 안에서 더욱 강하고 안전할 수 있다며 EU 잔류를 강하게 지지했던 데이비드 캐머런David Cameron 총리는 새로운 방향으로 항해하는 영국은 새로운 리더십이 필요하다며, 본인은 선장이 될 수 없으니 총리직에서 물러날 것임을 발표했다. 신문들은 연이어 '불확실성의 시대의 도래'에 대해서 언급하며, 어떻게 산출되었는지 알 수 없는 브렉시트 비용과 2017년 영국 경제에 대한 영향 등을 불안하게 연일 쏟아내었다. 온라인에서는 400만 명 이상이 국민투표 결과에 대해 반대하며 재선거를 요구하는 탄원서를 내었지만, 투표 결과는 의심의 여지가 없었다. 스코틀랜드와 북아일랜드 및 런던과 맨체스터를 제외한 대부분의 지역에서는 '탈퇴' 쪽이 우세했다. EU 분담금 문제나 이민 노동자 수 증가 등 브렉시트가 나오게 된 많은 원인들이 있지만, 지역별 투표 결과를 보면 지역 및 산업에 따른 찬반 여부도 비

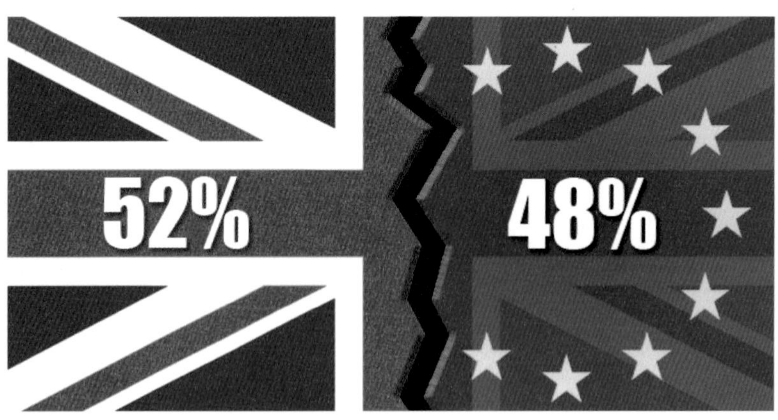

교적 명확한 것 같았다. 찬성하는 쪽이 반대하는 쪽보다 3% 정도 많으니 EU와 결별하는 복잡한 수순을 밟겠지만 EU 잔류에 투표했던 나머지 48%를 안고 가기 위해 어떠한 묘안을 그럴싸하게 포장해서 만들어 낼까?

지난 몇십 년 간 세상을 바꿔온 메가트렌드는 세계화globalization와 기술technology이었다. 1948년 GATT(관세 및 무역에 관한 일반 협정)를 시작으로 1994년에 WTO(세계무역기구)까지 넘어온 큰 물줄기는 세계화이며, 돈 버는 것에 대한 범국가적 방향은 '장벽 철폐'였다. We are the world! 우리는 하나라며 이 장벽 철폐의 끝판을 보여 준 EU의 단일 시장, 완전 경제 통합은 브렉시트로 인해 더 이상 완전한 통합이 아니게 되었고, 갈 데까지 가 봐도 별 것 없네. 역시 우리는 남이야.'라며 세계화에 대해서도 의문을 던졌다. 우리가 더 잘할 수 있는 일에 집중하고, 다른 나라가 더 경쟁력 있는 제품이나 인력을 받아들이면 다 같이 잘살 줄 알았는데, 우리만 일자리를 잃고 더 가난해졌다며 51.9%는 브렉시트를 말했다. 교통과 IT 기술의 발달로 인해 세상은 과거에 비해 비좁게 느껴질 정도로 가까워졌지만 국가들은 이 좁은 틈 사이에 치밀한 벽을 다시 쌓기 시작했다.

브렉시트가 결정되고 파운드 환율이 다시 왕창 떨어졌다. 브렉시트는 2달 뒤면 떠날 우리에게도 더 이상 영국 프리미어리그의 재미있는 축구 경기가 아니었다. 괜히 평소답지 않게 하지 않던 설레발을 쳐서 또 손해를 보았다.

새똥 찾는 남자와 에이미 와인하우스

시험을 목전에 둔 일요일 아침 서리 대학교에서 공부하다가 도통 공부가 되지 않아 길퍼드 타운까지 조용히 걸어갔다. 비가 막 개인 뒤라 상쾌한 듯했지만, 모든 게 씻겨 내려가고 햇살만 비치는 길퍼드 타운은 쓸쓸하기도 했다. 대부분의 상점들은 아직 문이 닫혀 있고, 군데군데 커피숍들만 문이 열려 있었다. 아메리카노 한 잔을 들고 길퍼드 역으로 천천히 향하고 있는데 마크 앤 스팬서(M&S, 영국의 마켓 브랜드) 앞에서 버스킹을 하고 있는 여자의 어디선가 분명 들은 적 있는 노래가 나를 멈추게 했다. 한참이나 넋을 놓고 바라보고 있다가 머릿속에서 몇 번이나 할까 말까 고민 끝에 묘하게 사람을 끌어당기는 끈적한 목소리를 가진 젊은 여자에게 다가갔다(왜 나는 별다른 꿍꿍이도 없으면서 고민을 할까?).

"May I ask the title of this song?" (이 노래 제목이 뭔지 물어 봐도 돼요?)

"Amy Winehouse, Back to black." (에이미 와인하우스, 백 투 블랙)

어디까지가 제목이고 누가 가수인지 알 수가 없어 휴대폰을 내밀자 '에이미 와인하우스'가 가수이고, '백 투 블랙'이 노래 제목이라며 적어 주었다. 그런데 갑자기 이 아가씨가 본인의 긴 머리를 나에게 가까이하며 나에게 뭐라고 말을 하는 것이었다. '앗 이거 뭐지? 떨린다.'

"Can you see b○○○ on my hair?" (내 머리 위에 b○○○ 보여요?)

"I am sorry, 'what' on your hair?" (머리 위에 뭐라구요?)

"Bird pooh." (새똥이요.)

"Sorry, bird what?" (미안해요, 새 뭐라구요?)

"Bird pooh, bird pooh" (새똥, 새똥이요.)

"Bird pooh?" (새똥요?)

설마설마 했는데 진짜 새똥이다. 친절한 현준 씨는 열심히 젊은 아가씨의 머리 이곳저곳을 살폈다. '안 보이는 것 같은데…. 아, 여기 있다.' 드디어 발견했다, 새똥! 그 젊은 여자는 나에게 땡큐를 날리며, 손으로 그놈의 새똥을 대충 털어 내고 다시 노래를 했다. 하지만 이 여자! 아무리 내가 아무 의도도 없었고 남자로 보이지 않기로서니, 낯선 남자에게 감히 새똥을 찾아달라고 하다니! 자존심에 상당한 상처를 입었다. 오른쪽 빰을 심하게 맞은 기분이다. 여기서 상처 입으면 지는 것이다. 뭔가 반격이 필요하다고 생각했고, 그래서 나는 왼쪽 빰까지 내어 주기로 했다. 이왕 남자로 안보이는 거, 내가 너의 친오빠라도 되어 주마! 나는 M&S 앞 버거킹으로 들어가서 화장실에서 휴지를 한참 말고, 그것을 물에 적셔서 그녀에게 다시 다가갔다. 그리고는 숱 많은 그녀의 머리를 뒤져서 열심히 새똥을 닦아 주었다. 그녀에게서는 여러 번의 땡큐 외에 아무것도 없었다. 전화번호 같은 것 말이다.

서리 대학교로 돌아오는 중에 드디어 상처 입은 자존심에서 통증이 시작되었다. '감히 나를, 나를, 새똥 취급하다니…. 분하도다!' 이 분도 憤(분할 분)이 아니라 糞(똥 분)이라 생각하니 더 열받는다. 에이미 와인하우스, 28세의 젊은 나이로 요절한 영국 천재 뮤지션의 명곡 백 투 블랙을 알기 위해 낯선 여자에게 나는 새똥이 되었다.

5

영국에서의 여름

스포츠데이

이렇게 좋아도 될까 싶을 정도로 날씨가 너무 좋다. 가끔 예고 없이 비가 쏟아지긴 하지만, 이젠 그것마저도 아름답게 느껴질 정도로 우리 가족은 영국 생활에 한껏 익숙해져 있었다. 산휘 학교 안내문을 통해 스포츠데이Sports Day가 6월 초에 있다는 사실을 알게 되었다. 한국으로 치면 학교 운동회를 말하는 것이다. 초등학교 시절 운동회를 떠올려 본다. 운동회 몇 달 전부터 부모님들을 포함해서 운동회 관객들을 위해 엄청난 준비를 했던 기억이 난다. 여학생들은 부채춤 연습을, 남학생들은 기마전으로, 청군, 백군을 나누어 운동장이 떠나갈 것처럼 목청 높여 경쟁했던 그 시절 운동회. 영국의 운동회는 어떻게 준비되고 있을지 궁금하여 산휘에게 물었다.

"산휘야, 운동회 준비로 학교에서 뭐 해?"

"음, 엄마, 그냥 개인 물통에 이름 써서 들고 오라는데…."

산휘는 내 말을 알아듣지 못했나 보다. 엄마들끼리 운동회 날 비가 안왔으면 좋겠다 정도로 안부 인사를 하며 그렇게 운동회 날은 다가왔다.

산휘 아빠는 런던에 수업이 있어서, 산휘의 생애 첫 운동회를 볼 수 없어 아쉬워했다. 나와 봉 삼촌은 카메라를 메고, 모처럼 밝은 햇살에 선글라스도 찾아 끼고 학교 운동장으로 향했다. 운동장에 도착한 순간, 혹시 오늘이 아닌가, 여기가 아닌가 하며 주변을 둘러보았지만, 몇몇 학부모들이 와 있는 것을 보면 오늘, 이곳이 맞다. 햇살이 강하게 내리쬐는 운동장 한 켠에 20석 정도의 1열 의자가 줄지어 세팅되어 있는 것 외에는 평상시에 비해 아무런 변화가 없었다. 봉 삼촌은 햇살이 눈부시다며 그늘진 곳에 자리잡았고, 나는 그래도 산휘의 첫 운동회이니 작은 것 하나라도 놓치지 않겠다는 욕심으로 강한 햇볕아래 의자에 당당하게 자리잡았다.

이어서 1학년 친구들이 운동장으로 입장하였다. 학년별로 하는 운동회라 규모가 작을 것이라고 생각은 했지만, 내 예상보다도 더 작은 규모였다. 아이들은 담임 선생님을 따라 정해진 자리에 줄지어 앉았고, 준비된 아기자기한 종목들을 아주 열심히 하나씩 마무리했다. 운동장 중간중간에 마련된 미션(소방관 옷 갈아입기, 천으로 된 길다란 통로 통과하기 등)을 수행하였으며, 운동회에 그 흔한 달리기 경쟁도 없었다. 교장 선생님과 교감 선생님은 조금 늦게 도착한 아이들에게 열렬히 응원을 보냈다. '잘하고 있고, 잘할 수 있다, 너무 멋지다' 등 각자에게 주어진 미션을 끝까지 다 마칠 수 있도록 격려하였고, 누가 먼저 끝내는지는 중요하지 않아 보였다. 그저 정해진 규칙대로 정해진 코스에 따라 경기를 끝내면 되었다. 이제 나도 영국에 많이 익숙해졌다고 생각했는데, 또다시 '다름'을 느꼈다. 경쟁 없는 운동회 프로그램이, '더 빨리, 더 강

하게'를 재촉하는 것이 아니라 인내하며 아이들을 응원해 주는 어른들의 모습이, 어떤 낙오자도 없는 행복한 운동회였다.

어느 나라나 공통으로 운동회에 부모 달리기는 빠질 수 없나 보다. 먼저 아빠들 차례였다. 산휘 아빠가 왔으면 좋았을텐데…. 봉 삼촌을 떠밀어 보았지만, 열도 없이 우루루 한 무더기의 아빠들이 달려 갔다, 달려 왔다. 다음은 엄마들 차례. 산휘가 지켜보고 있으니 나도 가만히 있을 수 없었다. 운동회 끝나고 나 또한 수업을 바로 갈 생각에 옷도 신발도 달리기에 적합하게 갖추지 못했지만, 열심히 뛰었다. 산휘는 지금도 '엄마가 꼴찌했잖아.'라고 회상하지만 사실 꼴찌에서 2번째였다.

짧은 운동회를 끝내고 붉게 상기된 얼굴로 친구들과 장난을 치며 교실로 향하는 산휘의 뒷모습을 보면서, 지나온 우리의 시간과 앞으로 얼마 남지 않은 우리의 시간이 교차하여 마음이 또 짠해졌다.

메시선데이

우리 동네 엠마뉴엘 교회의 키즈 프로그램은 다양하다. 영어를 하나도 모르던 산휘를 무작정 영어 환경 속에 노출시켜야겠다는 일념으로 산휘를 반강제로 키즈 처치kids church에 놓고 뒤돌아나올 때, 산휘의 그 간절한 눈빛을 아직도 잊을 수가 없다. 산휘가 걱정되어 문밖에 숨어 보면서 아이들 틈에 제대로 섞이지 못해 혼자 외로이 앉아 있는 산휘를 보며 눈물을 흘린 적도 여러 번이었다. 6살 산휘는 그런 엄마의 눈물을 아는지, 늘 일요일 아침이면 키즈 처치에 가지 않겠다고 으름장을 놓았지만, 결국은 엄마 손에 이끌려 자신의 이름을 가슴에 붙이고 자리를 잡았다. 말도 통하지 않는 상황에서, 일주일에 한 번 보는 친구들과 담당 선생님과 친해지기는 쉽지 않았을 것이다. 하지만 가끔 몸으로 노는 프로그램이 있는 경우, 산휘는 언어를 잊고 한껏 장난기 어린 아이의 모습을 되찾았다.

어른들이 보다 오래 예배를 볼 수 있도록 하기 위해 아이들과 많은 시간을 보내려고 기획된 '메시선데이Messy Sunday' 프로그램에 대한 공지는 나를 들뜨게 했다. 몸에 해롭지 않은 색깔 파우더를 뿌려가며 놀 예정이니 그렇게 놀아

도 되는 옷을 입혀 보내달라는 것이었다. 예배를 보는 내내 색 파우더를 뒤집어쓰고 있을 산휘의 모습이 궁금해져서 살짝 키즈 처치쪽으로 나왔다. 색색의 밀가루를 뒤집어쓴 아이들, 그리고 어른들의 모습 속에 산휘도 끼어 있었다. 아이들과 어른들의 색 파우더 던지기 놀이는 예배가 끝나서도 이어졌고, 강당을 나와 푸른 잔디 위에서도 계속되었다. 산휘 아빠는 산휘의 그런 모습을 카메라에 담고 싶어 했지만, 파우더 던지기 놀이에 심취한 생쥐 같은 산휘는 요리조리 아빠의 카메라를 피해 가며 잘도 도망을 다녔다.

팜 선생님이 다니는 교회에서도 어느 특정한 날을 정해서 아이들이 옷이나 손이 더럽혀지는 것을 상관하지 않고 마구 노는 프로그램이 있다고 이야기해 준 기억이 난다. 영국에 온 이후로, 시공을 초월하여 산휘에게는 언제나 메시데이이지만(매일 잔디에 드러눕고, 뒹굴고), 이러한 프로그램을 통해 아이들이 느낄 그 '자유로움'에 대해 한 번 더 생각해 보게 된다.

응급실

하늘과 구름이 너무 아름다운 7월 어느 일요일, 이제 한국으로 돌아갈 날도 2달 밖에 남지 않았다. 최근에서야 가깝게 지내게 된 휘비네와 지담이네와 그동안 미루어왔던 피크닉을 오늘은 기필코 하고자 동네 공원에 모였다. 지담이와 산휘는 톰과 제리 같이 언제나 만나면 쫓고 쫓기는 사이였는데, 이 날도 여전했다. 공원에 도착하자마자 한 살 더 많은 지담이는 자전거를 타고 잡혀 줄 듯 말듯 산휘 주변을 맴돌았고, 산휘는 오늘도 여전히 지담이를 쫓고 있었다. "아이고, 저 까불이들." 하고 웃음 짓고 있을 때 산휘의 고함 소리가 날카롭게 들렸다. 잡으려다가 넘어진 산휘를 지담이도 제어하지 못해 자전거가 산휘 얼굴을 덮친 것이었다. 천만 다행히 눈을 지나지는 않았지만 눈썹 바로 윗부분이 출혈과 함께 깜짝 놀랄 정도로 심하게 부풀어 올랐다. 산휘는 엄마에게 안겨 계속 울부짖었고, 안고 있는 엄마도 가슴 아프고 불안하기는 매한가지였다. 지담 아빠는 죄송하다며 연신 지담이의 볼기짝을 두드리고, 아무것도 모르는 지담이는 아프다고 또 고함을 쳤다. 아, 어쩔 수 없는 일이 일어났다.

휘비 엄마 차를 타고 바로 10분 거리에 있는 로얄서리병원 응급실로 가서 다급하게 접수를 했다. 기다릴 수 없었지만 기다려야 한단다. 의사고 간호사고 아무도 와 보지도 않았다. 어디서 기다리다가 왔는지는 알 수 없으나 갑자기 들어온 젊은 여자애가 지금까지 기다린 우리보다 먼저 부름을 받고 진료실인지 어딘지로 들어갔다. 여기도 이런 차별이 있나 싶어 언제 의사를 만날 수 있느냐고 다시 물어도 간호사는 그저 조금 더 기다리라고 할 뿐이었다. 일요일 오후의 응급실은 이랬다. 많은 환자가 대기하고 있음에도 어떻게 돌아가고 있는지 전혀 느껴지지 않을 정도로 급한 것도 서두름도 없이 따박따박이다. 하필 일요일이라 의사가 부족한가? 그래도 이제 일곱살 된 아이가 눈 주변을 다쳤는데…. 그리고 여기는 응급실 아닌가! 그렇게 해서 산휘는 4시간을 기다렸다.

인도계 의사는 산휘 얼굴을 가만히 보더니, 아이가 어지러워하는지, 걸음걸이가 이상한지 등 매뉴얼에 나와 있는 듯한 질문들만 확인하고는 괜찮을 것이라며 그냥 집에 돌아가서 상처 부위를 깨끗하게 닦아 주고 안정을 취하라고만 하였다. 여전히 이렇게 부어 있는데 엑스레이라도 찍어 보아야 하지 않느냐고 물어도 괜찮다고 한다. 흉터가 남지 않겠느냐, 꿰매야 하는 것 아니냐고도 물어 보았지만 크게 남지 않을 것이라고 한다. 연고조차 바르지 않아도 된다고 하는데, 의사 말이라서 믿기는 믿는데 왠지 개운치 않았다. 그저 별 문제가 없도록 마음으로 기도하는 수 밖에 없었다. 다행히 산휘의 상처 부위는 저녁이 되자 거의 가라앉았다. 아이가 괜찮아져도 나름 정확하게 판단해 준 의사에 대한 고마움은 전혀 생기지 않았다. 단지 4시간의 초조한 기다림 끝에 의사의 상처가 남지 않을 것이라는 '한 마디의 위로'의 기억은 여전히 개운치 않고 구멍이 숭숭한 것 같아 불안했다.

일상 13 증기기관차 공원

영국의 여름은 곧 다가올 기나긴 겨울을 보상받기라도 할 듯이, 무수히 많은 크고 작은 이벤트로 가득 차 있다. 별다른 계획 없이도, 마음 맞는 이웃들을 불러 모아 바비큐 파티를 열고, 동네 사람들 대상으로 각종 야외 이벤트가 주말마다 곳곳에서 열린다. 산업혁명 시대의 옛 증기기관차의 추억을 떠올리기라도 하듯이, 한 공원에서는 증기기관 축제를 연다. 소형 증기 기관차를 타 보기도 하고, 자작 증기기관차 레이싱 대회도 열리고, 개인들이 소장한 아이템들의 전시회 등, 거창하지는 않지만 아이들을 데리고 다녀올만한 다양한 이벤트로 여름이 풍성해진다.

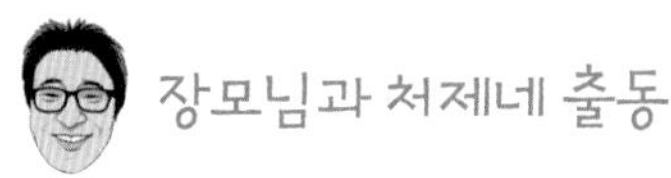

장모님과 처제네 출동

장모님과 처제네가 오는 날이다. 현재 우리 식구 셋과 봉 삼촌이 살고 있는 집에 장모님과 처제, 그리고 처제네 조카 2명(주원, 주하)이 들어와서 총 8명이 살게 되는 것이다. 이로서 내가 아는 모든 처가 식구가 총집결한다. 앞으로 1달 반 동안, 거의 우리가 귀국할 때까지 이 동거는 계속될 것이다.

'음, 음….' (이것은 신음 소리가 아니고 냉정하게 고민하는 소리이다.)

'나는 미영이를 사랑한다. 그래서 처가 식구 모두를 사랑한다. 아니 사랑해야 한다. 사랑해야 한다.'

'오랜만에 듣는 어머님의 잔소리는 …?'

'오랜만에 들으면 잔소리도 반갑겠지?' 그런데 영 자신이 없다.

'장모님, 처제, 봉 삼촌, 아내, 다같이 힘을 모아 나에게 레이저를 쏘면 장난 아닐텐데….'

'원래 인생은 장난이 아니야. 어려움을 극복해야 하는 거지.'

'좋은 점도 분명 많을 거야!'

산휘 엄마의 나에 대한 관심과 애정이 50% 이상 장모님과 처제네 쪽으로 분산될 것이다. 아주 안타까운 일이지만 왠지 설레이기도 한다. 런던을 자주 나갈 수 있을 것도 같고…. 음, 나쁘지 않은 딜 같다. 나는 처가 식구를 사랑한다. 따로따로도 사랑하고, 뭉쳐 놓아도 사랑한다!

그렇게 하기로 했다. 나에게 자유가 좀 더 주어진다면…. 공항으로 출발한다. 아내, 산휘, 봉 삼촌 모두 공항으로 가서 환영하고 싶었지만, 그렇게 되면 작은 내 차가 찢어질 수 있기 때문에 나 혼자 공항으로 간다.

입국 수속이 오래 걸리는지 한참을 기다려도 나오지 않는다. 혹시나 이미그

레이션에서 무슨 문제라도 생긴 것은 아닌지 걱정이 되기 시작했다. 몸에 카페인이 떨어져서 더욱 초조해지는 것 같다. 출구 앞 코스타COSTA에서 아메리카노 한 잔을 사서 입에 대는 순간, 엄청난 짐들과 함께 장모님과 처제네가 나오기 시작했다. 약 10개월만에 보니 정말 반가웠다.(진심이다!) 식구들의 짐이 쌓여 있는 카터를 내가 밀려고 커피를 둘 적당할 위치를 찾으려 잠깐 망설인 그 찰나 3초.

"박돌아, 이 짐들 이렇게 나오는데 커피 샀더나?"

생각지도 않게 장모님에게서 곧바로 잽이 확 들어왔다.

'앗, 방심했다.'

"어머니, 안 나오셔서 걱정이 되서 커피 샀다 아닙니까? 허허허."

'앞으로 이런 방심은 용납되지 않는다. 보다 본인 스스로에게 더욱 엄격하도록!'

약 30분 후 우리는 길퍼드의 우리 집에 도착했다. 산휘는 맨발로 뛰어나오고 아내는 눈물을 글썽인다. 나도 이 일곱 명을 사랑한다.

'운명이다, 나에게 자유가 주어질!'

그리니치천문대

지구는 적도 반지름이 극반지름보다 약간 더 긴 타원구 모양이다. 이 타원구 모양의 북극과 남극을 잇는 무한 개의 가상선을 자오선이라고 하는데 이 무한 개의 자오선 중에 영국 그리니치친문대Observatory Greenwich를 지나는 자오선을 기준이 되는 본초자오선이라고 하고, 그것이 세계 시간의 중심이라고 중학교 지리 시간에 배웠다. 이 기준이 되는 천문대 이름은 시험에 꼭 나오는 중요한 곳이라고 하여 외우기 거북한 '그리니치'란 단어를 겨우 머릿속에 구겨넣었던 기억이 난다. 그런데 이 단어가 한 번 머릿속에 들어간 뒤로는 좀처럼 잊혀지지가 않는다. 그 이유는 아마 그리니치란 단어가 '세상의 중심'이라고 인식되어 막연한 동경심이 되어 내 마음 속 깊숙한 곳에 박혀 버렸기 때문일지도 모르겠다. 고등학교를 졸업하고 내 머릿속 어딘가에서 화석이 되어 버린 이 그리니치는 돌이켜 보면 십수 년에 한 번씩 살짝살짝 엉뚱한 곳에서 깨어난다. 예를 들면, 14~15년 전 '세상의 중심에서 사랑을 외치다'라는 일본 영화를 한참 동안 빠져 보다가 세상의 중심이 호주의 울룰루Uluru가 되어 나오자 '어? 그럼 그리니치는?' 하고 잠깐 깨어났다가 다시 금세 화석으로 돌아갔다.

이처럼 그리니치는 수업 시간에 배운 세계 시간의 기준에서, 어느새 내 멋대로 '세상의 중심'이 되어 굳어 버렸다. 이 그리니치가 다시 살아난 것은 영국에 온지 한참이나 지나서이다. 같은 반 친구의 SNS를 보다가 그리니치천문대에 다녀와서 올려놓은 사진을 보고 그제서야 그리니치가 영국에 있다는 것이 떠올랐고, 위치를 찾아보니 학교에서 지하철로 얼마 떨어져 있지 않은 곳에 있었다. 내 마음은 갑자기 조급해졌다. 당장 그 주 주말에 온 식구가 세상의 중심에 서기 위해 그리니치로 나섰다. 그리고 드디어 우리는 왕립 그리니치천문대 앞에 섰다. 세상의 시간이 시작되는 이곳! 19세기 당시 세계의 중심인 영국의 강성함을 나타내는 화려하고 위엄 있는 건물일 것 같았지만, 옹골차게 차분히 균형을 잡고 있는 모습이 역시 쉽게 흔들리지 않을 기준점으로서의 각오를 나타내어 준다.

"산휘야, 지금 한국 시간은 밤이지? 우리가 지금 서 있는 그리니치천문대를 기준으로 지구에서 오른쪽으로 가면 시간이 빨라지고, 왼쪽으로 가면 시간이 느려져. 한국은 한참이나 오른쪽에 있어서 9시간이나 빨라. 그래서 지금 밤이야."

"그리고 부산에 우리 아파트가 있잖아?"

"응, 월드메르디앙World Merdiant?"

"월드메르디앙의 뜻이 세계의 자오선이란 말인데, 아빠 생각에는 월드메르디앙이 지금 우리가 있는 그리니치천문대야."

"아빠 무슨 말이야? 월드메르디앙이 왜 여기야?"

"하하하, 다음에 가르쳐 줄게!"

한 번만 더 물어 보면 인내심을 가지고 가르쳐 줄까 생각했는데, 녀석은 놓쳐 버린 풍선을 쫓아 금세 달아나 버린다.

그리니치천문대는 그리니치공원Greenwich Park 내에 위치하고 있었다. 우리가 천문대 언덕을 살짝 넘자마자 넓게 펼쳐지는 그리니치공원의 그 광활함과 푸르름은 몇십 년 간 내 머릿속에 자리잡고 있는 날짜 변경선, 표준시 등 세밀하고 엄격하고 갇힌 공간이라는 그리니치의 이미지를 한순간에 날려 버린다. '세상의 시간은 여기를 중심으로 돌아간다!'는 그 자부심과 풍요로움을 천문대 뒷마당에 살짝 숨겨 놓았던 것이다. 넓디 넓은 그리니치공원에서 아이들에게 카메라를 들이대자 아이들은 시간의 중심에서 세상을 거꾸로 보기 시작했다. 거꾸로 보는 세상은 어떻게 돌아갈까?

그로 부터 몇 달 후 식구들이 모두 한국으로 돌아가고, 나 홀로 친구 허버트가 있는 아프리카의 우간다로 여행을 갔다. 수도 캄팔라에서 몇 시간 떨어진 이 친구의 고향으로 가던 길에 허버트는 우연히도 나를 우간다 적도Uganda Equator로 데려갔다. 또 다른 지구의 한가운데에 오게된 나는 얼마 전의 그리니치가 떠올랐고, 갑지기 그리니치 자오선과 적도가 만나는 내 나름대로 지표면의 중심 중의 중심이 찾고 싶어졌다. 휴대폰을 꺼내 진짜 중심이 어딜까 찾아

그리니치천문대

그리니치천문대 앞에서

세상의 중심에서 세상을 거꾸로 본다_산휘와 사촌 동생 주원, 주하

그리니치공원에서

우간다 적도에서

그리니치공원에서 바라본 국립해양박물관

보니 아프리카 가나 바로 아래에 있는 북대서양 바다 위였다. 내가 찾으려던 그 지점이 대서양 바다가 출렁거림으로 인해 중심을 잡지 못하는 모습이 떠오르고, 그런 쓸데 없는 나의 상상에 웃음이 나온다.

스무 살이 되고, 서른 살이 되고, 또 마흔 살이 되고, 점점 더 나이가 들어갈수록 세상은 점점 더 나를 중심으로 돌아간다. 그리니치 자오선과 적도면이 만나는 내가 찾는 그 중심은 내 안에 있는 것이다. 내 가슴 속의 그 중심으로 세상을 바라보고, 세상을 돌리기도 하고, 세상을 만들기도 한다. 그래서 마흔 살 남자의 중심은 그 누구에 의해서도 흔들리지 않고 바로 자리잡아야 한다. 시간의 중심인 그리니치 위에서 거꾸로 세상을 바라보던 산휘, 주원, 주하도 올바르고 흔들리지 않는 그들만의 중심을 가슴 속에 만들어나가길 기도한다.

일상 14 자전거 배우기

엠마뉴엘 교회의 수Sue 할머니가 선물로 준 중고 자전거가 뒷마당에서 몇 달째 내버려져 있었다. 처음 자전거에 올라 뒤뚱대며 페달을 밟는 산휘의 뒷모습을 보는 즐거움은 기어코 내가 차지하고 싶었다. "아빠 잡고 있어? 보고 있지?"를 여러 번 외치다 1시간 반 만에 산돌이는 저기 멀리 달아났다.

산휘야, 아빠 계속 보고 있어. 더 멀리 가, 멀리!

맹장염과 국가 의료보험 제도

이제 영국 생활도 슬슬 막바지에 접어들었다. 다음 주면 한국으로 돌아가는 성혁이의 송별회를 하기 위해 우리 한인 멤버 5명(나, 성혁, 용환, 홍범, 원우)은 런던에서 같이 식사하기로 했다. 전날부터 있던 몸살기가 아침에 일어났을 때에도 여전하여 컨디션이 좋지 않았다. 그래도 그날은 우리 5명이 다같이 모일 수 있는 마지막 날이기에 억지로 몸을 일으켜 집을 나섰는데, 길퍼드 역까지 운전해 가는 그 10여 분 동안 상태는 더욱 안좋아졌고, 몸도 점점 후들거려 도저히 안될 것 같아 다시 집으로 돌아왔다. 열과 오한에 구토 증세도 점점 심해졌다. 몸이 안좋은 정도가 평소와는 많이 달라서 내가 먼저 응급실로 가야 할 것 같다고 했다. 미영 씨와 봉 삼촌은 응급실 가는 길을 몰라 운전을 할 수 있니 없니로 고민하다가 결국 길퍼드 한인 모임의 한성 씨에게 도움을 요청했고, 이제 나는 잠깐의 시간 지체도 겁이 날 정도로 통증이 반복되고 심해졌다. 기다리지 말고 일단 운전해 가 보자고 현관문을 나서는 찰나에 한성 씨가 도착했고, 우리는 산휘가 응급실에 갔던 열흘 전의 찝찝한 기억이 있는 로얄 서리 병원 응급실로 갔다. 역시 그때와 똑같았다. 기다릴 수 없을 정도로 통증이 심했지만 기다려야 했다. 나는 대기실에 앉아 복통을 호소하기 시작했고, 앉아 있을 수가 없어서 몸이 점점 의자 밑으로 내려갔다. 아내는 여러 차례 간호사를 만나 침대라도 남는 것이 있으면 내어달라고 했지만 간호사는 조금만 더 참으라는 얘기만 반복했고, 나는 바로 앞에 있는 장애인 화장실을 계속해서 들락거렸다. 그곳에 들어가 문을 잠그고 아내가 괜찮냐고 문을 두드릴 때까지 바닥에 누워 뒹굴었다. 시간이 얼마나 지났는지 모르겠지만 나는 여전히 대기실 의자에 방치되어 있었다. 먹으면 좀 나을 것이라며 병원에서 준 진통

제도 듣지를 않았다. 그때부터 내 입에서 나도 모르게 욕이 나오기 시작했다. 통증과 함께 끊임 없이 내 입에서 나온 거칠고 희한한 욕에 아내도 놀랐고, 나도 놀랐다. 저녁 무렵에 한성 씨가 왔다. 미영 씨는 지금 온지 7시간이 넘었는데 아직도 의사를 만나지 못했다고 토로했으며, 한성 씨는 내 손을 꼭 잡고 한참을 기도해 주었다. 아내 말고 여기에 내 편도 있다는 생각이 들어 마음이 확 놓였다.

밤 9시 정도가 되어서야 나는 겨우 의사를 만날 수 있었다. 이번에도 인도계 의사였다. 배를 여기저기 눌러 보더니 맹장염일 확률이 아주 높다며 빨리 수술해야 한다고 했다. 단, 오늘 밤에 여기 있는 당직 의사에게 할지, 내일 아침 일찍 경험 많은 의사에게 할지는 우리가 결정하라고 했다. 꼭 내일 수술할 것을 강요하는 것 같았다. 우리는 내일 아침 일찍 하기로 결정하고, 그날 밤 미영 씨는 내 옆에서 배를 문질러 주면서도 끊임없이 나의 괴팍한 욕을 들어야 했다. 내 입에서 나온 낯선 욕이 내 귀에 들어오면 통증과 함께 스스로에 대한 실망감도 함께 생겼다. 내 몸이 견디기 어려운 순간이 닥치면 '나는 이것 밖에 안되는 인간이구나' 하는 자괴감이 들었지만 나의 얄미운 입은 여전했다.

다음날, 수술하기까지 어떤 일이 있었는지 잘 기억나지 않는다. 수술실에서 수련의로 보이는 여러 명의 젊은 의사들이 눈앞에서 어른거렸으며 '여기에 백인 여자 의사도 있구나' 하며 잠들어 버렸던 것 같다. 수술이 끝나고 마취가 풀리지 않아 몽롱할 때 여러 명의 의료진이 나에게 와서 활짝 웃으며 자기 소개를 한다. 지금까지 만날 수도 없었던 의료진을 짧은 시간 집중적으로 만나게 되니 '이제 살았구나' 하는 생각이 들면서 몸도 빠르게 회복되어 갔다. 수술을 끝내고 더 이상 통증이 없는 이유가 가장 크겠지만, 응급실에 비하면 입원실은 천국이었다. 의료 서비스는 말할 것도 없고 여러 메뉴 중에 선택할 수 있는 식사도 아주 괜찮았다. 오후에 "애프터눈 티afternoon tea, 애프터눈 티!" 하며 돌아다니는 카트를 볼 때면 이곳이 영국 병원이라는 느낌이 물씬 났다. 보통 맹장 수술을 한 환자는 3일 정도 입원을 한다고 하니 '내일 하루는 여기서 더 편안하게 쉴 수 있겠구나!' 생각되었고, 몇 시간만에 이곳은 나에게 휴식 공간이 되었다. 그러나 다음날 오전, 퇴원하라는 연락이 왔다. '점심, 저녁 메뉴까지 다 골랐는데 식사하고 가면 안되겠냐'고 말하고 싶었지만 옆에 있는 아내의 눈치가 보여 그럴 수는 없었다.

영국의 국가의료보험제도NHS에 대해서는 찬반 여론이 많다. 특히 감기 몸살에도 당장 집 밖으로 나가 양질의 의료 서비스를 받는 데 익숙한 우리나라 사람에게는 속에 천불이 날 정도로 비효율적이고 도저히 이해할 수 없는 시스템이다. 특히 산휘와 내 경험에 비추어 보았을 때, 어떠한 기준으로 응급 정도를 따져서 기다리게 하는지 알 수 없으나, 그 판단에 약간의 착오라도 생겨서 적절한 타이밍을 놓쳤을 때에는 병을 더욱 키우고 예기치 못한 결과까지 일으킬 수도 있는 아슬아슬한 시스템같기도 하다. 물론 큰 병이 생겼을 때에는 국가 시스템의 보호 안에서 병실에서 '애프터눈 티'까지 마시며 비용 걱정 없이 치료를 받을 수 있는데, 이 부분은 이같은 상황에 처한 사람들에게는 대단히 감사한 의료 시스템이기도 할 것이다.

세상 모든 제도가 그렇듯 결점 없는 완벽함이란 불가능하기에, 주어진 시스템의 장단점을 정확히 파악해서, 단점은 개인적으로 보완할 수 있는 방법을 찾는 것이 현명하다고 생각한다. 솔직히 우리는 이런 부분이 염려가 되어 개인 보험도 가입을 해 놓고 있었다. 개인 보험에 가입하면 가슴 졸이고 화장실 바닥에 구를 필요도 없이 즉시 진료와 수술을 받을 수 있기 때문이다. 그렇지만 갑자기 이런 일이 벌어지자 당황하여 어느 개인 병원으로 가야 하는지, 보험 커버리지도 어떻게 되는지 생각할 겨를도 없이 가장 가까운 큰 병원 응급실로 가게 된 것이었다. 미리 잘 준비하지 못하여 개인 보험에 가입하고도 활용을 전혀 하지 못했다. 우리 가족에게 열흘 간격으로 연속해서 병원을 찾아야 하는 일이 일어난 것처럼, 해외에서 가족이 생활해야 하는 경우에는, 국가의료보험 및 개인의료보험에 대한 정보를 미리 숙지하고 응급한 상황이 일어났을 때 어디로 어떻게 움직여야 하는지 알아 놓는 것은, 겪어 보지 않으면 그것이 얼마나 중요한 것인지 쉽게 실감이 가지 않을 것이다.

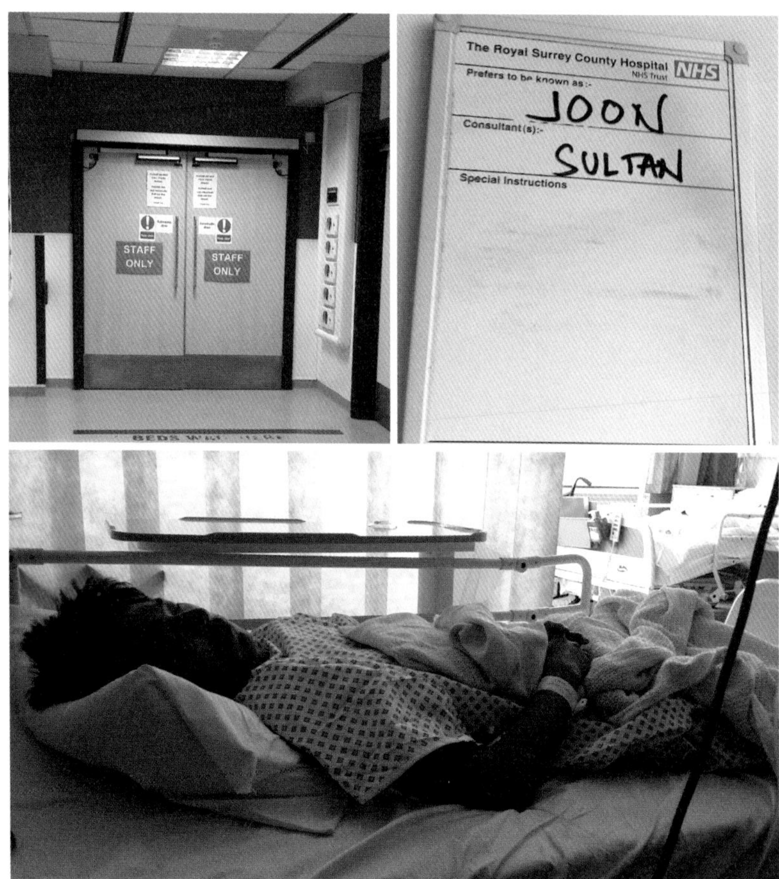

슈퍼맨, 슈퍼카 매클래런을 보러 가다

급성 맹장염으로 수술을 받고 병원에서 퇴원한 날, 내 몸의 컨디션이 어땠는지는 모르겠지만, 내 정신은 사기충천해 있었다. 왜냐하면 수술한 날 저녁에 트레이딩 파이낸스 교수에게 연락이 와서 "우리 조 과제에 몇 가지 중요 사항들이 빠져서 이대로 마무리할 것이면 51점으로 패스 처리만 해 줄 것이고, 더 추가하고 싶으면 오늘 저녁까지 기회를 주겠다"고 했다. 사실 이 과제는 3명이 함께 하는 조별 과제였는데, 갑자기 인도 친구가 할아버지가 돌아가시는 바람에 인도로 급히 갔고, 슬로베니아 친구도 일이 생겨서 나 혼자 100% 마무리한 과목이었다. 나는 사실 패스만 하면 되지만 어린 친구들은 꽤나 점수에도 신경을 쓰는 것 같아서 교수님과 조원들에게 입원해 있는 내 상황을 설명하고(절대 뻥이 아니라는 것을 나타내기 위해 사진까지 찍어 보내 주며) 오늘 저녁까지는 불가능하고 내일까지 시간을 좀 달라고 했다. 다른 조원들은 어떻게 해서든 본인들이 보충해 보겠다고 했지만 과제에 손 하나 대지 않은 친구들이 이어받아 하기는 불가능한 것이었다. 그것보다 나는 그들에게 한 번은 보여 주고 싶었고, 나를 증명해 보이고 싶었다. 지금까지 어리버리하며 신세만 져왔기에 나도 큰 공헌을 하고 싶었다. 창훈이가 늦은 시간까지 병원에 있다 가는 바람에 밤 10시가 되어서야 시작한 과제는 새벽 4시가 되어 끝이 났다. 사실 피곤한 줄도 몰랐다. 수술 후 통증이 사라지자 그것으로 충분히 행복했다. 결국 과제를 제출했고 교수는 매우 놀라워했으며, 우리 조원들 사이에서 나는 드디어 '슈퍼맨'이 되었다. 뿌듯했고 사기는 충천했다. 퇴원해서 집에 돌아와서 누워 있는데, 거실에서 '박돌이(우리 집에서 나를 이렇게 부른다)가 몸이 안 좋으니 저녁에 애들 데리고 슈퍼카 보러 가기로 한 프렌즈 인터내셔널 남성 모

임은 못 가겠네.' 하며 아쉬워하는 소리가 들렸다. 나는 거실로 나가

슈퍼맨 갈 수 있습니다, 어머님. 애들 데리고 다녀오겠습니다. 갔다 올게, 미영아!

장모님 박돌아! 오늘 퇴원해 놓고 무슨 소리고? 무리하다 큰일 난다.

슈퍼맨 아이고, 진짜 괜찮습니다. 그런 차 구경하는 거 쉽지 않습니다. 다녀오겠습니다.

이리하여 슈퍼맨은 애들을 태우고 슈퍼카 매클래런MacLaren을 보러 갔다. 역시 슈퍼카는 나 같은 슈퍼맨이 보러 가 주어야 한다! 사실 내가 굳이 이런 상황에서도 슈퍼카를 보러 가고 싶어 했던 이유는 길퍼드 프렌즈 인터내셔널 남성 모임이 이날로 마지막일 것 같아서였다. 남성들 모임은 지금까지 겨우 3~4번 정도 갔고, 갈 때마다 전에 만난 사람 이름을 또 묻고 또 물을 정도로 가깝게 지낸 사람도 없지만, 남자들만 모여 등산도 하고 조곤조곤 살아가는 얘기를 하는 것이 나에게는 한국에서 경험하지 못한 소소한 재미였다. 그리고 또 다른 중요한 이유는 매클래런 슈퍼카를 가지고 오는 내 나이와 거의 비슷한 릭Rick이라는 남자 때문이었다. 사실 작년 11월에도 아이를 데리고 이 슈퍼카 모임에 참석했는데, 그때 회사 셔츠를 입고 본인이 매클래런의 주요 기술 부문 중 한 섹션을 책임지고 있는 사람이라고 소개하며, 자신의 삶과 일을 속삭이듯이 잔잔하게 설명하는 것이 정말 인상 깊어서 꼭 이 사람을 다시 한 번 만나고 싶었기 때문이었다. 우리는 조금 일찍 약속 장소인 프렌즈 인터내셔널 모임의 한 멤버 집에 도착했고, 곧이어 녹색의 매클래런 슈퍼카도 도착했다. 산휘와 주원이는 어른들 사이에서 '와, 와!' 감탄을 연발했고, 하늘로 솟구치며 문이 열리자 양팔을 높이 치켜 올리며 깔깔거렸다. 릭은 돌아다니면서 차에 대해 궁금해하는 부분에 대해 대답해 주고, 애들도 한 명씩 옆에 태우고 액

셀을 한껏 밟으며 "우우웅!'하는 굵직한 굉음도 들려 주었다. 구경 온 어른들도 점잖게 신이 났다. 차 옆에 서서 사진도 찍고, 차 안의 이것저것을 조작해 보기도 하였다. 전문가처럼 어려운 기술적인 질문을 한 사람은 릭의 설명을 듣고 고개를 끄덕이기도 했다. 뒷마당에 차려 있는 바비큐를 먹으면서 남자들은 일과 가족, 슈퍼카에 대한 이야기를 계속했다. 나도 릭과 다시 한 번 악수를 한 후, 사실 오늘 퇴원했는데 꼭 한 번 당신을 다시 만나고 싶어 왔노라고 애정(?)을 표했다.

이제 내가 기다리던 매클래런 기술 임원의 프리젠테이션 시간이 되었다. 우리들은 모두 거실로 들어가 TV를 중심으로 각자 자리를 잡았다. 이날도 역시 매클래런이 새겨져 있는 흰색 셔츠를 입은 릭은 두 딸과 아내와 함께 찍은 가족사진을 보여 주며, 당시 개발 중인 스포츠카에 아내를 태우고 데이트를 했고 결혼까지 할 수 있었다고 했다. 행복한 가정을 꾸릴 수 있었던 것도 일부는 슈퍼카 덕분이라며, 가족과의 행복한 삶과 슈퍼카 엔지니어로서의 일을 서로 뗄 수 없다는 것을 설명하였다. 일부 슈퍼카 마니아들의 심도 있는 질문이 이어지자 신규 출시될 매클래런 모델의 사양과 개발 경위를 설명하기도 하였다. 그리고 본인의 성공에 대해서도 담담하게 이야기하였다. 억지스러운 겸손도 없이 본인은 성공했다고 말했다. 그가 말한 유일한 겸손은 "운이 좀 좋았고, 신의 은총이 있었다"였다. 그렇다고 약간이라도 거슬리는 거들먹거림도 없었다. 나와 비슷한 나이에 세계적인 자동차 회사의 기술 임원인 릭, 그는 여러 면에서 진정한 슈퍼맨이었다.

슈퍼카 모임은 이제 끝이 났다. 그새 잠들어 버린 산휘와 조카 주원이를 태우고 40살에 다시 학생이 되어 버린 슈퍼맨은 집으로 향했다. 슈퍼맨은 또 다른 슈퍼맨을 부러워하지 않는다!

일상 15 아빠바라기

최근 들어 산휘가 나를 부쩍 흉내 낸다. 그런 산휘를 보고 있으면 싫지는 않으면서도 기분이 은근히 묘해진다. 내가 맹장염으로 입원하자 산휘의 기분도 좋았다 나빴다 했다고 한다. 입원 당일에는 갑자기 울음을 터뜨렸다고 하고, 다음날에는 아빠가 생각났는지 내 넥타이와 양복 윗도리를 걸치고 나와서는 사진을 찍어 병원에 있는 아빠에게 보내 주라고 했단다. 나를 흉내 낸 사진을 왜 병원에 누워 있는 나에게 보여 주고 싶었는지 녀석의 마음을 알 수 없지만 나도 이유 없는 웃음만 나온다.

나를 흉내 내도 괜찮을까? 아빠, 잘할게!

SAMSUNG
6

이별 준비 1 - 수지야, 괜찮니?

다음 주에 있을 산휘의 마지막 이별 파티에 수지가 참석할 수 없어서, 수지는 먼저 산휘와 따로 플레이 데이트를 하고 작별 인사를 하기로 했다. 사실 산휘 엄마와 나를 비롯 봉 삼촌까지 우리 식구 모두는 수지의 팬이다. 산휘보다 한 살이 더 많아서인지 왠지 의젓하고 항상 누나 같이 잘해 주어서 고마운 마음을 가지고 있었는데 오늘이 수지를 보는 마지막 날이라니 나까지 아쉬운 마음이 들었다. 산휘 엄마는 논문을 마무리해야 해서 먼저 내가 1시간 정도 데리고 놀기로 했다.

산휘는 자전거를 배운 뒤로는 친구들만 보면 자기가 자전거 타는 모습을 보여 주고 싶어했다. 그래서 우리는 다같이 다람쥐 파크로 갔다. 산휘는 도착하자마자 자전거를 타고 공원의 여기저기를 누볐다. 수지도 자전거를 잘 탄다며 산휘 자전거를 받아서 타는데, 수지는 언제 배웠는지 산휘보다 월등히 잘 타는 것이었다. 산휘는 멈춰설 때 자전거가 조금 크기도 해서인지 언제나 한쪽으로 살짝 넘어지며 멈춰서지만, 키가 큰 수지는 멈춰서는 것도 전혀 문제가 없었다. 저 공원 끝까지 순식간에 달리는 수지를 보며 산휘는 민망한지 손가락만 만지작거렸다. 그런데 바로 그때였다. 저 끝에서 '아아!' 하는 비명 소리가 들렸다. 수지가 잔디 사이로 나 있는 아스팔트 길을 달리다가 넘어진 것이었다. 곧장 수지 쪽으로 달려갔는데 멀리서 보기에도 흰 살결 위에 붉은 빛이 뚜렷했다. '앗, 피다, 피!' 넘어져 있는 수지는 입술을 꾹 깨물고 우는데 얼마나 아프고 놀랐는지 온몸을 떨고 있었다. 나도 너무 놀란 나머지 뭘 어떻게 해야 할지 모르다가 수지에게 바보 같은 질문을 해 버렸다.

"괜찮아, 수지야(Are you okay, Suzie)?"

그러자 이 질문에 자연스럽게 나와야 할 "괜찮아요(Yes, I am okay)!"가 나오지 않고, 떨리는 목소리로 수지는 "아뇨, 안 괜찮아요(No, I am not okay)!"라고 했다. 별로 들은 적이 없는 당황스러운 답이었다. 넘어지며 바닥에 다리를 주욱 갈아서 그런지 아까는 안보였던 다른 곳에서도 피가 서서히 올라왔다. 나는 수지를 안고 집으로 뛰기 시작했다. 걸어가면 5분 정도 걸리는데, 20kg 정도 되는 애를 안고 뛰려니 쉽지 않았다. 산휘는 왜 자기 자전거를 버리고 가냐고 뒤에서 고함을 질렀다. '이런 철딱서니 없는 녀석!'

집에 도착하자 미영 씨도 깜짝 놀랐으나 역시 이 여자는 곧 평정심을 되찾고 응급처치를 한다. 수지도 서서히 안정감을 찾아갔다. 상처가 난 부분을 붕대로 싸다 보니 오른쪽 무릎 아래의 거의 대부분이 덮혔다. 수지 엄마가 오면 기겁을 할 것 같다며 미영 씨는 붕대를 다시 풀고 새로 처치를 했다. 아까보다는 훨씬 덜 심해 보였다. 휴, 이제 한결 낫고 죄책감도 조금 덜해졌다. 산휘는 엄마가 붕대를 감고 있는 동안 그새 철이 들었는지 괴물 가면을 쓰고, 최선을 다해 수지를 웃겨 준다. '역시, 이제야 제대로 하는구나, 녀석!'

얼마 있다 도착한 수지 엄마는 붕대를 감고 있는 수지를 보고 꼭 한 번 안아주었다. 미영 씨와 나에게는 "수지가 평소에는 자전거를 잘 타는데, 오늘은 실수한 것 같다"며 웃음을 보였다. 정말 고맙고 다행이었다. 우리는 집 앞에서 마지막 사진을 찍고 작별 인사를 했다. 산휘는 마지막 사진을 찍을 때 꼭 집앞 기둥 위에 올라가 찍어야 한다며 고집을 부렸다. 아마 수지에게 마지막까지 잘 보이고 싶었나 보다. 누나 같은 친구 수지와 산휘는 그렇게 헤어졌다. 저녁에 미영 씨를 통해서 수지에게 문자가 왔다. 자기가 다쳤을 때 잘 보살펴 주어서 고맙다는 내용이었다.

'아, 수지야, 너 몇 살이니? 왜 그렇게 예쁘니? 아저씨가 진짜 미안했다.'

아이디어 전쟁과 웨스트민스터

런던의 학교에서 걸어서 5분 거리에는 런던심포니오케스트라와 BBC심포니오케스트라가 위치하고, 또 내가 좋아하는 바비칸센터(https://www.barbican.org.uk/)라는 곳이 있다. 바비칸센터에서는 매일 다채로운 예술 행사가 있었고, 이 풍족한 예술 공간 안에는 아늑한 도서관과 영화관도 있어서 당시 내가 필요하고 위안 받을 수 있는 모든 것을 이곳에서 할 수 있었다. 어느 날, 학교 근처 여기저기에 붙어 있는 '아이디어 전쟁Battle of Ideas'이라는 포스터가 자꾸 나의 시선을 끌었다. 앞으로 어떻게 먹고 살 것인지 고민하고 있던 나는 그 포스터가 어떤 사업 거리를 제공하는 이벤트라고 생각해서 유심히 보게 되었는데, 자세히 보니 그것은 보다 고차원적인 얘기를 하고 있었다. 국가와 사회, 도시화, 미래 과학과 기술 등등.

'아이디어 전쟁' 행사는 다가오는 주말 이틀 동안 이 거대한 바비칸센터의 모든 콘서트홀, 작은 세미나룸, 심지어 영화관에서까지 방대한 주제에 대해 400명 이상의 전문가들이 와서 토론을 하는 것이었다. 무엇보다도 이 행사의 슬로건인 '자유롭게 생각하고 자유롭게 말해요(Free thinker, free speech)!'가 말해 주듯이 수많은 참석자들이 이들 토론자들의 생각에 자유롭게 반론할 수 있고 논쟁할 수 있는 것이었다. 이런 고상한 페스티벌에는 어떻게 먹고 살지 거룩한 고민을 하는 나 같은 사람이 참석해 주어야 더욱 빛이 날 것 같아서 아직까지 유효한 학생증으로 대폭 디스카운트를 받아 20파운드를 내고 양일 모두 참석할 수 있는 티켓을 끊었다. 티켓은 양일 모두 참석할 수 있는 주말 티켓이 27.5~100파운드, 하루만 참석하는 데이 티켓이 10~55파운드였다. 나도 고상해질 날이 점점 다가왔다.

행사날에는 오전 10시부터 저녁 7시까지 거의 매시간, 바비칸센터의 크고 작은 방 8~9곳에서 서로 다른 다양한 주제에 대하여 동시에 토론이 벌어졌다. 참가하는 사람들은 이 8~9곳 중 본인이 원하는 토론방에 참가하고 그 시간대 토론이 끝나면 다음 시간대의 또 다른 토론들 중 자기가 원하는 방으로 이동하는 식이었다. 당연히 같은 시간대 토론들 중에서 본인이 조금이라도 관심이 있는 주제가 2~3개 이상 있을 수 있으며, 따라서 토론을 지켜보다가도 아니다 싶으면 바로 다른 방으로 급히 옮기는 사람도 적지 않게 볼 수 있었다. 특히 이번에 많은 관심을 끈 주제는 역시 브렉시트의 후폭풍에 대한 것들이었다.

브렉시트 관련 주제

- After the referendum: Britain divided? 아무도 예상하지 못했던 6월 23일 브렉시트 국민투표의 결과로 인해 앞으로 영국이 어떻게 될 것인가에 대한 토론
- The UK economy after Brexit: Sink or Swim 브렉시트 이후의 영국 경제
- Is London over? 브렉시트 이후 런던의 위상 변화

미국 관련 주제

- Can America be great again? 중국의 급부상과 교육 및 건강보험 문제 등과 같은 국내 문제 속에서 미국이 계속 헤게모니를 잡을 수 있을까에 대한 토의
- The Future Now: Science and Technology 현실로 임박한 미래의 과학과 기술 이야기

- Big Data: Does size matter? 빅데이터는 당신이 무엇을 구매할 것이고, 언제 심장마비에 걸릴지까지 당신에 대한 모든 것을 알고 있는데, 당신은 빅데이터에 대해 무엇을 알고 있는지 화두를 던진다.
- Can biotechnology conquer ageing? 기술이 노화를 정복할 수 있을까?
- Block chain 블록 체인
- Why Robot? Can we teach AI to be ethical? 이세돌을 이긴 알파고가 큰 이슈를 일으키자 미래 AI의 방향성에 대한 토론

기타

- How to look at a painting 그림을 어떻게 보아야 하는가?
- Dating Apps: End of Romance 온라인 데이트 앱에 대한 찬반 논의

양일 간 100여 개 가까운 방대한 주제에 대한 심도 있는 토론이 이루어졌다. 특히 당시의 토픽들을 지금 와서 다시 보면 많은 주제들이 여러 미디어를 통해서 본격적으로 다루기 시작하는 시점에서 최소 6개월~1년 정도는 앞서 이곳 '아이디어 전쟁'에서 다루어진 것 같다. 그러고 보면 앞으로 세상이 어떻게 바뀌고 어떤 주제가 세상의 이슈가 될지 통찰력을 주는 곳이 바로 아이디어 전쟁 같기도 하다. 하긴 다루는 분야가 워낙 방대하니 안 걸려들 것이 없을 것 같기는 하지만….

거의 저녁 7시가 되어서야 모든 토론이 끝났고, 바비칸센터 3층에 있는 실내 수목원에서 간단한 식음료가 제공되어 참석했던 사람들 간의 네트워킹이 이루어졌다. 잘 들리지 않는 영어로 하루 종일 용을 쓰고 듣다 보니 나는 완전히 녹초가 되었다. 와인 한 잔을 들고 수목원 내의 제일 높은 곳으로 올라가

여전히 서로 떠들고 있는 사람들을 바라보았다.

얼마 전 다녀왔던 웨스터민스터Westminster 국회의사당의 회의장 모습이 떠올랐다. 의장을 가운데 두고 토론 테이블 위로 오가는 테레사 메이 총리와 야당 수장인 제르미 코빈과의 정책 공방은 의회 회의장 바닥에 스워드 라인sword line[1]이 무색할 정도로 양쪽 당 대표 선수들의 자존심을 건 진검 승부였다. 의회 회의장은 유권자들에게 보여 주기 위한 쇼맨십을 바닥에 깔고 있어서 보다 자극적으로 보이긴 하지만, 다른 사람의 다른 생각에 본인의 아이디어를 계속해서 개진하고 설득시키는 아이디어 전쟁의 연장선에 있는 것은 아닐까 하는 생각이 들었다. 언제나 상대를 배려하는 것이라 생각하고 적극적으로 의사 표시를 하는 것에 서툰 나로서는 여러 가지 생각이 들었다. 밥벌이를 한다는 것이 결국은 상대에게 본인의 가치를 끊임 없이 어필하는 것이기 때문에 아이디어

1) 과거에 의회에서 칼을 꺼내 놓고 논쟁을 하기도 해서 칼이 닿을 수 없을 거리 만큼의 공간을 띄어 놓음

전쟁은 결국은 먹고 사는 문제로 귀결될 수밖에 없다. 다양한 주제에 대하여 배우고 토론하고 논쟁하기 위하여 샌드위치를 들고 여기저기 뛰어다니는 여기 이 사람들의 모습이 참 고상하고 거룩해 보였다.

우리들의 애비로드

그 옛날(아, 벌써 옛날이 되어 버렸구나.) 내가 고등학교 다닐 때를 기억해 보면 항상 같은 무리의 친구들이 생기게 마련이었다. 고등학교 시절처럼 런던에서도 어울리는 무리가 생겼는데, 우리는 그것을 'XXX'라고 불렀다. 처음에는 우리 그룹의 이름이 '앰배서더(Ambasadors, 대사)'였는데 이후에 왜 'XXX'가 되었는지는 모르겠다.

우리 멤버를 소개하자면, 태국의 닉Nick은 20대 초반이라 우리는 그를 리틀 보이라 불렀고, 모든 면에서 밸런스가 아주 잘 갖추어진 팔방미인인 맥스Max

는 30대 초반이었다. 우간다의 허버트Herbert는 맥스보다 두어 살 더 많았는데 얼핏 보았을 때에는 외모도 그렇지만, 국가별 평균 수명을 보았을 때에도 앞으로 살아갈 날은 나와 비슷할 것 같아 나는 그를 교수님professa이라 부르며 항상 존중해 주었다. 또 일본의 국영 은행을 다니는 히로Hiro는 얘기 중 한 번씩 흘러나오는 정보로 캐치해 볼 때 나이가 대략 30대 중·후반이었다. 마흔이 넘어 가장 고령이지만 나잇값을 잘 못하는 나는 한국 사람이고, 다른 멤버들은 나를 그냥 '준Joon'이라고 불렀다.

우리 XXX는 가끔 모르는 것이 생겼을 때 서로 아는 부분의 지식을 가르쳐 주고, 세상 돌아가는 얘기를 하기도 했지만, 대개는 같은 과 프랑스 여학생인 조이Zoe를 두고 모두 결혼한 히로, 허버트, 내가 라이벌 관계를 형성하는 유치함 그 자체였다.

모든 학기가 끝나고 맥스가 유치함의 끝판을 제안했다. 우리도 비틀즈 같이 애비로드Abbey Road에 가서 사진을 찍자는 것이었다. 모두들 '와우, 굿 아이디어!' 하고 동의하였고, 마지막 시험을 마치는 날 함께 애비로드에 가기로 약속했다. 그런데 약속 당일, 갑자기 누군가 일이 생겨 애비로드까지 가기가 어려워지자 나는 '에이, 똑같은 도로인데 학교 근처에 적당한 건널목 표시가 있는 아무 데에서나 찍자!'며 더욱 아저씨 같은 제안을 했다. 모두들 '와우, 굿 아이디어!'라고 동의하고, 학교 근처 웨이트로즈 슈퍼마켓 앞 건널목에서 우리만의 'XXX 애비로드'를 만들었다.

아, 언제 다시 이렇게 유치해질 수 있을까?

For Rent
020 7101 2020
Baracca
www.wbservicesuk.co.uk

이별 준비 2 – 산휘 생일 파티

산휘의 1학년이 끝나고 여름방학이 시작되기 1주 전이 산휘의 생일이었다. 산휘의 생일 파티는 영국 친구들과의 이별 파티도 동시에 되는 셈이어서 더욱 기억에 남을 만한 멋진 시간을 만들어 주고 싶었다. 한 해 동안 낯선 곳에서 씩씩하게 생활해 준 기특한 산휘와 이방인 친구를 편견 없이 사랑으로 대해 준 친구들, 그리고 그 부모들을 위한 자리였기에….

영국이 신사의 나라임을 생활 곳곳에서 느낄 수 있는데, 그중 하나가 (과하다 싶을 정도로) 사전에 미리 일정을 공유하고, 개인별 사정은 없는지 서로 양해를 구하고, 상대방을 곤란하지 않게 한다는 점이다. 생일 파티의 경우도 보통 2개월 전에 초대장을 보내어 개개인의 답변을 받으며, 음식에 대한 알러지나 특이 사항은 없는지 일일이 체크한다. 산휘의 생일 파티를 7월 17일로 계획했던 터라, 늦어도 5월 말에는 초대장을 보내야 했고, 초대장을 보내기 위해서는 장소를 먼저 정해야 했기에, 4월부터 가능한 장소를 물색하기 시작했다. 인터넷으로 '길퍼드 생일 파티'라고 장소를 검색해 보기도 하고, 키즈 카페 같은 곳을 알아보기도 하였다. 하지만 결국 우리에게 의미 있는 장소 중 한 곳인 엠마뉴엘 교회로 정하였고, 교회 강당을 빌리기 위해 학교 수업이 끝나자마자 교회 사무실을 찾았다. 우리가 원하는 일요일에는 교회 일정 때문에 힘들다고 하고, 그 전날인 토요일에도 이미 결혼식으로 예약이 되어 있다고 했다. 또 금요일에도 4시부터 5시까지 1시간만 사용이 가능하다고 했다.

마음 속으로 거의 확정적으로 결정해 두었던 장소가 후보지에서 사라지자 조급해지기 시작했다. 우리의 이런 고민으로 인해 주변 이웃들에게 조언을 구하던 차에, 우리가 가끔 산책하던 '먼 다람쥐 파크' 근처에 일요일이면 교회로 사용되는 센터가 하나가 있다는 정보를 얻었다. 전화로 장소를 둘러볼 수 있는지, 해당 날짜에 장소 사용이 가능한지 물어본 후에, 산휘, 엄마, 아빠, 봉 삼촌 등 온 가족이 총출동하여 산휘의 생일 파티 장소를 알아보기 위한 산책길에 나섰다. 축구공을 챙기고, 약속 시간 전까지 다람쥐 파크에서 공놀이를 하다가 센터 2층에 자리잡은 강당을 둘러보았다. 아주 널찍하고, 주방 시설도 사용할 수 있었으며, 빔 프로젝터, 음향, 에어 바운스 놀이 기구 등도 비용을 지불하면 사용할 수 있었다. 2층이어서 아이들이 오르락내리락하기에 다소 위험하지 않을까 하는 우려를 제외하고는 마음에 들었다.

임대 시간, 사용하는 장비들에 따라 전부 비용이 들어가는 것이어서, 최소한의 시간, 장비 사용으로 최대의 효과를 낳을 수 있는 프로그램을 구상해야 했다. 행사 기획은 내 전문 분야이니, 이런 이벤트를 그냥 아마추어처럼 준비할 수는 없었다. 직업 의식이 발동되어 행사 타임 테이블을 짜고, 당일 행사를 도와 줄 수 있는 인력들을 물색하고, 산휘 친구들과 함께할 창의적인 놀이들도 생각하느라 논문 쓰는 틈틈이 짬을 내야 했다. 공부에 허덕이던 남편을 어떻게든 참여시키고 싶어서 초대장 만들기라도 같이 해 보자고 설득하여, 초대장 디자인을 고르고 사진도 선택하여 영국에서 보내는 산휘의 첫 생일이자 마지막 생일을 의미 있게 함께 보내 주면 좋겠다는 문구도 추가해서 생일 초대장을 만들었다.

산휘에게 생일 초대 카드를 보여 주니, 초대장 사진의 함박웃음 만큼이나 큰 기쁨을 표현했고, 친구들 이름을 봉투에 하나씩 쓰면서, 자신이 주인공이 되는 행사에 대한 기대를 한껏 드러냈다. 초대장을 받은 친구 부모들의 답신이 속속 문자로 들어오기 시작했고, 산휘는 어떤 친구들이 온다고 하는지 매일 물어보았다.

17th, July (Sun),
11:00~ 13:00

Let's celebrate

SANHUI'S BIRTHDAY PARTY

* Place: Main Hall, QEPark Centre, Railton Road, GU2 9LX
* Please kindly RSVP to Miyoung(Sanhui's Mum) rainbee98@gmail.com/ 07469782240
* We will prepare some Korean dishes. Please let us know the dieatry concern for your kids
* Please be with us and give Sanhui an unforgettable memory in UK with his valuable friends!!

"엄마, 리오는 온대?"

"엄마, 아치도 온다고 했어?"

참석 인원에 따라 음식과 답례품 수량 등을 계산했다. 하루 행사에 한 달 식비만큼의 예산이 들 것 같았지만, 기쁜 마음으로 준비했다. 산휘의 정체성을 드러낼 수 있도록 형식은 영국식이되, 내용은 한국적으로 생일 파티를 준비하고 싶었다. 그래서 답례품도 한국 인터넷 사이트에서 디지털 손목 시계, 양말, 초코파이 등 한국 과자 등을 고르고, 아이들과 놀이할 때 사용할 보자기도 주문했다. 산휘 생일 직전에 영국으로 오기로 한 여동생을 통해 각종 물건들을 공수하기로 했다. 나의 대학원 친구 3명이 주방을 맡아 주기로 했고, 한인 대학원생 삼촌과 봉 삼촌, 그리고 아빠가 아이들과 놀아 주기로 했으며, 산휘 이모는 풍선 담당, 산휘와 나는 산휘 친구들과 부모들을 맞이하는 호스트 역할을 하기로 하였다. 그리고 한국 음식 총괄은 산휘 외할머니가 담당하기로 했고, 생일 케이크는 산휘 아빠의 대학원 동기인 트레이시가 직접 만들어 주기로 했다.

드디어 생일날 아침.

새벽 1시에 산휘 생일 케이크가 런던으로부터 공수되었고, 새벽 4시부터 산휘 외할머니는 30인분이 넘는 김밥과 잡채를 마련하느라 좁은 부엌 안에서 동분서주하였다. 생일 파티 총괄 책임자로서 나는 오늘의 전체 스케줄 및 준비 사항을 하나씩 체크해 나갔다.

"현준 씨, 서리 대학교 앞에서 3명 픽업하고, 코너 돌아서 다시 1명 더 픽업해서 생일 장소로 바로 데려다 주고 난 다음, 다시 집에 돌아와 음식 등을 챙겨 오는 거 알지?"

"봉! 봉은 엄마와 아이들 데리고 걸어서 오면 돼. 혹시 일찍 도착하면 먼 다람쥐 파크에서 좀 놀고 있어."

"옥! 옥은 먼저 도착하면 행사장 바깥에서 풍선부터 불고 있어. 준비 시간이 많지 않아서 바로 풍선 장식을 해야 하니까."

"엄마! 주방은 우리 대학원 친구들이 맡아 주기로 했으니, 엄마는 바깥에서 산휘와 산휘 친구들이 노는 것을 보면 돼. 혹시 보자기 못 받은 아이들 있으면 좀 봐주시구요."

"산! 오늘 주인공은 너인 거 알지? 친구들 도착하면 산휘가 먼저 인사하고, 이 보자기 어깨에 둘러 주고, 참석해 줘서 고맙다는 인사 꼭 해야 해. 알겠지? 산휘 잘할 수 있지?"

"주원! 영어 못해도 재미있게 놀 수 있으니까 걱정 말고 형아 친구들하고 잘 놀아."

"울보 주하! 오늘 산휘 오빠 생일이니까 예쁘게 하고 가자. 울면 안돼."

각자의 자리에서 해야 할 일들을 숙지시키고, 나도 생일 파티 장소로 출발하였다. 11시가 되기 전에 친구들이 속속 도착하기 시작했다. 가장 먼저 도착한 타릭, 준비가 덜 된 어수선한 생일 파티 장소를 보며 얼떨떨한 표정으로 다시 나가려는 타릭 엄마와 타릭을 붙들고, 매뉴얼대로 좋아하는 보자기 색깔을 고르라고 이야기한 후 산휘와 함께 보자기를 둘러 주었다.

남자 아이들은 푸른색 계통 보자기를, 여자 아이들은 핑크빛 보자기를 둘러 주기로 했으나, 가끔 색을 반대로 선호하는 친구들도 있었다. 보자기를 어깨에 두르자 슈퍼맨 망토를 두른 듯 아이들은 보자기를 휘날리며 날아다니기 시작했다. 엄마들도 한국의 비단 보자기가 신기한지 재미있어하는 얼굴로 아이들을 바라보았다. 오기로 한 친구 중 1명을 제외하고 모두 도착했고(생일 파티 시간을 잘못 알고 1시간 늦게 한 친구도 도착), 보자기 놀이로 먼저 생일 파티를 시작했다. 원래는 꼬리잡기놀이, 끝을 연결해 묶어서 허리에 걸고 기차놀이, 투우놀이, 보자기미끄럼 등을 순차적으로 진행하려고 했으나, 통제 불능! 보자기를 두른 봉 삼촌과 강준 삼촌은 아이들의 공격 대상이 되었고, 아이들의 함성 속에서 도망다니느라 진땀을 뺐다. 그 사이 함께 온 엄마, 아빠들은 간단한 다과를 먹으며 이런 저런 이야기들을 나누었다.

1시간 정도 신나게 놀고 체력이 떨어질 즈음, 색연필, 크레파스, A4 용지가 세팅된 테이블로 아이들을 불러 모았다. 먼저 산휘의 영국 생활이 담긴 사진을 모아 산휘 아빠가 야심차게 준비한 영상을 먼저 상영하였고, 앞에 놓인 종이에 산휘의 얼굴을 그려 달라고 주문했다. 다들 산휘 얼굴을 보여 달라고 했고, 산휘는 부끄러운 듯 의자 위에 올라가 기꺼이 친구들을 위해 모델이 되어 주었다. 짧은 시간이었지만 친구들이 직접 그려 준 재미있는 산휘 얼굴들을

have a good day!!
Football!
From phoebe

미리 준비한 빨래줄에 빨래집게로 달았다.

이제 생일 파티의 하이라이트인 케이크 등장! 현준 씨 동기의 많은 시간과 노력이 투입된 '세상에서 하나 밖에 없는 케이크'가 등장하자, 모두들 감탄했고, 그 맛 또한 놀랄만큼 감동적이었다.

"생일 축하합니다. 생일 축하합니다. 사랑하는 우리 산휘, 생일 축하합니다!"

많은 친구들 틈에서 오롯이 주인공이 된 산휘의 모습, 정말 행복한 순간이었다. 준비된 음식을 맛있게 먹는 친구들, 그리고 부모들, 안에 들어간 재료가 무엇인지 물어 보며, 정말 건강한 음식이라며, 맛도 최고라며 아이들이 남긴 음식까지 남김 없이 먹는 부모들의 모습을 보면서, 먼발치서 산휘 외할머니는 흐뭇한 미소를 지었다.

이어 2부. 다시 체력이 충전된 아이들을 위해 신문지찢기놀이가 준비되어 있었다. 산휘 아빠가 비싼 신문이라고 노래만 부르며 보지 않던 신문을 모아두었고, 모자란 부분은 마트 앞 무가지로 보충하였다. 아이들과 남자 어른 3명은 신나게 신문지를 찢었고, 찢어진 신문지 조각을 하늘로 날리며 그 안에서 뒹굴기 시작했다. 원래 프로그램은 찢은 신문지를 테이프로 감싸서 공을 만들고, 그 공으로 볼링을 하거나, 바구니넣기를 할 예정이었는데, 역시 통제불능! 아이들은 찢은 신문지로 또 어른들을 공격하기 시작했고, 어른들은 또 도망을 가야 했다. 폭풍이 휩쓸고 간 듯한 격정적인 2시간이 지나고 난 후, 산휘는 친구들에게 작별 인사를 했다. 앞으로 한 주 정도 학교 생활이 더 남아 있지만, 산휘의 작별을 바라보는 내내 마음이 짠했다.

우리 산휘를 지금껏 키워 주신 엄마를 위해 더 나이 드시기 전에 영국이나 유럽 여행을 시켜 드리고 싶은 마음에, 귀국 한 달 전 즈음 여동생에게 엄마를 모시고 영국으로 들어오라고 했다. 런던 시내나 인근 파리에 가볍게 다녀오는 것 외에, 내가 야심차게 준비한 계획이 바로 스위스 여행이었다. 대학 졸업 후 유럽 배낭여행 때 인터라켄을 보며 느꼈던 그 감동을 엄마에게 꼭 전해 드리고 싶었다.

충수염 수술 후 일주일 정도 밖에 되지 않은 산휘 아빠와 장난기 가득한 아이 셋을 포함해, 엄마, 여동생, 나 이렇게 총 7명이 움직이는 대이동이었다. 유럽에서는 아이들을 카시트에 앉히는 것이 법적으로 아주 엄격하게 지켜야 하는 부분이어서 주변 이웃들에게 카시트 3개를 빌려 산만한 짐을 챙겨 스위스로 향했다. 하지만 스위스에 도착하는 첫 순간부터 큰 난관이 우리를 맞았다.

우리는 분명 인터넷 사이트를 통해서 7인승 차량을 예약했으나, 렌터카 업체에서는 우리가 예약한 차량이 7인승이 아니라는 것이었다. 당시에 예약한 사이트에 다시 들어가 보았으나 7인승이라는 표현은 사라져 있었고, 아이를 무릎에 안고 탈 수 있는 상황도 아니어서, 결국 우리는 웃돈을 더 주고 (불가항력의 상황이 아니었다면 절대 빌리지 않았을 법한) 크고 멋진 차량을 렌트했다. 그런데 그 다음이 더 큰 문제였다. 국제 면허증으로는 차를 빌릴 수 없으며, 무조건 한국 면허증이 있어야 한다고 했다. 지금껏 유럽의 다른 나라를 여행하면서 한 번도 같은 경우를 겪어 본 적이 없었고, 차량 렌트 사이트에서도, 또 스위스 여행 관련 사이트 어디에서도 한국 면허증이 있어야 한다는 내용을 읽어 본 적이 없던 터라 무척이나 난감했다. 강하게 어필해 보기도 하고, 아이

셋을 내세워 불쌍한 얼굴로 사정도 해 봤지만 소용이 없었다. 우리가 세운 계획상 자동차 없이는 스위스 여행이 불가능했다. 30분 넘게 방법이 없어 애만 태우다 기다리다 못한 여동생이 렌터카 카운터로 왔고, 여동생이 한국 면허증을 가지고 있다는 사실을 알게 되면서 차선책으로 여동생 면허로 등록하고, 차는 산휘 아빠가 몰면 되겠다고 안도하던 순간, 산휘 아빠가 지갑을 열어 보며 하는 말, '아, 나도 한국 면허증이 있었네.' 이 양반 참 도대체 왜 이럴까!

지옥을 다녀온 기분이 이런 것일까? 야심차게 준비한 스위스 여행이 한순간에 물거품이 될 뻔한 순간이었다. 차량을 빌리면서 낭비한 시간을 만회하기 위해 우리는 서둘러 첫 여행지인 라인 폭포로 향했다. 라인 폭포는 취리히 공항에서 40분 정도 가면 나타나는 유럽에서 가장 큰 폭포로, 캐나다에서 본 나이아가라 폭포만큼은 아니었지만, 드넓게 펼쳐져 떨어지는 폭포의 모습은 그 나름대로 아름다웠다. 아이들이 있고 시간도 조금 지체된 터라 폭포 밑으로 가는 보트를 타지는 않았고, 바라보는 지점에 따라 다른 모습을 보이는 라인 폭포의 경관을 뒤로 한 채 우리는 스위스의 전통 마을인 아펜첼Appenzell로 향했다. 날이 종일 흐리긴 했지만, 아펜첼로 가는 길 내내 스위스의 아름다운 초록 마을들을 보며, '역시 스위스'를 연발했다. 우리는 스위스의 국민소득이 어떻게 되는지, 이렇게 드문드문 떨어진 산골 동네에 얼마 안되는 인구가 살고 있는 것 같은데 어떻게 그렇게 잘사는지 등, 스위스 자연의 아름다움과 경제력의 상관관계를 엮어 가며 한없이 그 푸르른 아름다움을 감탄했다. 아펜첼은 1시간 정도면 충분히 마을 구석구석을 돌아볼 수 있었다. 아펜첼을 돌아본 후 우리는 첫 숙소로 향했다.

B&B를 예약할 때마다 항상 일정하지 않은 퀄리티 때문에 '복불복'이라는 생각으로, 숙소에 도착할 때까지 걱정 반, 기대 반을 하게 된다. 숙소 후기, 당

일 마지막 여행지에서의 거리, 그리고 다음날 첫 여행지와의 거리, 가격 등, 여러 요소들을 고려하여 숙소를 선택한 것이라 좋지 않아도 어쩔 수 없다. 간혹 내비게이션 상에서도 주소 검색이 안되는 경우가 있는데, 다행히 주소는 검색이 되었다. 날이 금방 어두워지고 있는데, 우리의 내비게이션은 한없이 깊은 숲 속으로 우리를 안내하였다. 어째 이상한 기분이 들어 나는 휴대폰으로 구글맵을 켜고 다시 주소를 검색하고 앞을 바라보는 순간, 좁은 숲길에서 우리를 떡하니 가로막고 있는 말 2마리를 발견하고 소리를 질러 버렸다. 내 고함 소리에 뒷좌석의 엄마와 아이들도 깜짝 놀라 밖을 바라보았다. 무슨 동화 속 이야기도 아니고, 숲속 한가운데에서 말 2마리가 끄는 마차와 마주친 것이었다. 마차를 끄는 아저씨는 웃으며 놀란 우리들에게 손을 흔들어 주었고, 우리는 그렇게 또 나타날지도 모를 미지의 무엇인가에 대한 두려움으로 아주 조심스럽게 앞으로 나아갔다. 제대로 집을 찾아가고 있는 것일까 하는 두려움이 극에 달하고 있을 때, 우리 앞에 외딴집 하나가 나타났다. 세련된 현대식 3층 건물이었다. 주인 대신에 우리보다 앞서 투숙하고 있던 다른 손님 커플이 우리를 맞았다. 주인이 커플에게 집 청소 및 다음 손님 안내를 부탁하는 조건으로 일부 숙박비를 할인해 주었다고 이야기했다. 숙소는 내가 지금껏 여행하며 골랐던 B&B 중 단연 최고였다. 넓은 2층 거실 및 부엌을 그 커플과 공유해서 쓸 수 있었고, 3층 방도 천정 일부가 작은 유리로 되어 하늘이 보이는 아주 아름다운 방이었다. 한참 짐을 풀고, 라면으로 저녁을 먹고 나니 옆방 커플이 우리를 불렀다. 석양이 너무 아름다우니 같이 보자고…. 깊은 숲속 외딴집에서 맞이한 스위스의 첫날밤과 그 아름다운 석양을 바라보며 기뻐하던 엄마의 모습, 그리고 그 아름다움을 함께 나누고자 했던 그 아름다운 커플의 마음씨도 아직도 생생하게 남아 있다.

① 라인 폭포
②~③ 아펜첼 상점 앞에서
④~⑤ 오베르에게리 B&B에서 바라본 풍경
⑥ 인터라켄OST가는 중 한 경치 좋은 곳에 내려서
⑦ 인터라켄 융프라우 산악 열차
⑧ 융프라우로 가는 산악 열차를 타고
⑨~⑪ 인터라켄 융프라우 정상에서
⑫ 루체른에서
⑬ 취리히 호수에서
⑭ 치즈마을 에만탈에서

⑧
⑨
⑩
⑪
⑫
⑬
⑭
Nidle Täfeli
nach
altem
Bauernrezept
Härzli oder
Mäuchterli
Truffes

다음날은 우리 여행의 하이라이트인 인터라켄으로 가는 날이다. 유럽 날씨는 워낙 들쑥날쑥하기 때문에 여행 시 날씨를 그렇게 민감하게 생각하지 않았지만, 인터라켄으로 가는 날만큼은 제발 맑기를 기도했다. 인터라켄에 다녀온 몇몇 지인들의 이야기를 들어 보면, 흐린 날씨 탓에 아예 여행 코스를 앞뒤로 바꾸거나 여행 일자를 하루 더 늘려 날씨가 맑아지기를 기다렸던 적도 있었다고 한다. 날씨 요정의 도움 덕분이었는지, 전날의 흐린 하늘은 맑은 얼굴로 우리를 맞았고, 계획대로 인터라켄ost역으로 향했다. 융프라우 철도를 타고 해발 3,454m에 이르는 유럽 최고도의 역 융프라우요흐역까지 다녀오기 위해서는 기차 시간만 4시간이 걸리고, 정상에서 머무는 시간까지 고려하면 7시간 정도 머무는 것으로 계획해야 한다. 여러 루트가 있지만 우리는 가장 보편적인 코스(인터라켄ost – 라우터브루넨 – 클라이네 샤이데크 – 융프라우요흐 – 클라이네 샤이데크 – 그린델발트 – 인터라켄ost)를 선택하고, 그 시간에 맞추어 인터라켄에서 하루를 보냈다. 산악 열차를 타고 역에서 다음 역으로 갈 때마다 달라지는 풍경들을 마주하며 느꼈던 그 감동, 융프라우요흐 정상에 도착했을 때의 희열은 그날의 사진들 속에 고스란히 담겨, 우리의 추억 속에 방울방울 맺혀 있다.

스위스에서 보내는 3박 중 2박은 B&B, 하루는 공항 근처의 호텔로 정했는데, 엄마를 모시고 효도 관광을 온 딸의 기특한 마음이 하늘에 닿았는지, 숙소가 다들 나름대로 멋이 있었다. 인적 드문 깊은 산속에 위치해 농사를 짓고 계신 노부부의 B&B에서 하루를 보냈다. 할어버지가 뒷뜰에 직접 만들어 놓은 긴 그네, 지금껏 보아 왔던 시소 중 단연 가장 큰 시소를 타면서 여유롭게 하루를 시작했다. 이틀 동안 강행군했던 것과 달리, 남은 이틀은 미루어 둔 숙제를 마치고 난 뒤의 여유로움으로 느긋하게 스위스 곳곳을 바라보았다. 치즈마을 에멘탈, 강을 중심으로 길게 뻗어 있는 루체른, 호수의 도시 취리히 시내를 돌아다니며, 각자의 눈으로 스위스를 기억했다. 엄마는 언제 다시 오겠느냐며 머무는 곳곳마다 감탄과 아쉬움을 함께 쌓고 계셨고, 현준 씨는 가족들의 모습을 열심히 카메라로 기록하였으며, 아이들은 여기가 스위스인지 어디인지 먼 훗날 기억하지 못할 수도 있지만, 그곳이 어디든 함께라서 행복했던 온 가족의 스위스 여행은 그렇게 마무리되었다.

일상 16 아이들

나 어릴 적 과일 가게 대현이, 우리 집 앞 연지식당 태훈이, 7살인 나에게 처음으로 라면 맛을 알게 해 주었던 현철이, …. 이제는 내 기억 속 저만치 아주 희미하게 남아 있는 아련한 이름들.

'다람쥐 공원 옆에 살던 지담이 형아, 나랑 달리기 시합하다 강아지가 쫓아와 울음을 터뜨린 휘비, 한성이 삼촌네 귀여운 이안이, 시안이, 윔블던 3층집에 살던 그림 잘 그리는 유민이 누나, 내 카봇 자동차를 좋아했던 다안이, ….' 아직은 산휘의 머릿속에 또렷이 있는 이 꼬마들과의 추억이 나중에 어떻게 기억될지 궁금하다.

애들아, 항상 건강하고 행복하게 잘 자라라!

카부츠

내가 생각하는 나의 좋은 점 중 하나는 낡고 오래된 물건을 보았을 때 그것에 배어 있는 세월과 사람의 흔적을 같이 볼 줄 아는 것이다. 그래서 누가 사용하던 물건을 받는 것에 진심으로 감사하는 마음이 생기며, 때로는 그런 손때 묻은 소중한 물건을 받을 때 정말 받아도 되는 것인지 미안한 마음이 들기도 한다. 물론 대부분 잘 알고 지내는 좋아하는 사람의 물건인 경우에 그러하지만 보통의 중고품 구경하는 것도 아주 좋아하는 편이다.

길퍼드 집에서 차로 10여 분 떨어진 곳에서 격주 일요일(오전 07:30~오후 1시)에 우리나라의 벼룩시장과 같은 카부츠Car Boots가 열린다. 말 그대로 집에서 더 이상 사용하지 않는 중고 물건들을 자동차 트렁크에 싣고 와서 파는데, 필요한 물건을 사기보다는 돌아다니며 오래된 물건과 그 물건의 주인 구경하는 재미가 아주 솔솔하다. 특히 눈길이 가는 것은 엄마, 아빠와 함께 나온 꼬마들이 더 이상 사용하지 않는 장난감이나 학용품들을 내어 놓고 새로운 주인을 기다리는 것이었다. 작은 물건 하나라도 소중하게 생각하게 되고 1파운드의 귀중함도 자연스럽게 깨우치게 되는 기회가 되니 이것이야말로 정말 살아 있는 교육이고, 제대로 된 가르침 같다는 생각이 든다. 카부츠의 물건들은 아주 저렴한 가격으로 나오고, 이렇게 저렴한 가격에서 어느 정도의 흥정까지 거치게 되므로 물건을 팔러 오는 사람은 중고품을 팔아 돈을 벌겠다는 생각보다는 더 이상 사용하지 않고 공간만 차지하는 물건을 처분하는 데 의미가 큰 것 같고, 그동안 정들었던 물건들과 카부츠에서 이별식을 하는 의미도 있는 것 같다. 그렇기 때문에 가끔은 이 정도 가격이면 충분하다고 생각되어 말해보지만 꿈쩍도 안하는 주인들이 있다. 자신이 내놓은 물건에 대해 여전히 애

MR. MESSY
MR. DAYDREAM

착과 정이 있기 때문이다. 산휘가 고른 스파이더맨 인형은 1파운드도 깎지 못하고 오롯이 5파운드를 다 주고 샀다. 산휘와 산휘 엄마는 미스터 맨을 여러 권 발견하고 곧바로 흥정에 들어갔고, 나도 우연히 발견한 가격표도 떼지 않은 컨버스 운동화를 2.5파운드에서 2파운드로 깎아서 샀다. 캬, 운동화 한 켤레가 2.5파운드(4,000원 정도)라니, 초등학교 1, 2학년 때 동네 신발 가게의 타이거 운동화보다 싸구나!

카부츠에 나오는 물건들 중 특히 한국 아주머니들에게 인기가 많은 제품은 로얄 앨버트Royal Albert 찻잔 세트이다. 전혀 관심이 없던 우리도 대한민국 대표 아줌마인 장모님께서 오시고 나서 두 주 정도 카부츠를 샅샅이 뒤지며 로얄 앨버트 찻잔을 몇 벌 모았다. 돌이켜 보면 관심도 별로 없는 곳에 돈과 시간을 낭비한 것 같지만, 여전히 장모님 진열장에 자리잡고 있는 로얄 앨버트 찻잔 세트들을 보면, 산휘 엄마에게 잔소리 들으면서 샀던, 지금 내 사무실 창가 위에 나란히 진열되어 있는 클래식 모형 자동차들과 찻잔 세트들이 비슷한 위상일 것 같아 얼른 생각을 고쳐 먹는다.

노트르담의 거인과의 추억

논문 마무리에 한창 바쁜 아내가 이제 곧 한국으로 돌아가시는 장모님을 위해 나더러 파리에 모시고 다녀오는 것은 어떻냐고 했다.

"어? 잠깐만 생각 좀 해 보고…."

아무리 영국 오기 전에 장모님과 같이 살았지만, 단 둘이서의 여행은 아직 마음의 준비가 '덜 덜 덜' 된 것 같은데…. 내가 살짝 당황하며 망설이자 역시 배려심 많은 아내는 바로 해결책을 찾아 준다. 이번에는 처제네 식구도 같이 붙여 주었다. 역시 배려심 많은 여자다. 음, 하룻밤만 자면 되니 호텔도 같은 방을 쓰라고 한다. 하지만 아마도 2~3일을 묵어야 되면 더더욱 같은 방을 쓰게 했을 것이다. 이렇게 하여 나는 내가 아는 많은 아저씨들에게 '박군, 진짜 좋은 일 한다!' '나라면 절대 못할 건데, 진짜 어려운 일 한다!' '복 받을 끼다.' 라는 얘기를 들으며 장모님, 처제, 조카 1명을 데리고 프랑스 파리로 언젠가는 축복 받을지도 모르는 1박 2일의 여행을 떠났다.

런던에서 유로스타를 타고 출발한지 3시간여만에 에펠탑 근처의 호델까지 도착했고, 우리는 곧장 짐을 풀고 에펠탑으로 향했다. 호텔에서부터 살짝살짝만 감질나게 보여 주는 에펠탑의 모습은 장모님뿐만 아니라 이번 여행의 연출자인 나도 점점 설레게 만들었다. 스스로를 칭찬해 줄만한 탁월한 호텔 선정이었다. 점점 가까워질수록 에펠탑은 역시 세계에서 가장 유명한 랜드마크답게 사람을 끌어당기는 매력이 대단했다. 가까이서 드러나는 맨살의 철골 구조에는 강건한 남성미가 느껴졌고, 멀리서 전체를 보면 날씬한 여성 같기도 했다. 환한 대낮에 드러내는 디테일하면서도 군더더기 없는 세련됨은 밤이 되면 빛을 입고 보석같이 화려하게 변신하였다.

이렇게 우리는 대낮부터 어둠이 드리울 때까지 에펠탑 주변을 돌며 에펠탑의 다양한 모습을 즐겼다. 역시 또래 친구들의 로망인 프랑스 파리의 에펠탑 앞이라 그런지 평소 사진 찍기를 꺼리던 장모님도 이곳에서만큼은 이런저런 요구를 하고 찍은 사진을 모니터링까지 한다. 배경이 워낙 좋아서인지, 어설펐던 나의 사진 실력이 지난 1년 간 꽤 성장한 것인지, 제법 그럴싸한 사진들이 나온다. 여러 장의 인생 사진이 나오자 급기야 장모님은 "여기 안 오고 한국 들어갔으면 우짤 뻔 했노? 아이고 감사하다, 감사해."라며 나한테 하는 말인지 혼잣말인지 애매한 인사를 허공에 날렸고, 나는 "어머님, 아직 멀었습니다! 좋은 데 더 많습니다!"라고 잽싸게 허공에 떠 있던 그 말을 내가 받아 먹었다.

밤이 되어 어둠과 에펠탑에서 흘러내린 보석 같은 빛이 섞여 에펠탑 주변 분위기가 더욱 고조될 때, 수많은 인파 속에서 '노트르담의 거인'이 우리를 향해 달려왔다. 작년 겨울, 아내와 아이와 함께 파리에 다녀간지 8개월 정도 밖에 안되었지만, 노트르담의 거인은 몇 년만에 만나는 것처럼 온몸으로 나를 반갑게 맞이해 주었다. 거인은 작년에 왔을 때처럼 또 우리의 가이드가 되어 그가 아니면 절대 들을 수 없는 해설과 함께 샹젤리제 거리, 루브르박물관 등 파리의 곳곳으로 우리를 끌고 다녔다. 아파트 아주머니들한테 또 하나의 자랑거리가 생긴 장모님은 연신 그의 해설에 감탄을 연발하고 맞장구를 쳐서 노트르담의 거인을 춤추게 했고, 나 또한 성공적으로 되어가고 있는 파리 여행에 흐뭇했다.

가족들이 호텔로 들어간 후 나와 노트르담의 거인 사이프Saif만 남았다. 우리는 다시 에펠탑으로 돌아왔다. 에펠탑을 바라보고 우리 앞에 나란히 앉아 있는 젊은 여자 둘은 사이프와 내가 처음 만났던 20대의 마냥 즐겁고 꿈 많던 그 시절 같다. 사이프와 나는 13~14년 전에 일본 도쿄의 사쿠라 하우스라는 집에서 같이 지냈다. 내가 한국으로 들어온 이후에도 사이프는 한참이나 더 일본에 있으면서 프랑스에 일본 피규어나 애니매이션 관련 제품을 무역하는 사업도 하였고, 사랑하는 여자도 만났다. 그런데 어떻게 된 일인지 이후 사업도 힘들어졌고 사랑하는 여자도 떠나갔다고 했다. 사이프가 일본에서의 생활을 정리하고 프랑스로 돌아오기 전 잠깐 한국으로 들렀을 때가 산휘가 태어날 무렵이니 벌써 약 6년 전이다. 파리로 돌아온 사이프는 6년 동안 원래 하던 인테리어 관련 일도 하고, 일본과의 무역도 하면서 재기를 꿈꾸고 있다. 그래서 다시 기반을 잡아 일본으로 돌아가면 사랑했던 그 여자를 다시 찾을 수 있다고 생각하고 있다. 하지만 생각만큼 쉽지가 않은 모양이다. 몇 년 전부터 경제 신문에서 계속 떠들던 유럽 경기 침체는 프랑스도 예외가 아니었고, 이 어려운 프랑스 경제 상황은 사이프도 피해 가지 못하고 있었다. 몇 년째 구직 활동을 해 봤지만 별 수 없자 사이프는 이제 낮에는 집 밖으로 잘 나가지 않는다고 했다. 물론 무역 일이라는 것이 집 안에서도 가능한 일이지만, 이렇게 옛 여자를 잊지 못하고 재기를 다지며 점점 노트르담의 거인이 되어가는 친구를 보니 참 씁쓸하다.

이제 파리 시내의 상점들도 하나둘 문을 내리고 어둠이 짙게 내려앉았다. 축제를 즐기던 사람들도 이제 모두 돌아가고, 희미한 달빛과 잔잔한 세느강만이 에펠탑 옆에서 의리를 지킨다. 많은 사람들에 둘러쌓여 웃음소리가 끊이지 않던 몽마르트 언덕도 지금은 조용히 숨죽이고 있다. 사이프와 나도 언제나 빛나던 그 시절이 지나고 제각각의 조용한 가을을 맞이하고 있다.

파리에서의 아침이 시작되었다. 역시 파리는 에펠탑이다. 어떤 사람은 에펠탑이 보이는 다리 아래에서 근육을 깨우고, 한국에서 온 익숙한 얼굴을 한 아주머니(?) 한 분은 어제 찍은 수백 컷의 사진이 마음에 안드는지 다시 한 번 에펠탑을 바라보고 섰다.

밤에만 움직인다는 노트르담의 거인도 오늘은 웬일인지 환한 대낮에 얼굴을 보여 주었다. 마지막으로 우리들은 노트르담 성당으로 갔다. 역시나 그에게서만 들을 수 있는 멋진 설명이었다. 우리에게 유로스타 역으로 가는 택시를 잡아주며 사이프는 여러 차례 택시 기사에게 당부를 하고 성큼성큼 뛰어갔다. 노트르담의 성당으로 돌아가는 저 거인이 얼른 쇠사슬을 끊고 새로운 사랑과 기회를 찾아 그가 꿈꾸는 일본으로 떠날 수 있기를 기원한다.

안녕, 사이프! 우리도 이제 우리 인생에서 각자의 여름과 가을을 보내고 있어. 우리의 삶이란 때로는 2003년, 일본에서의 그때와 같이 아름답고 달콤하고 즐거운 일로 가득차 있기도 하지만, 또 때로는 2015년 오늘과 같이 힘들고 우리 어깨 위에 놓여 있는 압박이 버겁게 느껴지기도 해. 그렇지만 이제 우리는 생각보다 빨리 추운 겨울이 끝나고 따뜻한 봄이 오는 것도 알잖아.

고마워, 사이프! 항상 응원할게.

그래, 우리는 가장이야

이제 한 달 정도 있으면 돌아가야 하는 날이니 시간 여유가 생길 때마다 그동안 미루어 왔던 추억 만들기를 하기 위해 서서히 바빠지기 시작했다. 오늘 저녁에는 다음 주면 돌아가는 봉 삼촌을 위해 집 근처의 한인 동생들과 런던까지 술을 한 잔 하러 가기로 했다. 밤 늦게까지 이어질 술자리가 뻔하지만 내일 아침 일찍 우간다로 돌아가는 허버트에게도 내가 공항까지 데려다 주겠다며 철석같이 약속을 해 누었다. 1년치 짐이 만만치 않을 뿐더러, 택시로 공항까지 움직이는 비용은 더 만만치 않으므로, 내가 할 수 있는 작은 도움이라도 주고 싶었고, 무엇보다 영국을 떠나는 마지막 순간까지 옆에 같이 있어 주고 싶었다. 초등학교 때 친구와 놀다가 헤어질 때, 이 친구가 보이지 않을 때까지 손을 흔들지 않으면 의리가 없는 친구가 되는 것과 같이 나는 '마지막까지 의리 있는 놈'이 되고 싶었다. 참 유치하기도 하지만 사실이 그랬다.

역시 런던에서의 술자리는 새벽 2시가 되어서야 끝이 났고, 아침 일찍 친구를 데려다 주어야 한다는 이유로 술 마시지 않고 차를 끌고 갔던 나는 이 술 취한 무리를 태워서 길퍼드로 돌아왔다. 3시 반이었다. 집 앞 웨이트로스 편의점에서 커피 한 잔을 마시고 곧바로 런던으로 다시 출발했다. 5시까지는 허버트를 태우고 늦어도 7시까지는 히스로 공항에 가야 하기 때문이다. 숙소에 도착하자 역시 허버트의 짐은 엄청났다. 이 어마어마한 짐에 대한 추가 요금을 낼 생각은 전혀 없는 것 같았다. 단지 방법이 있을 것이라고만 한다.

"그래 한 번 보자, 친구(Okay, Let's see)!"

공항에 도착해서 체크인을 하려는데 역시 4개나 되는 캐리어가 무사통과될 리 없었다. 허버트는 무슨 말을 하는지 한참을 설명했지만 역시 방법이 없었다. 그러나 추가 요금을 내려는 마음은 더더욱 없었다.

'짐을 전부 해체해서 데려갈 놈은 데려가고, 버릴 놈은 버리는 수 밖에 ….'

짐을 풀자 내 눈을 곧바로 사로잡은 것은 한 짐 가득한 밥솥과 냄비, 그릇 등이었다. '아, 이게 뭐지? 이걸 다 어떻게 가지고 간다는 걸까?'

잠깐 말을 잃은 내 생각을 눈치챘는지 허버트가 이야기한다.

"이 밥솥하고 냄비, 우리 와이프가 꼭 가져오라고 그랬어. 우간다에는 이런 물건을 잘 살 수 없거든." 하며 이 별것 아닌 소중한 것들을 위한 공간을 제일 먼저 확보하였다. 잠에 취해 있던 나는 허버트의 이 말에 정신이 번쩍 들었다. 지난 1년 간 우리는 웃고 떠드는 철없는 학생인 척도 했지만, 역시 우리는 나름대로 최선을 다해 소중한 가정을 지켜나가는 착실한 가장이었다. 마지막 박스에는 동화책이 가득 들어 있었다. 허버트가 우간다에서 지원하고 있는 초등학교에 기증하기 위해서 런던 도서관을 다니면서 얻은 책들이었다. 얼마 전 허버트가 근처 도서관에 책 수거하러 가야한다고 해서 흘려들었는데, 갑자기 그 기억이 떠오르며 하나씩 끼워 맞춰진다. 우리는 짐을 몇 번이나 해체와 합체를 거듭해서 무게를 쟀다. 그리고 이 책은 아프리카 아이들을 위해 기증할 책들인데 그냥 받아 주면 안되겠느냐고 부탁도 해 보았다. 학생증을 보이면서 추가로 낼 돈이 없다고 읍소도 하면서 …. 이제 나도 드디어 가난한 가장으로 아프리카 어린이를 사랑하는 세계인의 한 사람으로 정신을 차리기 시작했다.

입국장으로 들어가기 전 허버트는 가슴에서 "Dear prof, Joon!(우리는 언제부터 서로를 교수님으로 불렀다.)"으로 시작하는 편지 한 통을 꺼내 주며 그동안 정말 고마웠고, 꼭 다시 볼 수 있는 날이 오면 좋겠다고 했다. 허버트의 많은 짐과 기증되지 못한 책들을 들고 오며 나도 코끝이 찡해졌다.

"잘가, 허버트!"

봉 삼촌네의 런던 유람기

대한민국에 사는 많은 사람들에게 해외여행이 더 이상 특별한 자랑거리가 되지 못하는 요즈음에도 장성한 아들과 시집간 딸들, 그리고 손주들까지 가족 모두가 1달이 넘는 기간을 영국에서 생활하는 것은 아주 드문 경우일 것이다. 이 어려운 일을 봉 삼촌네 가족이 할 수 있었던 것은 첫째, 영국에 살고 있는 잘나가 보이는(실제로는 그렇지 않을지 모르지만) 큰 딸(나의 아내)이 있어서였고, 둘째, 얼마 전 하던 사업을 접고 새로운 인생 구상에 들어간, 조카를 너무도 사랑하는 노총각 아들(나의 처남)이 있어서였고, 셋째, 시집가서 서울에 살고 있는 막내 딸(처제)과 아직 유치원에 다니는 손주들도 기꺼이 영국으로 와 주었기 때문이고, 그리고 마지막으로 영국으로 오시라고 할 때마다 막무가내로 '안갈란다. 나는 한국이 좋다! 말도 안 통하고 그런 데서 우째 사노.' 하시던 장모님도 못 이기는 척하고 막내딸과 함께 12시간이나 비행기를 타고 날아와 주었기 때문이다. 어쨌든 각자 좋고 나쁜 상황과 시간이 절묘하게 맞아떨어졌기 때문에 봉 삼촌네의 영국에서의 재결합이 가능한 것이었다.

오늘 봉 삼촌네가 드디어 런던으로 총출동을 한다. 그동안 각자 한두 번씩 다녀왔던 적은 있지만 이렇게 봉 삼촌네 완전체(어머님, 봉 삼촌, 아내, 처제, 아이 3명)와 들러리인 나까지 런던으로 움직이기로 한 것은 오늘이 특별한 날이기 때문이다. 오늘이 봉 삼촌이 영국에서 지내는 마지막 날이다. 내일이면 봉 삼촌이 영국에서 정확히 6개월을 채우고 한국으로 돌아간다.

오늘 이 '봉 삼촌네 런던 유람'의 가이드는 6개월 전의 외국인 울렁증을 완전히(?) 극복하고 그동안 틈만 나면 런던에 가서 샅샅이 훑어 왔던 봉 삼촌이다. 나는 런던 중심지에서 1년이나 학교를 다녔지만 워털루 역에서 학교 가는 길 말고는 딱히 옆으로 새서 구경을 다닌 기억이 없고(이렇게 얘기해 두는 편이 안전할 듯하다.), 무엇보다 나는 타고난 길치인지라 한국이고 외국이고 한 번 다닌 길은 정확히 기억하는 신기한 능력을 가진 처가 식구들을 가이드하기에는 자격 미달이다. 오늘 나의 역할은 사진이나 찍어 주고, 약간의 쉬운 통역 정도가 아닐까 혼자 생각해 본다.

워털루 역에 내려 봉 삼촌네가 처음으로 간 곳은 역 바로 앞에 있는 런던아이London Eye였다. 패스트 트랙fast track[2]을 이용하지 않으면 1시간 정도 기다리는 것은 예사인 런던아이를 오늘은 기어코 타기 위해 워털루 역에서 내리자마자 이른 시간에 곧장 런던아이로 간 것이다. 패스트 트랙이 아닌 일반 티켓은 어른이 26파운드, 아이가 21파운드로, 과연 미친 물가를 자랑하는 런던스러운 가격이었다. 하지만 기차 티켓을 제시하면 티켓 1장으로 2사람이 탈 수 있는 2 for 1 할인이 있어서 봉 삼촌네는 적당히 위로 받은 가격으로 탈 수 있었다.

TIPS

구글에 '2 for 1 discount in London'으로 검색하든지, 인터넷 사이트 https://www.daysoutguide.co.uk/2for1-london에 방문하면 런던아이 말고도 런던의 여러 관광지에 대한 가격 할인 정보를 얻을 수 있다.

런던아이를 타고 135m 높이의 상공으로 올라가서 근사한 런던 시내 전경을 한눈에 바라보며 봉 삼촌네 가족이 어떤 얘기를 나누었는지 알 수 없다. 왜냐하면 나는 같이 타지 않았기 때문이다. 봉 삼촌네 모두가 런던아이를 오르는 모습을 풀샷으로 사진도 찍어 주고 싶었고, 아주 오랜만에 봉 삼촌네만의 시간을 주고 싶기도 했기 때문이다. 약간 떨어져 있어 주고 싶은 느낌? 글쎄 나도 나의 그 마음을 정확히는 모르겠다. 그들이 공중에 떠 있을 때 나는 런던아이 밑에서 '런던아이는 왜 이름을 런던아이라 붙였을까? 런던을 바라볼 수 있는 눈이라서 그렇게 붙인 건가?' 등의 별 영양가 없는 생각을 하다가 카페인을 보충하러 가장 짧은 줄이 서 있는 런던아이 주변의 노상 커피 판매점을 기웃거렸다. 30여 분만에 내려온 봉 삼촌네는 캡슐 안이 어땠는지 안에서

2) 7파운드 정도, 당시 환율로 만 원 정도 더 내면 오랫동안 기다리지 않고 빨리 탈 수 있는 줄

찍은 동영상을 보여 주었다. 동영상 속에서 장모님은 런던 상공 135m가 천국 같다고 했다. 하지만 아무래도 이 말은 뻥인 것 같다. 카메라가 아내에게 가자 무뚝뚝한 아내는 짧게 "굿Good"이라고 했다. 평소 점수가 후하지 않은 아내가 '굿'이라고 한 것을 보면 런던아이는 참 좋았던 듯하다. 꼬마 세 녀석은 런던 아이에서 내리자마자 다음 행선지로 "고, 고, 고!"를 외친다. 왜냐하면 다음 행선지가 시비비즈Cbeebies의 '앤디의 공룡 모험'의 촬영지인 자연사박물관Natural History Museum이기 때문이다. 자연사박물관에서 우리는 중생대의 공룡들을 만나고, 몇 년 전 일본 동북부 지역을 삼켜 버린 지진 체험도 해 보고, 또 저 멀리 우주까지 날아가 보았다. 자연사박물관은 아이들에게 반드시 보여 주어야 할 곳으로 언제나 손꼽히지만 이곳은 결코 아이들만의 박물관은 아니었다. 나 또한 중·고등학교 시절 과학 교과서에서 보았던 그림을 박물관 이곳저곳에서 확인하며 감탄을 연발했다. 그런데 여기 자연사박물관을 포함, 이렇게 많은 볼거리가 있는 런던 대부분의 박물관 입장료가 무료라니…. 혹시 이 훌륭한 박물관들을 무료로 개방하느라 런던의 물가는 그렇게 비싼 것일까?

런던의 대표적인 곳들만이라도 훑어보려고 온 가족이 마음 먹고 나왔건만 오늘 따라 시간은 더욱 빠르고, 그럴수록 내일 떠나는 봉 삼촌에게는 이 아름다운 도시 런던이 유난히 아쉽게 느껴진다. 템스강을 걸으며 봉 삼촌이 가장 좋아하는 런던의 대표적 아이콘인 국회의사당의 빅벤Big Ben이 가장 잘 나올 만한 곳에서 카메라 셔터를 눌러 대었다. 하나, 둘, 셋! 카메라에 봉 삼촌네를 담으면서 생각한다. 행복이란 무엇일까? 지금 내 앞에 있는 이 사람들을 보면서 가슴 전체에 녹아 번지는 이 따뜻함이 바로 그것일까? 그렇다면 봉 삼촌네의 세 여인과 한 남자(봉 삼촌)도 카메라 뷰파인더를 통해 그들의 모습을 바라보는 나와 같이 지금 이 순간 가슴 한 곳에서부터 행복의 전율이 요동치고 있

을까? 우리 삶의 여러 행복이 어떤 한 장면, 장면으로 기억되듯이 내가 기억하는 봉 삼촌네의 가장 큰 행복은 2016년 8월 저 아름답고 멋스러운 웨스트민스터 궁 앞에서 나를 보고 행복한 웃음을 짓고 있는 이 장면일 것이다. 나도 우리 엄마가, 여기저기 흩어져 있는 내 동생들이 갑자기 그리워진다.

그리움

영국에서 지낼 시간이 하루하루 짧아지고 있을 무렵, 몸은 여전히 영국에 있으면서도, 영국에서의 삶을 그리워하기 시작했다. 사내 연수에 지원하여 우리 가족이 영국에 첫발을 디딜 때까지 겪었던 심적 갈등들, 그리고 이곳에서 늘 모자란 듯 지낼 수밖에 없었던 쪼들리는 생활에도 불구하고, 지난 1년간의 시간을 정리하며, 나는 무엇 때문에 이렇게 영국에서의 삶을 그리워하게 된 걸까 생각해 보았다.

영국에서의 시간이 무엇보다 소중했던 이유는, 지치고 힘들었던 순간에도 우리 세 식구가 함께 했기 때문일 것이고, 또 다른 이유는 남과 비교하지 않고 오롯이 나 자신의 모습으로 지낼 수 있었기 때문이 아닐까 생각한다. 끊임없이 회사 동료, 업계 사람들, 학교 동기들, 옆집 사람, 심지어 일면식도 없는 SNS 친구들과 비교해 가며 나의 행복을 저울질했던 한국에서의 삶과는 달리, 찢어진 우산을 쓰고도, 허름한 옷을 입어도 당당할 수 있었던, 타인의 시선으로부터의 자유로움이 영국에서 누렸던 또 다른 행복의 근원이었던 듯하다.

곰곰 생각해 보면, 아침이면 다람쥐들이 놀러 오던 작은 뒷뜰이 딸린 낡은 우리 집, 배려심 많은 이웃들, 변덕스러운 날씨였지만 그럼에도 불구하고 언제나 푸르던 자연, 그 자연 속에서 거침 없이 뒹굴고 놀던 산휘, 이 모든 기억의 조각들이 퍼즐처럼 하나씩 채워져, 우리 가족의 영국 소풍 이야기가 한 장의 그리움으로 마음 깊이 자리잡은 것 같다.

"현실보다는 비교가 사람을 행복하거나 비참하게 만든다."
Nothing is good or bad but by comparison

– 토머스 풀러(Thomas Fuller, 영국의 성직자이자 작가)

일상 17 달

오후 8시, 9시가 되어도 밖이 환한 영국의 여름은 하얀 빛을 띠며 몰래 홀로 떠 있는 달이 제일 먼저 저녁이 오고 있음을 알린다. '산휘 가족의 영국 소풍'의 마지막도 저기 떠 있는 달과 함께 어느새 찾아왔다.

이별 소풍

다음 주에 한국으로 돌아갈 산휘를 위해 같은 반 아이들과 다람쥐 공원에서 '이별 소풍farewell picnic'을 하자고 아내에게 연락이 왔다. 산휘 뿐만 아니라 엄마들 사이에서 미영 씨의 송별회이기도 할 것이다. 8월 26일 2시 반, 약속 시간에 도착했을 때 몇 집은 벌써 와서 나무 밑 그늘진 곳에 자리를 펴고 있었고, 몇 집은 우리 반대편에서 "안녕!" 하며 자리로 걸어오고 있었다. 아이들은 공원에 들어서자마자 자기들 무리가 있는 곳으로 달려가 섞여버린다. 그날 모두 여섯 집에서 엄마와 아이가 각각 1명씩 왔고, 그중 리오네는 동생 캑서스를, 산휘네는 사진 기사 아빠를 각각 1명씩 더 데리고 나와 모두 14명의 인원이 우리의 일상이 어려 있는 다람쥐 공원에 집결했다. 엄마들은 피자, 케이크, 토마토 등 먹을 것을, 아이들은 간이 축구 골대에서부터 원반, 자전거까지 이별 소풍을 위해 나름의 준비를 해 왔고, 나 또한 DSLR 카메라와 미리 깨끗이 닦아 온 망원렌즈까지 준비하며 마지막 소풍에 성실히 임했다. 아이들은 다 같이 뭉쳤다가 킥보드를 타는 아이, 자전거를 타는 아이, 그 뒤를 쫓는 아이, 원반을 던지는 아이로 곧 나뉘었고, 축구 골대를 설치하자 그제서야 절반이 뭉쳤지만 이내 곧 다시 흩어졌다. 엄마들은 자리에 앉아 간혹 왔다갔다하는 아이들에게 먹을 것을 건네기도 했지만, 엄마들만의, 나로서는 알 수 없는 대화에 몰두한다. 여섯 엄마들이 모여 있는 자리에 아빠 혼자 자리를 비집고 들어가는 것은 국적을 불문하고 왠지 쑥스럽고 내키지 않아 나는 저 멀리 떨어진 곳에서 망원렌즈를 당기며 그들만의 마지막 추억과 시간을 담는다.

여기저기 흩어져 있던 아이들을 다시 하나로 뭉쳐진 것은 공원 구석에 빨간 아이스크림 차가 들어오면서이다. 아이들은 1명씩 아이스크림 차 주변으로 모이더니 이내 모든 아이들이 차 주변으로 집결했고, 이를 본 엄마들은 아이 이름을 부르며 아이스크림 차에서 떼어 낸다. 아이들을 말리는 방법은 나라마다 별반 차이가 없는 것 같았다. "너 돈 있어(Do you have money)?"였다. 돈 없는 꼬마들은 몇 마디 대꾸를 해 보지만 결국은 엄마 손에 다들 끌려 드디어 나무 아래에 모두 집결을 했다. 이제 마지막 이별을 할 시간이다. 엄마들은 반 아이들이 산휘에게 남긴 작별 인사를 모은 스케치북과 각자 준비한 작은 선물들을 건넸고, 산휘 엄마는 큰 웃음과 작은 눈물을 동시에 보이며 감사의 말을 전했다.

이제 내가 역할을 할 차례이다. 햇볕이 잘 드는 중앙으로 모두를 불러서 한국 꼬마 산휘가 포함되어 있는 스토튼 초등학교 고슴도치반의 마지막 단체 사진을 찍는다.

"하나, 둘, 셋, 치즈!"

이제 꼬마 1명씩 산휘와 마지막 포옹을 하고 엄마들도 미영 씨와 마지막 인사를 한다.

"루이자, 헨리, 캑서스, 리오, 그레이스, 오스카 그동안 고마웠어, 안녕!"

아이들 모두 엄마와 자리를 뜨고 있을 때 산휘와 그동안 가장 가깝게 지냈던 리오가 산휘에게 다가온다. 산휘는 이런 상황이 낯설어서 자꾸 시선을 회피하는데 리오가 산휘 어깨를 잡으며 말했다.

"산휘, 내 눈을 봐. 눈 좀 봐. 우리 이제 더 이상 볼 수 없지만, 그동안 너와 함께 한 시간이 정말 즐거웠어, 고마워."

이제 7살인 리오의 말에 나도 코끝이 찡해지며 한동안 그 장면을 멍하니 바라볼 수 밖에 없었다. 산휘는 리오를 한참 바라만 보다가 나에게 익숙하지 않은 표정을 던진다. '산휘야, 지금 네 가슴에 느껴지는 것이 바로 이별이란 거란다.' 모두가 다람쥐 공원을 떠나고, 우리 셋도 집으로 향한다. 산휘에게 첫 이별을 시켰다. 그리고 우리도 이별을 했다.

영국에서 1년을 살아 보겠다는 결정은 우리 세 식구가 온전히 같이 시간을 보내고 싶다는 마음에서 시작했지만, 그 이면에는 6살 산휘의 영어 교육에 대한 욕심도 있었다. 한국에서 자녀를 키우는 부모들 가슴 한 켠에 자리잡고 있는 영어 교육에 대한 부담감이 나라고 어찌 없을 수 있단 말인가. 마음 속으로는 영어 교육에 욕심내지 말고, 산휘가 몸과 마음에 상처 받는 일 없이 건강하게 1년 보내다 가면 된다고 다짐했지만, 학교 생활을 위해서라도 산휘는 생존 영어를 배워야 했고, 이왕이면 현지에서 영어에 대한 기초를 다지게 하고 싶었다.

그래서 제일 먼저 현지인과 일주일에 2번 영어 수업을 받도록 했다. 작년에 이 지역에 거주했던 찬빈이를 가르쳐 본 경험도 있고, 한국인의 정서를 잘 아는 분으로 소개 받았다. 우리 가족에게 아주 중요한 사람, 팜Pam 선생님과의 만남은 그렇게 시작되었다. 첫 수업은 비가 억수같이 쏟아지던 어느 날 우리 집에서 이루어졌다. 부끄러움이 많은 산휘는 처음 만난 팜 선생님이 제시하는 이런 저런 이야기들을 듣다가, 1분도 안되어 내가 있는 방으로 달려 들어왔다. 다시 나가서 선생님과 놀라고 하면 잠시 나갔다가 다시 방으로 …. 한 마디로 집중력 제로! 이렇게 수업을 계속할 수는 없었다. 그래서 찬빈이네가 했던 방식대로, 산휘를 팜의 집에 보내 수업을 해 보기로 했다. 산휘는 팜의 강아지 브로디와 금세 친구가 되었고, 브로디와 놀고 싶어서라도 팜의 집에 안 가겠다는 이야기는 하지 않았다. 물론 팜의 집에서도 집중력이 뛰어나지는 않았지만, 적어도 엄마를 찾아 방으로 들어오지는 않으니 그것만으로도 다행이었다. 팜은 산휘에게 숫자와 알파벳을 가르치기도 했지만, 가든에 나가 브로디와 뛰어 놀고, 가끔 요리를 같이 하기도 하고, 아주 가끔은 차를 타고 마트에 가서 물건을 사기도 했다. 어느 날, '산휘가 문장으로 말을 했어요.'라는 감격스러운 문자를 팜에게서 받았고, 나는 또 기뻐서 산휘 아빠에게 '산휘가 문장으로 말을 했대.'라고 전하며 기뻐했던 기억이 난다.

팜 선생님과 요리 수업

또 어떤 날은 산휘가 아침에 "엄마, 내 북 박 어딨어?"라고 묻길래, "북 박? 산휘야 북 박이 뭐야?" "참, 엄마는 북 박도 몰라? 북 박!" 하며 되레 쏘아 부쳤다. 한참을 산휘와 같이 집 구석구석을 뭔지 모를 '북 박'을 찾아 헤맸는데, 알고 보니, 책가방book bag을 이야기하는 것이었다. 에고, 우리 산휘가 영국식 영어를 구사하는 바람에 미국식 영어에 익숙한 엄마가 못 알아들었네. 확실히 가끔씩 산휘가 짧게 던지는 영어 발음은 영국식이다.

stop(스톱), daddy(다디), and(안), packed lunch(팍 런치)

어느 날 산휘가 '리딩 레코드reading record'라는 공책같은 것과 아주 쉬운 그림책 하나를 들고 와서 보여 준다. 이것을 어떻게 하라는 것인지 몰라서 팜 선생님에게 물어 보니, 산휘 수준에 맞는 책을 학교에서 골라서 읽게 하고, 집에서도 부모와 같이 읽기를 하여, 그 과정을 기록으로 남기는 과정이라고 한다. 그 독서 기록장 제일 첫 페이지에 써 있던 '아이가 책 읽기에 흥미를 가질 수 있도록 도와 주는 팁'이 인상적이어서 옮겨 적어 본다.

1. 아이와 부모가 모두 편안한 상태, 그리고 집중할 수 있는 시간을 골라라.
2. 책 읽기는 짧게 진행하고, 아이가 지루해하면 바로 멈춰라.
3. 아이가 직접 책을 들고, 페이지를 넘기며, 단어를 짚어 가며 읽게 하라.
4. 부모가 아이와 함께 단어나 이야기를 읽어야 할 때도 있으며, 아이 스스로 읽을 수 있는 경우도 있을 것이다.
5. 의미에 집중하라. 각각의 단어를 정확하게 이해하기보다는 전체적인 이야기를 이해하고 추측해 볼 수 있도록 하라.
6. 아이가 다음 이야기가 어떻게 진행될지 생각할 수 있도록 하라.
7. 아이와 책에 대해서 이야기해 보라. 책이 재미있었는지, 이야기 속에 등장하는 인물이나 그림에 대해서도 이야기해 보라.
8. 많이 칭찬하라.
9. 책 읽기는 한 번에 이루어지는 것이 아님을 이해하고 인내하라.
10. 책 읽기를 규칙적으로 하는 습관을 갖도록 하고, 지속적으로 아이에게 이야기를 들려줄 수 있도록 하라.

단순한 것 같지만, 조급해하는 엄마 마음을 꼭 붙들어 주는 인상적인 조언들을 마음 속에 새기며, 그렇게 산휘와 엄마의 책 읽기는 계속되었다. 비록 엄마가 다 읽어 주고 산휘는 듣기만 하지만, 책 읽기는 습관이며 인내의 과정이니. 언젠가 산휘가 스스로 말 뿐만 아니라 글도 한 문장 읽어 낼 수 있는 날이 꼭 올 것이라는 희망으로….

짧게나마 적지 않은 스트레스를 받으면서 영국에서 대학원 과정을 공부하는 동안 영어에 대한 생각에도 변화가 있었다. 무엇보다도 정보에 대한 접근성 면에서 영어의 효용성에 대해 새롭게 눈을 뜨고 많이 느끼게 되었다. 한글로 필요한 정보나 자료를 찾는 것에 비해 전 세계인의 공용어라 할 수 있는 영어로 자료를 찾아 보면 그 정보 소스 자체가 훨씬 방대하여 우리가 원했던 고급 정보를 쉽게 얻을 수 있는 확률이 보다 높아진다. 대부분의 사람들은 이것을 당연한 얘기라고 말할 수 있지만, 인지하고 있는 것과 직접 우리의 일과 학업에 적용하는 것은 다르다. 왜냐하면 어느 수준 이상의 독해 능력이나 속독 능력 없이는 영문 검색 또는 원서 읽기가 또 하나의 부가적인 일로서 부담으로 느껴지기 십상이다. 그리고 독해 능력이나 속독 능력에 문제가 없더라도 영문 검색이 생활화되어 있지 않으면 쉽게 손이 가지 않게 된다. 나 자신의 경우를 볼 때, 영문을 읽고 정보를 흡수하는 것에 큰 어려움은 없었음에도 불구하고 얼마 전까지는 영어를 정보 획득의 수단으로는 많이 사용하지 않았던 것 같다. 다행히 1년 동안 대학원 과정을 힘겹게 쫓아가다 보니 자연스럽게 이러한 면에서 영어의 효용성을 재발견하게 되었고, 새로운 사업 기회를 찾고 그것을 검증할 수 있는 도구로서 영어를 예전보다는 확실히 잘 활용하고 있다. 이 기능이 외국인과 의사 소통의 수단으로서의 영어의 역할 만큼이나 중요한 것 같다. 물론 최근 급속도로 진화하는 번역기의 기능을 볼 때, 이제 정보 검색에 있어서 언어가 더 이상 장벽이 되지 않을 날이 머지 않아 오겠지만….

다음으로 영어를 의사 소통의 수단으로 생각해 볼 때, 1년 공부를 마치고 나서 내가 말하는 영어가 완벽에 가까워야 한다는 강박으로부터 벗어나 편안해진 것 같다. 처음에는 짙은 액센트의 영국식 영어 흉내도 내어 봤고 내가 쓰는 영어와 비교해서 조금 더 현지인이 쓰는 언어에 가까워지려고 노력도 해 보았지만 들이는 노력에 비해 결코 효율적이지 않다는 생각이 들었다. 또 잠깐만 이 불편한 노력을 게을리하거나 한국으로 돌아와 영어에 노출되는 시간이 줄어들면 어차피 나만의 영어로 아주 자연스럽게 돌아갈 것이라는 사실을 인정한다면, 외국어로 실수 없이 유창하게 말하려는 강박은 불필요한 것이다. 오히려 말을 할 때 실수를 좀 하더라도 개의치 않고 죄책감(?) 없이 끝까지 말할 수 있는 뻔뻔함은 1년 생활을 통해 얻은 큰 수확이라고 할 수 있다. 물론 처해진 환경에 따라서 현지인의 언어에 보다 가까워지기 위해 엄청난 노력을 기울여야 하는 사람도 있겠지만, 현재 나의 상황에서는 이 방법이 훨씬 더 효과적이고 바람직한 것 같다.

앞으로도 영어에 대한 나의 생각이 좀 더 효율적이고 전략적이며, 계속 가벼워졌으면 좋겠다.

BBC 프롬스 - 1

8월이다. 사람을 들뜨게 만드는 영국의 맑은 하늘이 이제 1달도 채 남지 않은 이곳 생활을 더욱 아쉽게 만든다. 그동안 공부, 일, 집안일 등(아내가 들으면 코웃음칠 정도로 뭐 제대로 한 것은 없지만) 때문에 영국 가면 꼭 가 봐야 한다는 박물관도 아직 가 보지 못했고, 뮤지컬 한 번 볼 수 있는 여유도 없었다. 나와는 다르게 일본 은행을 다니는 히로는 워낙 관심 분야가 다양하고, 학기 초부터 런던뿐만 아니라 영국 곳곳의 가 보아야 할 곳을 섭렵하고 다녀서, 내가 한 번씩 물어 볼 때마다 그의 추천은 끝이 없었다. 어느 날 히로에게 메시지가 왔다.

"준, 런던에 반 나절 정도 올 수 있어? 8월 17일 BBC 프롬스Proms[3]에서 마르타 아르헤리치Martha Argerich 피아노 연주회가 있는데 같이 갈래?"

"마르타 아르헤리치는 누구고, BBC 프롬스는 또 뭐야?"

히로는 말이 없다. 17~18일에는 여행을 갈 예정이라고 하자 그러면 11일 제이미 컬럼Jamie Cullum 재즈 공연을 보러 가자고 한다. 다음의 메시지와 함께.

"그 로맨틱한 로열앨버트홀Royal Albert Hall에 너와 같이 가야 되다니…. 안타깝지만 어쩔 수 없지! 이번에는 너와 가 줄게!"

로맨틱한 로열앨버트홀은 또 어디인가? 아, 나는 마흔이 넘었는 데도 귀엽게도 모르는 것도 참 많고, 궁금한 것도 참 많다! 다음날 히로에게 연락이 와서 예매 표가 모두 팔렸다며 로열앨버트홀 현장에서 홀 중앙에 서서 콘서트를 볼 수 있는 표를 살 수 있는데 줄 좀 서도 괜찮겠냐고 연락이 왔다. 대신 가격이 5파운드라는 것이다. "진짜? 게다가 홀 중앙에서 콘서트를 보면 더 신나는 것 아니야? 당연히 좋지!"라고 말하고 콘서트 당일을 기다리고 있었는데, 역시 검색이 생활인 히로는 비아고고viagogo에서 2층 중앙의 멋진 자리(Grand Tier box)를 35파운드에 구매했다.[4]

공연은 10시부터였는데 우리는 8시 반에 사우스켄싱턴역에서 만나 가볍게 저녁을 먹었다. 어둠이 완전히 내리기 전 고즈넉한 여름날 저녁, 주황빛 가로등에 비쳐 더욱 더 웅숙하고 고고해 보이는 로얄앨버트홀 주변을 왜 하필 너와 같이 걸어야 하느냐며 서로 브로맨스를 부인했다. 바깥의 여유로운 분위기와는 달리 콘서트홀 안은 엄청난 인파로 붐볐다. 제이미 컬럼이 누구이길래 이 큰 콘서트홀이 매진될까 생각했지만, 재즈에 대해 그다지 관심이 없어서

3) 런던에서 개최하는 국제 클래식 음악 축제. 매년 7월부터 9월까지 열린다.

4) https://www.viagogo.co.uk/Theatre-Tickets/Classical/The-BBC-Proms-Tickets

큰 기대는 하지 않았다. 대학교 1학년 때 학교 앞에서 처음 보았던 재즈 콘서트의 인상이 강해서 그런지 빌리 홀리데이Billie Holiday처럼 끈적끈적하고 묵직할 것이라는 내 예상과는 달리 공연은 아주 열정적이었고 흥이 났다. 제이미 컬럼의 관객을 끌어당기는 흡인력 또한 대단했고, 특히 격렬하게 피아노를 때리는 모습은 대학 때 잠깐 배우다 중단한 피아노에 대한 아쉬움이 순간 다시 생기게 할 정도로 매력적이었다. 공연을 마치고 나오다 같은 학교에서 공부하는, 역시 한참이나 어린 성현이와 예슬이를 우연히 마주쳤다. 가족을 내버려두고 브로맨스를 즐기는 내가 이제 데이트를 시작하는 커플에게 어떻게 비쳐졌는지는 별로 중요하지 않았지만, 역까지 걸어가며 얘기를 하다가 요즈음 아주 핫한 제이미 컬럼도 모르고 공연장에 있었던 내가 어땠을까 신경이 쬐끔 쓰였다. '아, 진짜 모르는 것 많네!' 어쨌든 히로 덕분에 좋은 공연(제이미 컬럼), 공연장(로열앨버트홀), 행사(BBC 프롬스)를 알게 되었다. 공연 전문가인 아내에게 중요한 정보를 보고하여 칭찬을 들을 필요가 있겠다.

로열앨버트홀

BBC 프롬스 – 2

남편이 어느 날 갑자기 BBC 프롬스에 다녀왔다고 자랑을 한다. 프롬스는 매년 7월부터 9월 초까지 100여 개에 달하는 프로그램을 자랑하는 영국의 대표적인 여름 클래식 음악 축제이다. 우리 학과 친구 중 한 명이 BBC 프롬스의 하이라이트인 엔딩 공연을 예매했고, 그게 얼마나 대단한 것인지를 열변을 토했던 터라, 나도 BBC 프롬스 공연을 꼭 한 번 보고 싶었는데, 남편이 먼저 다녀오다니…. 늘 자기가 하고 싶은 것은 아무런 제약 없이 다 하는 것 같은 남편이 얄미워져 투덜댔더니, 히로가 즉흥적으로 제안했고 얼떨결에 따라갔다 왔는데 공연 보는 내내 나도 꼭 데려가야겠다는 생각이 들었다며 핑계를 댄다.

나도 왕년에 좋은 공연이라면 멀리까지 찾아가 볼 정도로 좋아했고, 또 회사에서 오디토리움 개관 마케팅을 담당하며 공연장 시설 및 공연 컨텐츠에 대한 고민을 많이 했던 터라, '세상에서 가장 대단한 클래식 축제'라는 BBC 프롬스를 꼭 보리라 다짐했다.

남아 있는 날이 얼마 없었고, BBC 프롬스는 워낙 좋은 퀄리티의 공연을 저렴한 가격에 볼 수 있어서 인터넷으로 예매 가능한 표들은 이미 매진이었지만 어느 공연이든 현장 티켓이 있고, 줄을 서서 운이 좋으면 들어갈 수 있다고 했다. 남편이 엄마와 조카들을 다 데리고 런던 나들이 갔다가, 내가 줄을 서서 공연을 보고 자긴 아이들과 엄마와 주변에서 놀다가 공연 끝나면 같이 집에 가자고 제안했다.

아침 일찍 서둘러 아이들을 데리고 그리니치천문대에서 한참을 뛰어 놀다가 오후에는 앨버트홀 근처에 있는 자연사박물관, 사이언스박물관 등에 데려갔고, 그 사이 나는 앨버트홀에 가서 줄을 섰다. 내가 줄을 서 있는 동안 남편은 이쪽 근처로 와서 아이들과 놀기로 했는데, 아이들이 너무 피곤하여 집에 가겠다는 것이었다. 공연이 끝나면 늦은 시간에 런던까지 돌아가는 게 힘들어서 오랫동안 줄을 선 것이 아깝긴 했지만 나도 같이 집으로 돌아갈 수 밖에 없었다. 이렇게 로열앨버트홀만 겉에서 둘러본 것으로 만족해야 하나?

아쉬움이 컸던 터라 이번에는 현준 씨와 나와 둘이서 런던으로 향했다. 기필코 공연을 보겠다는 일념으로 갔으나 이번에는 이른 시간부터 줄이 길었다. 건물을 돌고 돌아 한참을 걸어 기다리는 줄의 꼬리를 찾았다. 과연 오늘 들어갈 수 있을까? 내 앞에서 마감되는 것은 아닐까? 그냥 집에 갈까? 머릿속이 복잡할 즈음, 내 앞에 줄을 서 있던 아저씨가 나를 보고 미소를 짓는다. 영국에서는 서로 눈이 마주치고 미소를 나누면 자연스럽게 대화가 이어진다. 영국 생활 1년이 다 되어 가던 나는 현지인처럼 미소로 화답하며, 원래 이렇게 줄을 길게 서냐, 이 정도 줄이면 들어갈 수 있느냐고 물어 본다. 아저씨는 매년 BBC 프롬스를 찾는데, 이렇게 줄을 서는 것도 재미이고, 공연을 보

면 줄 서는 시간도 아깝지 않다는 것이었다. 이렇게 좋은 공연을 이 정도의 가격에 볼 수 있는데, 당연한 수고라는 것이다. 그 아저씨는 이런 프롬스의 분위기를 '민주적democratic'이라고 표현했다. 영국 사람들, 줄 서는 것 하나는 끝내주게 잘한다. 1~2시간은 기본이고, 줄을 서야 하는 정당한 이유가 있다면 인내하고 받아들일 줄 안다. 영국 살면서 우리와 가장 다르다고 느낀 부분 중 하나이다. 공연 시작 시간이 다 되어가고, 현장의 매표 줄이 줄어들기 시작한다. 지정된 좌석이 없으니, 서서 보더라도 가장 좋은 자리를 선점하는 것이 중요하다. 아슬아슬하게 현장 표를 구매하고 얼른 3층으로 올라간다. 먼저 들어간 사람들이 무대가 잘 보이는 난간들을 차지하고 있다. BBC 프롬스 관람 경험이 많다던 우리 앞에 서 있던 아저씨를 졸졸 따라가 자리를 잡는다. 아예 무대를 보지 않고, 음악만 듣겠다는 부류들은 꼭대기 층 로비에 누워 음악 감상을 한다. 또 어떤 사람들은 앉아서 책을 펴 놓고 독서를 하기도 한다. 남녀노소를 불문하고 자유롭게 음악감상을 하고 있는 사람들에게서는 통상적으로 우리가 생각하는 클래식의 딱딱한 틀은 전혀 없다.

나는 직업의식이 발동되어 조명과 음향은 어떻게 되어 있는지, 객석 구조는 어떤지, 좌석은 몇 석인지를 한번에 스캔한다. 정말 멋진 공연장이다. 100년도 전에 지어졌다는 이 건물의 수용성에 놀라게 된다. 우리 벡스코 오디토리움 초기 마케팅 컨셉이 무엇이든 가능한 카멜레온 같은 공연장이었는데, 이 로열앨버트홀이야말로 무엇이든 가능할 것 같았다. 실제로 테니스 경기부터 무용에 이르기까지 다양한 이벤트들이 열렸다고 한다.

공연이 시작되고 또 한번 놀란다. 제일 꼭대기 층 난간에 서서 듣는데도 전달되는 음이 참 좋다. 기분 탓일까? 세상에서 가장 자유로운 클래식 축제, BBC 프롬스 같은 행사가 한국에도 있으면 얼마나 좋을까 하고 공연 내내 부러워한다. 하나의 문화가 정착되기까지 오랜 시간 동안, 주최측도 그리고 관객들도 그 과정을 아름다운 시각으로 바라보고 인내해왔기 때문에 가능하지 않았을까. 몇 해 시도하다 성과가 좋지 않으면 쉽게 접어버리고, 또 다른 무엇인가를 찾는 우리나라의 몇몇 사례들이 생각나면서, 언젠가 100년이 지속되는 멋진 이벤트의 시작에 내가 조금이나마 기여할 수 있으면 좋겠다는 직업적 생각도 해 보며 로열앨버트홀을 뒤로 하고 늦은 밤, 집으로 향한다.

일상 18 바라보기

영국에 와서 다시 발견한 소소한 즐거움 중 하나는 한동안 잊고 지냈던 우리들의 서로에 대한 '바라보기'가 다시 시작된 것이다. 지난 3년 간 세상 밖으로만 향해 있던 현준 씨의 시선도 이제는 우리 속으로 다시 돌아왔고, 그 시간만큼 훌쩍 커버린 산휘도 세상을 바라보기 시작했다. 서로를 향하는 시선이 항상 따뜻하고 사랑스럽지만은 않았겠지만, 내가 산휘 아빠를, 산휘 아빠가 나를, 산휘가 우리를, 또 우리가 산휘를, 나아가 산휘가 세상 바라보기를 시작한 이 시간이 너무나 감사하다.

루나 시네마

봉 삼촌에 이어 장모님과 처제 식구들도 돌아가고 약 7개월만에 우리 세 식구만의 자유를 곧 가지게 될 것이지만, 산휘를 생각하면 세상에서 제일 사랑한다는 할머니, 그리고 이모와 사촌 동생들, 이 네 사람이 가고 난 후의 허전함과 섭섭함이 서서히 걱정되었다. 그래서 할머니와 이모네 가족들을 공항까지 배웅해 주고 텅빈 집 대신에 야간에 달빛 아래에서 영화를 보는 루나 시네마Luna Cinema[5] 프로그램을 찾아 두었다. 가족들을 위한 이런 이벤트 찾기에 영 소질이 없는 내가 이번에는 용케도 날짜도 딱 맞추어 잘도 찾았다. 영국에 온 내내 시비비즈의 앤디의 공룡 모험에 빠져 있는 산휘를 위해 우리는 리치먼드에 있는 큐가든Kew Garden에서 '쥬라기 공원'을 보기로 했다. 가격은 어른 1인당 16.50파운드(당시 환율로 약 25,000원 정도), 어린이 12파운드(18,000원)이니 꽤 비싼 편이지만 루나 시네마라는 이름 때문인지 여름날 밤 달빛 아래의 영국왕립식물원 안을 휘젓고 다닐 티라노사우루스가 우리 가족에게 아주 특별한 기억을 줄 것 같았다. 루나 시네마가 열리는 곳은 이곳 큐가든뿐만 아니다. 켄싱턴궁전, 웨스트민스터 사원, 빅토리아가든, 런던타워 등, '설마 그런 곳에서 영화를 볼 수 있게 해 줄까?' 하고 살짝 의심이 되는 유명한 관광지가 여름날 밤에 영화관으로 변한다. 마치 전통 클래식과 오페라만 어울릴 법한 외관을 하고 있는 로열앨버트홀에서 열리는 ATP챔피언투어 테니스 경기나 아주 포멀한 수트를 입고도 자전거로 도로를 쌩쌩 달리는 런더너Londoner와 같은 의외의 매력이 루나 시네마에도 있는 것이다.

---

5) http://www.thelunacinema.com

THE
LUNA
CINEMA
&
DOUBLETREE

8월 25일, 장모님과 처제 가족들을 공항까지 바래다 주고 우리는 8시에 시작되는 영화 상영 2시간 전에 큐가든에 도착하였다. 영화가 시작되기 한참 전에 스크린 앞 넓은 공간은 이미 사람들로 빽빽하게 메워졌다. 큰 베개를 준비하여 누워 있는 사람들, 둘러앉아 와인 파티를 하는 사람들 등 제각각 한여름 밤의 소풍을 즐기고 있는 사람들 속에서 우리도 영국에서 얼마 남지 않은 추억을 만들어 갔다. 영화 시작 전 현장에서 찍은 사진을 SNS에 올린 팀 중에서 선정된 사람에게는 현장 뒷쪽에 마련된 힐튼 호텔에서 제공하는 스위트 베드에서 영화를 볼 수 있는 행운도 얻었다. 넓게 펼쳐진 잔디밭 위의 한 귀퉁이에 마련된 스위트 베드, 이것 또한 참으로 영국스러운 발상이다.

완전히 어둠이 내리자 20년도 더 전에 만난 영화 '쥬라기 공원'의 공룡들이 하나둘씩 내 머리 속에서 살아나기 시작했으며, 큐가든으로 뛰어나올 것 같은 공룡들에 겁먹은 산휘는 엄마 품으로 더욱 파고들었다. 영화가 모두 끝나고 큐가든 입구로 서서히 걸어 나오는데 여전히 어리둥절해 보이는 산휘가 갑자기 질문을 한다.

"아빠, 할머니 이제 한국에 도착했어?"

음, 역시 쥬라기 공원의 무서운 공룡들도 산휘의 수호신인 할머니를 뺏아갈 수는 없었나 보다. 글쎄다, 이 녀석은 어쩌면 '쥬라기 공원의 저딴 공룡들은 우리 할머니에게는 상대도 안돼!'라고 생각하고 있을지도 모르겠다. 그 옛날의 내가 그랬던 것처럼 말이다.

우리 집

아내의 지인이 남겨 준 물건과 여기저기서 얻고 빌린 가구로 버틴 소박한 집이었지만 약 6년만에 생긴 오롯이 우리 세 식구만의 공간이었기 때문에 더 없이 소중했다. 산휘는 2015년 9월에서 2016년 8월까지 1년 동안을 이곳에서 성장했다. 처음으로 교복을 입고 학교에 갔고, 주차장 공터에서 자전거도 처음 탔다. 나의 긴 넥타이를 바지춤 안에 구겨 넣어서라도 기어이 학교에 매고 가겠다며 멋도 내기 시작했고, 좋아하는 꼬마 여자애를 초대하고 설레어하기도 했다. 모두가 소박한 이 집(6 John Russell Close, Guildford)에서 일어난 일이다. 산휘가 성장해 가는 이 공간에서 나는 매일 밤 일에 쫓겼고, 가만히 생각하면 왜 하는지 알 수 없는 공부에 허덕였다. 라디에이터에 등을 기대어 추위를 쫓아보았지만 곧 잠이 무섭게 나의 뒤를 바짝 따라왔다. 이 쫓고 쫓기는 경기에 지쳐 나는 현관 밖으로 나가 버렸다. '별'이다. 그래도 우리는 행복한 가족임을 까만 하늘에서 이곳 길퍼드에서만 유난히 더욱 반짝이는 별이 말해 주었다. 우리 집은 결국 나에게 언제나 '행복'이다.

미영 씨에게는 우리 집이 어떤 공간이었을까? 교복을 입혀 산휘를 학교에 보내야 하고, 자전거 타면서 넘어지지는 않는지, 아이들을 초대해서 시간을 보내고, 먹을 것을 준비하고 또 박돌이가 라디에이터는 잘 끄고 들어왔는지 등 숙제만 잔뜩 있는 그런 공간은 아니었는지 걱정이 된다.

우리 집은 우리들만의 공간이 아니었다. 세 식구가 살던 집에 봉 삼촌이 와서 네 식구가 되었고, 네 식구가 살던 집에 장모님, 처제와 주원, 주하까지 8명이 되었다. 8명도 기꺼이 버텨준 참 고마운 집이다. 또 지난 1년 간 우리 집에는 우리 가족과 새롭게 인연을 맺은 많은 사람이 다녀갔다. 산휘의 꼬마 친구들도 있고, 아내와 내가 새롭게 인연을 맺은 세계 곳곳의 다양한 사람들이 있었다. 내가 초대를 잘못했나 생각될 정도로 근사하게 차려 입고 와인을 들고 온 이탈리아 친구도 있었고, 초대할 때 미리부터 "야채는 소들이나 먹는 거

6A
6A

야(Vegetable is for the cow)!"라며 한참이나 나를 웃게 만들었던 아프리카 친구도 있었다. 이미 사랑하고 있는 커플도 있었고, 새로운 곳에서 새로운 사랑을 시작하는 커플도 있었다. 시험 때면 꼬박꼬박 정리 노트를 보내 주는 코리안 4인방 동생들은 편안한 학교 생활을 위해 빠뜨릴 수 없는 귀한 손님이었다. 마흔 살의 나를 다시 한 번 유치하게 만들어 준 학교 친구들 모임인 XXX, 미영 씨를 이모, 나를 삼촌으로 불러도 이상할 것이 없는 미영 씨의 중국인 친구들도 우리 집을 다녀갔다. 우리가 만들어 낸 웃음과 많은 얘기들이 집 여기저기에 남겨져 있는, 작지만 소중한 추억이 있고, 인연을 만들어 준 집이기도 하다.

그리고 고마운 발걸음이 많이도 다녀간 집이기도 하다. 현관문 앞에 손편지와 작은 선물만 여러 차례 두고 가신 수 할머니, 우리를 대신해서 산휘를 픽업해 주곤 했던 레이첼 아줌마, 산휘와 봉 삼촌의 영어 선생님 팜 아줌마, 언제나 옆에서 기도해 주시던 피터 아저씨와 조 아줌마 부부, 그리고 매주 크고 작은 신세를 너무 많이 진 길포드의 현인賢人 한성 씨와 프리셀라, …. 참 그동안 많은 신세를 졌다.

봉 삼촌도 한국으로 돌아갔다. 그리고 얼마 후 장모님과 처제네 가족들도 모두 돌아갔다. 이제 다시 우리 3명만 남았다. 그리고 며칠 뒤면 우리도 여기를 떠날 것이다. 집앞 마당에는 빨간 열매를 겨울 내내 가득 안고 서 있는 큰 나무가 있고, 저녁이면 창문 너머 노란 백열등 밑에 앉아 무언가를 하고 있는 꼬마와 엄마가 보이는, 6 John Russell Close는 벌써부터 '그리움이 가득한 우리 집'이 되었다.

졸업

수많은 우연과 그 우연 안에서 각자의 선택으로 우리는 지금을 살고 있기도 하고, 수많은 선택 속에서 몇 번의 우연이 이어져 우리의 지금이 있는 것 같기도 하다. 어느 시점에서 어떠한 선택으로 내가 지금 이곳에 있는지 되짚어 보려 했지만 점점 더 거슬러 올라가게 되면 종국에는 어떠한 우연과 적당한 선택의 조합이라기보다 혹시 이것이 필연 또는 운명이 아닐까 하는 생각도 든다. 우리의 경우를 돌아보면 인도네시아에서 일하고 있던 나에게 어느 날 갑자기 영국으로 같이 가지 않을 것이면 헤어지자며 초강수를 두었던 아내의 강한 선택이 계속 남아서 일하겠다던 나의 고집을 확실히 누르면서 마흔 살의 내 인생은 아주 우연히 영국이라는 나라 속으로 들어가게 되었고, 그러면서 우리 세 식구의 삶에도 아주 특별하고 새로운 페이지가 열리게 되었다. 지난 1년 간 우리가 살았던 영국 길퍼드에서 잊지 못할 수많은 추억이 쌓였다. 우리가 사는 곳 주변과 인근 국가 이곳저곳을 차를 타고, 기차를 타고, 비행기를 타고, 때로는 배까지 타며 애써 만든 추억도 있고 잔잔한 생활 속에서 돌아보니 추억이 되어 있는 우리 셋만 아는 소소하지만 소중한 기억들도 있다. 아내는 우리의 이 시간을 '소풍'이라고 했다.

또 우여곡절은 많았지만 우리 세 식구 모두 각자 자신이 처한 상황에서 최선을 다했던 1년 간의 생활이었다. 산휘는 알파벳도 모른 채 학교에 들어가서 영국의 정규 1학년 교육 과정을 무사히 마쳤다.

산휘는 친절하고 반에서 인기가 많은 아이입니다. 가끔 자신이 하고 있는 일에 집중하라고 이야기해 주기는 하지만, 대부분 학교 규칙을 잘 따르는 편입니다. 어른

1학년 마지막 날, 스토튼의 한인 학생들과 함께

고슴도치반 친구들과 함께

산휘의 발표

Stoughton Infant School
Annual Report 2016

Name: Sanhui Park

Date of Birth: 18-07-2010 Class: Hedgehogs

산휘의 1학년 리포트

이 도와 주면, 산휘는 대화에도 참여하고, 자신의 생각을 나누기도 합니다. 또한 약간의 도움을 얻어, 자신이 한 일에 대해 대화를 나눌 수도 있으며, 산휘가 잘한 일과 앞으로 어떤 일을 해야할지에 대해서도 생각하기 시작했습니다. 산휘가 자신의 일을 스스로 해 내기 위해 노력하는 모습을 지켜보면 아주 대견합니다. 본인이 흥미로워하는 일에 대해서는 더 집중을 잘하는 모습을 보이며, 새롭고 낯선 환경에 대해서도 자신감을 보이고, 도전하려고 하는 긍정적인 태도를 보입니다. 지난 1년 동안 산휘가 성장하는 모습을 보는 것이 즐거웠고, 다음 해에도 더욱 발전된 모습을 보일 것이라 기대합니다. [산휘의 1학년 annual report]

얼떨결에 산휘와 아내를 따라 영국행을 결정한 나도 또 다시 얼떨결에 극적으로 학교 입학 허가를 받아, 똑똑하고 어린 친구들 틈에서 아슬아슬하게 대학원 코스를 패스하고 졸업장을 손에 쥐게 되었다. 철없는 두 남자를 이끌고 영국으로 온 아내 미영 씨도 엄마로서, 아내로서 그리고 학생으로 1인 다역을 하느라 여유가 없이 살았지만, 그 와중에도 우수한 성적(디스팅션)으로 학과 공부를 무사히 마쳤다. 우리 가족의 1년 간의 소풍은 우연일까 운명일까?

아내는 우리 가족의 영국 첫 소풍지인 케임브리지가 나의 운명을 바꾸어 놓았다고 한다. 거창하게 무슨 운명까지 얘기할까 하지만 이제 와서 생각해 보면 아내의 말이 크게 틀리지는 않는다. 케임브리지에서 아내와 산휘와 함께 교수님과 3시간이나 면접 및 면담을 하며 석사 과정의 입학 허가를 억지로 받아 낸 것이 나의 삶과 우리 가족의 삶을 크게 변화시켰다. 바로 지난 주에 다녀왔음에도 옥스퍼드Oxford가 여전히 고등학교 시절 인기 있던 영어사전의 이름이자 영화 해리포터에 나오는 마법 학교의 배경 이상의 감흥이 없는 반면, 케임브리지는 이제 나와 우리 가족에게 각별한 의미가 있는 장소가 되어 있었다. 그래서 우리는 한 치의 고민도 없이, 케임브리지를 산휘 가족의 마지막 영국 소풍지로 선택했다.

물론 케임브리지를 다시 찾은 가장 큰 이유는, 1년 전 운명의 키를 우리에게 건네며 또 다른 문을 열게 해 주신 탐바키스 교수님을 찾아뵙고 감사 인사를 전하기 위해서였다. 우리는 다시 한 번 1년 전 그 장소인 세인트메리성당 앞에 섰다. 모든 것이 낯설고 불안했던 1년 전 이방인의 눈에 비친 케임브리지의 모습과, 영국 사회에 잠시나마 속했던 일원이 되어 바라보는 케임브리지의 모습은 사뭇 다르게 다가왔다. 날씨까지 화창하다. 케임브리지 거리를 가득 채운 많은 사람들과 그들의 웃음, 그리고 많은 재밋거리로 사람들을 유도하는 상인들의 여전히 알아듣기 어려운 유쾌한 영어가 유난히 우리들을 설레게 했다.

사람들 사이로 교수님은 무섭게 생긴 생김새와 어울리지 않게 아이 둘을 자전거 앞뒤에 나누어 태우고 귀여운 아저씨의 모습으로 나타났다. 근처 디저트

카페에 들어간 우리는 지난 1년을 휘익 돌아보았다. 교수님께서는 각 대학의 유학생 선발 심사에 대한 영국 이민국의 감사가 점점 까다로워진 시점에, 영어 성적이 모자랐던 나의 입학 허가가 처음에 적지 않게 신경쓰였다고 했다. 그래도 모든 과정을 한 과목의 과락도 없이 통과한 지금은, 나에게 입학 허가를 내어 준 것은 정말 '멋진 베팅'이었다며 기분 좋은 말씀도 해 주었다. 이제 영어를 꽤 알아듣는 산휘도 '이제 영어를 잘하냐'는 탐바키스 교수님의 질문에 수줍은 듯이 '아직 잘 못하는데…' 하고 대답은 나에게 한국말로 한다. 사는 것이 아주 오랜만에 참 달달하게 느껴진다. 우리 앞에 놓여 있는 동네 명물이라는 케임브리지 허니 케이크와 같이.

교수님과 헤어지며 기분 좋게 나온 우리 가족에게 손쉽게 펀팅punting 티켓을 판매한 상인은 우리를 데리고 캠강River Cam 주변으로 갔다. 케임브리지 도시 주변을 부드럽게 휘감고 있는 캠강을 따라 바닥이 평평한 작은 배를 타고 유유히 이동하는 펀팅은 지난 1년 간 각자 나름대로 고생하며 견뎌왔던 우리 가족에 대한 따뜻한 위로이자 포근한 선물 같았다. 지금 내 앞에서 서로 머리를 기대며 미소 짓고 있는 아내와 산휘의 모습도 저렇게 평온해 보일 수가 없다. 케임브리지의 주요 명소들을 캠강 위에서 보고 있으려니 많은 생각이 교차한다. 이 순간이 분에 넘칠 정도로 행복하고 감사한 순간이라는 생각과 함께, 지난 1년 간 있었던 많은 일들에 복잡하고 참 미안한 마음이 들기도 하였다. 긍정의 에너지로 아내와 나에게 큰 힘이 되어 주었던 한국의 한 친구가 병마와 싸우다 우리들의 가슴 속에 영원한 그리움의 대상으로 남겨져 버렸고, 또 나를 항상 응원해 주던, 로저 페더러Roger Federer[6]를 너무도 좋아하던 마음

6) 스위스 출신의 프로 테니스 선수. 2004~2008년에 237주 연속 세계 랭킹 1위를 기록하여 역대 최장 연속 랭킹 1위 기록을 세운 바 있다.

UNIVERSITY OF
SURREY

캠강 위에서 행복한 산휘와 엄마

케임브리지 펀팅

따뜻한 한 남자도 안타까움만을 남긴 채 알 수 없이 사라져 버렸다. 몇 년의 시간을 함께 하고 이제 겨우 서로에게 마음을 열기 시작한 한 친구도 새가 되어 허무하게 날아갔다. 내가 떠나온 곳에 그들이 있었다. 그래서 어쩌면 아내는 이곳 케임브리지에서 시작된 나의 영국에서의 삶을 운명이라고 하는지도 모르겠다.

케임브리지에서 산휘와 아빠

어느새 케임브리지에서의 펀팅은 끝이 나고, 우리는 처음 출발점으로 되돌아왔다. 다시 어딘가로 떠나야 할 시간이고, 새롭게 시작할 시간이다.

마지막 날에

클리닝 회사에 250파운드를 들인 이주 청소로 우리 세 식구의 1년 동안의 자취가 우리 집에서 완전히 씻겨 내려가 버렸다. 이제 집은 우리가 처음 왔을 때의 그 모습 그대로이다. 그때처럼 이대로 새로운 1년을 시작하면 좋겠지만 오늘은 우리가 영국에서 보내게 되는 마지막 날이다. 아내와 나는 평소보다 일찍 눈을 떴다. 몇 주 전부터 곧 떠나야 한다는 아쉬움과 공허함을 토로하며 서로 위로하던 아내와 나는 막상 마지막 날이 되니 일어나서 한참 동안이나 별 말이 없다. 새 주인 맞을 준비에 침대 커버며 베갯잇까지도 다 벗겨져 있는 침대 위에서 산휘는 잘도 잔다. 여느 때처럼 오른쪽 엄지손가락을 쪽쪽 빨면서 자는 모습이 "아직까지 여기는 내 구역이야!"라고 씩씩하게 우겨대는 것 같다.

마지막 날이지만 별다른 계획도 없다. 아니 마지막 날이라서 별다른 계획이 없다. 그동안 이곳에서 지내왔던 평범한 일상이 너무도 소중한 하루이기에 소소한 그 일상을 다시 한 번 지내는 것이 오늘의 특별한 계획이다. 우리는 먼저 집 옆에 있는 다람쥐 공원으로 향한다. 천천히 걸어가고 있는 엄마 옆에서 보조를 맞추어 가고 있는 산휘의 자전거 실력도 이제는 제법이다. 매일 아침 공원 한쪽 구석에서 행복한 웃음소리를 자아내던 우리 셋의 달리기 시합은 오늘은 '최종, 최종, 최종 결승'이라는 이름으로 공원 곳곳에서 여러 차례 행해졌다. 오늘도 엄마를 가볍게 이겨 버리고 아빠와의 마지막 결승에서도 승리한 산휘는 "이제 나는 불변의 1등이야!"라고 외치며, 큰 나무 그늘 아래에서 드러누워 버린다. 아무데서나 벌러덩 눕는 저 모습도 나와 참 닮았다. 나는 산휘를 품 안으로 끌어당기며 나지막이 말했다.

"산휘야, 우리 1년 동안 진짜 행복했었지, 그치? 우리 언제 여기 다시 올 수 있을지 모르지만 꼭 다시 놀러 오자. 그때까지 꼭 기억해야 한다. 알겠지?"

앞으로도 결코 쉽게 오지 않을 이 소중한 시간의 기억들을 녀석의 마음에 새겨놓고 싶어 타이르듯이 부탁해 보았지만 품에 안겨 있던 산휘는 아무 대꾸가 없다. 우리가 곧 떠난다는 것을 인지하지 못하고 있는 것은 아닐테고, 아직 헤어지고 아쉬운 감정을 잘 모르는 걸까? 어쨌든 코만 연신 파 대는 녀석의 모습에 헛웃음만 나온다. 우리는 공원 바로 옆에 있는 아이의 학교로 갔다. 산휘는 방학이라 텅 비어 있는 학교의 구석구석으로 우리를 데리고 다녔다. 등·하교 시에는 볼 수 없었던 아이들만의 숨어 있는 아지트였다. 친구와의 기억들을 하나씩 조잘조잘 얘기하는 것을 보면 아내와 내가 알지 못하는 산휘만의 기억과 생활이 이 학교의 곳곳에 남아 있는 것 같다. 아마 친구들과의 즐거웠던 추억도 있을 것이고, 어쩌면 마음에 상처가 되었던 기억도 있을 것이다. 어쨌든 산휘는 그의 여섯 살을 이곳에서 큰 탈 없이 살았고, 우리는 그것으로 감사할 뿐이다. 자주 놀았을 법한 놀이터 기구들을 마지막으로 손으로 한 번씩 툭툭 치고는 손까지 씻고 나오는 아이의 모습을 보고 처음으로 대견하다는 생각이 든다.

그런데 지금까지 쿨해 보이던 산휘의 꼭꼭 숨겨둔 마음이 드러나기 시작한 것은 가장 친한 친구 중 한 명인 그레이스 집에 타던 자전거를 가져다 주러 갔을 때였다. 바로 며칠 전 자전거는 한국에 가져갈 수 없으니 그레이스에게 주고 가자고 했을 때에는 순순히 그러자고 해 놓고, 막상 자전거를 건네주러 가니 맨발로 마중나온 친구를 제대로 쳐다보지도 않고 입을 실룩대면서 곧 울음을 터뜨릴 것 같다. 결국 자전거를 앞에 두고 그레이스와 찍은 마지막 사진 속의 산휘는 카메라를 보지도 않고 몸을 비스듬히 튼 채 입을 삐죽대며 땅만 쳐다 보고 있다. 이제 더 이상 보지 못하는 친구를 앞에 두고 저러고 있는 모습에 내가 너무 속상해서 귀에 대고 "산휘야, 자전거는 아빠가 한국 가서 사 줄게! 이제 헤어지는 친구 앞에서 이러는 거 아니야."라고 했더니 산휘는 "자전거 때문에 그러는 거 아니야! 아빠는 아무것도 모르면서…." 하고 도리어 큰소리를 친다. 학교 가는 길, 한 발 앞서 가던 엄마들 뒤에서 살그머니 손을 잡던 꼬마들의 마지막 인사는 이렇게 아무런 감흥 없이 얼렁뚱땅 지나갔다. 산휘가 왜 갑자기 저렇게 골이 났는지는 알 수 없다. 정들었던 자전거를 건네는 게 아쉬웠을 수도 있고, 처음으로 설레이는 감정이 들었던 말괄량이 꼬마 아가씨와의 헤어짐이 슬퍼서였을 수도 있다. 굳이 내 기준에서 그 심정을 헤아려 보면 아마 산휘는 지금 돈(자전거)도 잃고, 사랑(그레이스)도 잃었을 때의 그런 기분과 가장 비슷할까? 우리 셋은 각자만의 소중한 무엇인가를 잃은 듯한 허전한 마음을 안고 이제 몇 개 남지 않은 마지막 날의 평범한 미션을 위해 터벅터벅 걸어갔다. 집앞 놀이터에서 산휘가 런던아이라고 부르던 기구 타기, 아내가 스트레스 받을 때마다 즐겨 먹던 다이제스티브 비스킷 사기, 집 뒷마당에서 비누방울 불기, 창문 너머로 엄마와 인사하기, …. 참으로 특별할 것 없는 이곳에서의 평범한 일상의 조각들이 곧 그리워하게 될 마지막 날의 버킷 리스트였다. 오후가 되자 몇 분이 집을 다녀갔다. 그동안 일주일에 두어 번씩 산휘에게 영어를 가르쳐 주셨던 팜 아줌마는 우리가 살고 있는 동네, 길포드가 그려져 있는 작은 기념품과 영국 경찰 캐릭터 장난감을 산휘에게 주고 갔다. 또 우리가 바쁠 때면 우리 대신 산휘를 픽업해 주던 레이첼 아줌마와 프렌드 인터내셔널의 루스 아줌마는 한국으로 돌아가는 우리 가족의 앞날을 위해 집까지 들어와서 마지막 기도를 해 주었다. 모두들 어른이 되어서 나도 모르게 잊어버렸던 작은 배려에 대한 소중함과 사소한 것에 대한 고마움을 다시 한 번 알게 해 준 분들이다. 그리고 조금 있으니 논문 준비 때문에 한참 동안 보지 못했던 한인 모임의 준이가 마지막 인사를 한다고 와서는 부끄러운 쪽지 한 장을 건넨다.

To. 산휘네

…

두 분을 생각하면 아직도 제 머릿속에 떠오르는 예쁜 장면이 있습니다.
도서관으로 가던 길에 도서관 바로 앞에 있는 한 나무 아래로 두 분이 나란히 걸어오시는 모습을 보았는데, 빨간 단풍이 떨어져 있는 길을 걸어 오시는 두 분이 마치 캠퍼스를 함께 걷고 있는 아름다운 젊은 연인들 같아서 너무나도 보기 좋았고 부러웠습니다. 저는 지금껏 결혼을 하고 싶다는 생각을 해 본 적이 없지만, 현준 형님, 미영 누나 두 분, 그리고 아직 어린 나이에 말도 잘 통하지 않는 먼 땅에서 생활하면서도 활기를 잃지 않는 기특한 산휘를 보면서 가끔 결혼에 대한 동경심이 생겼습니다.

앞으로 제가 언제 다시 뵐 수 있을 기회가 있을지는 잘 모르겠습니다만, 만약 다시 만날 수 있는 인연이 있다면, 제가 동경하는 지금의 모습처럼 항상 행복하고 아름다운 가정으로 계실 것이라고 믿고 있습니다. 한국에 돌아가셔도 산휘네가 보낼 날들이 평안으로 가득하길 기도할게요.

언제 어디서나 건강하시고 행복하시길 바랍니다.

From 강준

보이는 것과 실상은 언제나 괴리가 있기 마련이고, 또 사회성 좋은 착한 동생이 아주 예쁘게 포장하고 과장해서 한 말일테지만 참으로 흐뭇하고 애써 부인하고 싶지는 않다. 나는 지난 1년 간 정말 행복했다. 이렇게 행복해도 되나 싶을 정도로 행복했다. 그러면 내가 행복했던 것만큼 미영 씨도 행복했고 산휘도 즐거웠을까? 그랬으면 좋으련만…. 그리고 준이의 편지대로 우리를 지켜본 다른 사람들에게도 정말 그렇게 보였을까? 주변 사람들에게 너무 많은 신세를 져서 밉지 않았던 가족 정도로만 생각될 수 있다면 그것으로 충분히 감사할 것 같다.

우리 셋은 집 앞마당으로 나와 마지막으로 카메라 앞에 섰다. 옆 집 자전거에 살짝 올라탄 산휘는 다시금 씩씩한 표정을 짓는다. 역시 오전에 울음을 터뜨린 것은 자전거 때문인 것 같다. 우리 산휘가 아직은 철없는 꼬마라 참 좋다. 우리 셋은 오후가 되면 집안 깊숙히 들어오던 기분 좋은 길퍼드의 햇살을 마지막으로 맞으며, 1년 간의 행복했던 영국 소풍을 우리 가슴 속에 남긴다.

SURREY
UNIVERSITY OF
SURREY
UNIVERSITY OF
SURREY
STOUGHTON INFANT SCHOOL
&
NURSERY CLASS

추억 여행 (2018. 6. 29~7. 8)

지나가는 시간을 애써 붙잡아두고, 그 시간 속에 무언가를 꾸욱꾸욱 담아 넣지 않는 이상 세월은 바람 빠지는 풍선과도 같이 궤적 없이 쉬익 날아가 버린다. 전시 컨벤션업으로 복귀한 아내는 또다시 워킹맘으로 하루하루를 치열하게 살아가고 있고, 영국에서의 1년이 큰 전환점이 된 나는 더 이상 외국으로 떠돌지 않고 이제는 가족 옆에서 자리잡기 위해 애쓰고 있다. 한국에서 1학년을 한 번 더한 산휘는 벌써 2학년이 되었다. 영국에서 돌아온 우리의 2년은 그렇게 흘렀다. 아직 한국 나이로 9살인 산휘에게는 '자랐다, 컸다'라는 표현을 쓰지만 이제 마흔이 훌쩍 지난 아내와 나에게는 '나이를 먹었다' 또는 어른들에게는 죄송스런 얘기지만 우리 둘이서는 '늙었다'는 표현도 농담 삼아 하게 된다. 물론 한 해 한 해 나이가 들수록 시간은 점점 더 가속을 하여 어떻게 지나갔는지도 모르게 세월이 가버리는 게 원래 그렇다고 얘기들 하나, 2~3년 전 영국에서의 그 특별하고 옹골졌던 시간을 떠올리면 지금의 일상에서는 왠지 모를 아쉬움과 답답한 기분이 드는 것은 어쩔 수가 없다.

작년 이맘때부터 계획과 연기, 취소를 반복한 끝에 우리는 다시 한 번 영국으로 떠났다. 돌아와서 2년이 채 안된 시점이다. 무언가 거창한 목적이 있는 것도 아니고, 특별한 계획이 있는 것도 아니다. 그냥 2년 전 우리의 추억이 남아 있는 곳을 다시 한 번 돌아보고, 그동안 보고 싶었던 사람들과 만나서 짧은 시간이라도 함께 보내는 것이 당장 머릿속에 그려지는 계획의 전부이다. 물론 이렇게 소박한 계획에 큰 비용을 들이는 것이 망설여지기도 했지만 우리 셋 모두 이 호화스러운 열흘 간의 추억 여행을 간절히 원했다.

10개가 넘는 캐리어를 낑낑 대며 끌고 왔던 그때에 비해서는 몸도 마음도 아주 단출하다. 히스로 공항 밖의 파란 하늘과, 마치 그림을 그려 놓은 것 같이 두둥실 떠 있는 구름을 보니 그리워했던 영국의 모습 그대로다.

드디어 우리는 2년만에 산휘가 늘 '영국 집'이라고 하는 그곳 길퍼드로 돌아왔다. 물론 옛날 우리 집에서 묵을 수는 없었지만(솔직히 '일주일만 빌릴 수 있을까요?'라고 별 가능성 없는 얘기를 해 볼까 하는 생각을 안 했던 것은 아니다.) 다행히 근처의 길퍼드 터줏대감 한성 씨네에서 또 한 번의 신세를 지게 되었다. 특별한 기대를 한 것도 없었지만 역시 2년이라는 시간은 어떤 변화를 느낄 수 있을 만큼 긴 시간은 아닌가 보다. 특히 100년 가까이 된 집들이 여기저기 서 있는 변화 없는 이곳 길퍼드에서는. 돌아보면 불편하기 그지없었지만, 우리 셋에게는 여전히 '우리 영국 집'으로 통하는 우리 집, 다람쥐 공원, 산휘가 다녔던 학교, 집 근처 교회, 그리고 하늘과 구름, … 우리의 모든 그리움들이 그대로이다.

변함 없는 그 시절의 공간 속에서 우리 또한 2년 전의 우리로 되돌아간다. 분명히 예약 컨펌 메일까지 받은 것 같은데 뭐가 잘못되었는지 렌터카 예약이 되지 않았다고 한다. 너무도 소중한 하루를 차 없이 그냥 보내게 되었다. '뭐 제대로 맡길 수가 없다'며 산휘 손을 잡고 싸늘하게 렌터카 사무실을 나가버리는 아내의 뒷모습. '아, 이 기분이 낯설지 않고, 이 장면은 왠지 익숙하다.' 난 왜 여기만 오면 더더욱 어리버리해질까? 왜 나는 조금 전 내 아들의 손을 잡고 나가버린 저 여자에게 항상 약해지는 걸까? 오랜만에 만나는 사람들과의 머뭇거리게 되는 심리적 거리도 역시 기우였다. 2년만에 마주앉은 길퍼드 한인 모임에서는 여러 멤버가 바뀌었음에도 불구하고 마치 바로 전 주에도 우리가 이 자리에 있었던 것 같다. 이번 주에는 '첫 사랑과 결혼, 그리고 중년의 바람기'에 대해 여섯 시간이나 웃고 떠들어 댔다.

곧 다시 보게 될 친구들과의 만남에 그렇게 설레어하던 산휘는 막상 만날 시간이 다가오자 이제 영어를 다 까먹었다고 어떻게 얘기하냐며 절친 리오를 앞에 두고 내 뒤로 자꾸 숨는다. 리오는 수줍어하는 산휘의 모습에 빙그레 미소를 날릴 뿐이다. 그때도 그랬지만 이 녀석은 정말 남자다. 산휘는 잠시 머뭇거리더니 “어제, 다람쥐 공원에서 케빈을 봤어!”라고 말문을 텄다. 케빈은 리오가 기르던 고양이였다. 리오는 케빈이 집 나간지 한 달이나 지났다며 어디서 봤느냐고 갑자기 진지해진다. 둘은 산휘가 어제 다람쥐 공원에서 찍은 고양이 케빈의 사진을 보며 맞네 틀리네를 얘기하다가 어느덧 그 시절의 절친 모드로 돌아갔다. ‘그런데 가만 있자. 케빈이라…, 어디선가 많이 듣던 이름인데…. 앗, 이제야 생각났다!’ 작년부터 유튜브 방송 만들기에 열을 올리고 있는 산휘의 방송 이름이 ‘케빈 TV’이다. 언제부턴가 내 스마트폰을 들고 “안녕하십니까? 케빈입니다. 오늘은 …” 하고 시작하는 산휘를 볼 때마다 ‘쟤는 왜 케빈이라고 하지?’ 하고 생각했는데 그게 리오네 고양이 이름일 줄이야! 우리는 다같이 웃음을 터뜨렸고 케빈이라는 이름의 비밀을 들켜버린 산휘는 얼굴이 빨개졌다.

수지네 집 물놀이에 초대받은 산휘는 안타깝게도 좋은 활약을 펼치지 못했다. 이제는 부쩍 커 버린 수지, 그레이스, 조이의 세 꼬마 미녀 앞에서 가면을 쓰고 웃겨 주고, 몰래 손을 잡으려던 산휘의 그 씩씩함은 더 이상 나오지 않았다. 준비했던 선물들을 살짝 내밀며 아빠가 설명하라고 내 팔을 끌었고, 물놀이를 할 때에도 미끄럼틀만 착실히 탈 뿐이었다. ‘아이고 산휘야, 이놈아! 너 이렇게 예쁜 애들한테 둘러싸여 있을 기회 정말 안온다. 나중에 후회하지 말고 어서 힘내!’ 우리 셋은 한국에서 오기 전부터 계획한 대로 그 시절 일주일에 최소 한 번씩은 꼭 들러 우리의 식량 터전이 되어 주었던 아내의 학교 옆에 있는 테스코에 들렀다. 들어서자마자 아내와 산휘는 갑자기 짝짝꿍이 되어 카트 속에 그 시절의 추억을 주워 담느라 분주하다. 산휘가 좋아하던 1파운드짜리 초코빵, 아내가 스트레스 받을 때면 항상 옆에 있던 다이제스티브 비스킷, 이것으로도 스트레스가 풀리지 않으면 찾게 되는 벤앤제리Ben & Jerry 아이스크림, …. 산휘와 아내는 마트 안에서 어쩔 줄 몰라 했다. 가끔 보면 참 소박한 여자이다. 이제는 더 이상 카트 위에 올라탈 수 없는 산휘를 빼고서는 여기서도 모든 것이 똑같다.

매일 새벽이면 나는 동네를 달렸다. 모두가 잠들어 있는 새벽에 나와 동네를 달리는 것, 이것이 내가 꼭 다시 한번 해 보고 싶었던 일이다. 예전에 달리던 그 길을 주욱 달리다 보니, 그 시절 이곳을 지날 때 머릿속의 내 생각까지 떠오른다. 2년만에 다시 켠 MP3에서는 그때의 음악이 그대로 흘러나온다. '다시 한번 그 달콤했던 시간으로 되돌아갈 수 있을까?' 하는 감성적이고 맹목적인 생각이 들다가, 지금 우리 가족에게 주어진 현실에게 살짝 미안한 마음이 들기도 한다. 또 당시의 왠지 모를 불안감도 살짝살짝 떠오르고, 또 그 불안감이 때로는 기분 좋은 설레임이었던 것 같기도 하다. 어쨌든 우리 가족은 지금 흘러나오는 제이슨 므라즈의 'Life is wonderful(인생은 아름다워).'처럼 그때나 지금이나 그럭저럭 행복하고 멋진 것 같다. 참 감사해야 할 일이다.

열흘 간의 짧지 않은 추억 여행은 예상한 대로 아주 짧게 끝이 났다. 공항에서 산휘는 꼭 기념품 몇 개를 사야겠단다. 집 냉장고에 붙일 영국 국기 마그네틱도, 학교 책가방에 걸어야 할 빨간색 런던 2층버스 열쇠고리도, …. 2년 전에 비해 훌쩍 자란 산휘도 영국에서의 그 시간을 이제는 추억으로 보관할 준비가 된 것 같다. 나도 아내도 2년 전 히스로 공항을 떠날 때와는 달리 아쉬운 마음도 짠한 마음도 훨씬 덜하다. 언제든지 마음만 먹으면 소환 가능한 추억이 가깝게 있다는 것을 알았기 때문일 것이다. See you again, UK !

여전한 구름

그리움 가득한 길퍼드의 우리 집

재회가 마냥 즐거운 아이들

보고 싶었던 리오를 만나 선물

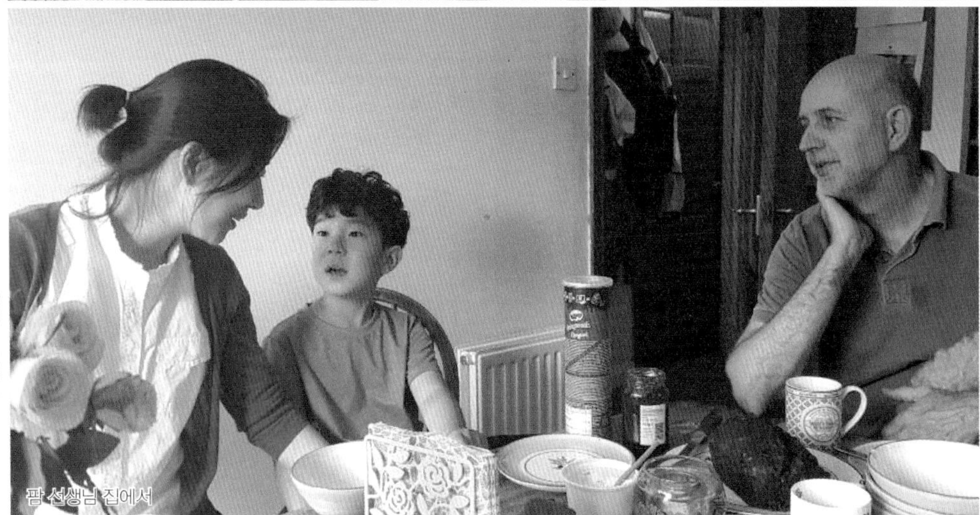
팜 선생님 집에서

다음에 만날 날을 기약하며, 리오와 함께

길퍼드 한인 모임

지금은 누가 살고 있을까

수지, 그레이스, 조에와 함께 물놀이 후

워킹맘 가족의 좌충우돌 영국 살아보기
산휘야, 소풍 가자

초판 1쇄 발행 2019년 3월 20일

글·사진 하미영·박현준

펴낸이 김선기
펴낸곳 (주)푸른길
출판등록 1996년 4월 12일 제16-1292호
주소 (08377) 서울시 구로구 디지털로 33길 48 대륭포스트타워 7차 1008호
전화 02-523-2907, 6942-9570~2
팩스 02-523-2951
이메일 purungilbook@naver.com
홈페이지 www.purungil.co.kr

ISBN 978-89-6291-594-5 03980

• 이 도서의 국립중앙도서관 출판시도서목록(CIP)은 서지정보유통지원시스템 홈페이지(http://seoji.nl.go.kr)와 국가자료공동목록시스템(http://www.nl.go.kr/kolisnet)에서 이용하실 수 있습니다.(CIP제어번호: CIP2019007635)